职业院校化工类专业课程教材

化工生产认知

孙焕花　主编

中国劳动社会保障出版社

图书在版编目（CIP）数据

化工生产认知 / 孙焕花主编 . -- 北京：中国劳动社会保障出版社，2025. --（职业院校化工类专业课程教材）. -- ISBN 978-7-5167-7006-1

Ⅰ . TQ06

中国国家版本馆 CIP 数据核字第 2025A7S580 号

化工生产认知

HUAGONG SHENGCHAN RENZHI

中国劳动社会保障出版社出版发行

（北京市惠新东街 1 号　邮政编码：100029）

*

北京市科星印刷有限责任公司印刷装订　　新华书店经销

787 毫米 ×1092 毫米　16 开本　14.75 印张　317 千字

2025 年 8 月第 1 版　　2025 年 8 月第 1 次印刷

定价：39.00 元

营销中心电话：400-606-6496

出版社网址：https://www.class.com.cn

《化工生产认知》编审委员会

主　编　孙焕花

副主编　李建芹　孙兰强

编　者　**（以姓氏笔画为序）**

王　凡　孙兰强　孙焕花　孙　慧

孙露露　李建芹　赵连强　郭尧照

主　审　**（以姓氏笔画为序）**

朱景洋　李怀亮

总前言

为了深入贯彻党的二十大精神和习近平总书记关于大力发展技工教育的重要指示精神，落实中共中央办公厅、国务院办公厅印发的《关于推动现代职业教育高质量发展的意见》，推进技工教育高质量发展，全面推进技工院校工学一体化人才培养模式改革，适应技工院校教学模式改革创新，同时为更好地适应技工院校化工类专业的教学要求，全面提升教学质量，我们组织有关学校的一线教师和行业、企业专家，在充分调研企业生产和学校教学情况、广泛听取教师意见的基础上，吸收和借鉴各地技工院校教学改革的成功经验，组织编写了本套职业院校化工类专业课程教材。

总体来看，本套教材具有以下特色。

第一，坚持知识性、准确性、适用性、先进性，体现专业特点。教材编写过程中，努力做到以市场需求为导向，根据化工行业发展现状和趋势，合理选择教材内容，做到“适用、管用、够用”。同时，在严格执行国家有关技术标准的基础上，尽可能多地在教材中介绍化工行业的新知识、新技术、新工艺和新设备，突出教材的先进性。

第二，突出职业教育特色，重视实践能力的培养。以职业能力为本位，根据化工专业毕业生所从事职业的实际需要，适当调整专业知识的深度和难度，合理确定学生应具备的知识结构和能力结构；同时，进一步加强实践性教学的内容，以满足企业对技能型人才的要求。

第三，创新教材编写模式，激发学生学习兴趣。按照教学规律和学生的认知规律，合理安排教材内容，并注重利用图表、实物照片辅助讲解知识点和技能点，为学生营造生动、直观的学习环境。部分教材采用工作手册式、新型活页式，全流程体现产教融合、校企合作，实现理论知识与企业岗位标准、技能要求的高度融合。部分教材在印刷工艺上采用了四色印刷，增强了教材的表现力。

本套教材配有习题册和多媒体电子课件等教学资源，方便教师上课使用，可以通过技工教育网（https://jg.class.com.cn）下载。另外，在部分教材中针对教学重点和难点制作了演示视频、音频等多媒体素材，学生可扫描二维码在线观看或收听相应内容。

本套教材的编写工作得到了北京、河南、山东、云南、江苏、江西、四川、广西、广东等省、自治区、直辖市人力资源社会保障厅（局）及有关学校的大力支持，教材编审人员做了大量的工作，在此我们表示诚挚的谢意。同时，恳切希望广大读者对教材提出宝贵的意见和建议。

本书前言

本教材主要作为技工院校（或中等职业院校）化工类专业学生进行认识实习的教材。本教材编写符合化工总控工国家职业技能最新标准，内容体现行业发展特征，结构体现任务引领特点，组织体现做学一体特色。本教材的主要内容包括化学工业与化工企业认知、化工安全认知、化工环保认知、化工生产过程认知、化工管路认知、化工阀门认知、化工动设备认知、化工静设备认知、化工检测仪表认知、化工工艺流程认知等，从学生的兴趣和行业的需求出发安排知识点和技能点，体现出先感性认识后理性归纳、先简单后复杂，循序渐进、螺旋上升的特点，使学生在学习专业课之前，对化工企业及行业有宏观的认识，对化工生产所用的设备、化工管路、阀门、仪表、流程等有初步的了解，能牢固树立专业观念，提高对本专业知识学习的兴趣。本教材在编写形式上采用项目化教学、任务驱动的方式，以一系列任务为主线，把学生要学习的内容作为相关知识，要了解的内容作为知识拓展，期望学生在这些活动中能够主动查阅相关资料，自主学习相关知识；在具体内容的组织上尽力体现“体验、认识、学习、思考”的原则，使学生在已有文化知识的基础上学习全新的专业知识。

本教材由孙焕花担任主编；郭尧照编写项目一，孙慧编写项目二和项目三，孙露露编写项目四，孙兰强编写项目五和项目六，李建芹、赵连强编写项目七，李建芹编写项目八，王凡、孙焕花编写项目儿，孙焕花编写项日十。孙焕花对全书进行统稿，朱景洋和李怀亮担任主审。由于编者水平所限，编写的内容和设计的任务中可能存在不足之处，欢迎广大专家和同行批评指正。

编者

2025 年 6 月

目　录

项目一

化学工业与化工企业认知

化工产品在现代生产、生活中是非常常见的，如化肥、农药、塑料、涂料、汽油、柴油、洗涤剂等。化学工业在国家经济建设中具有举足轻重的地位，据中国石油和化学工业联合会的数据显示，2024 年中国石油和化工行业实现营业收入 16.28 万亿元（同年中国全年国内生产总值是 134.91 万亿元），实现利润总额 7 897.1 亿元。

任务一　了解化学工业发展

学习目标

1. 能查阅相关资料，了解化学工业的作用。
2. 熟悉化学工业的分类。
3. 理解化学工业的特点。

任务引入

图 1-1 所示为常见的石油炼制产品。石油炼制过程属于化学工业吗？日常生产生活中有哪些常见的化工产品？化学工业在现代工业中的地位如何？

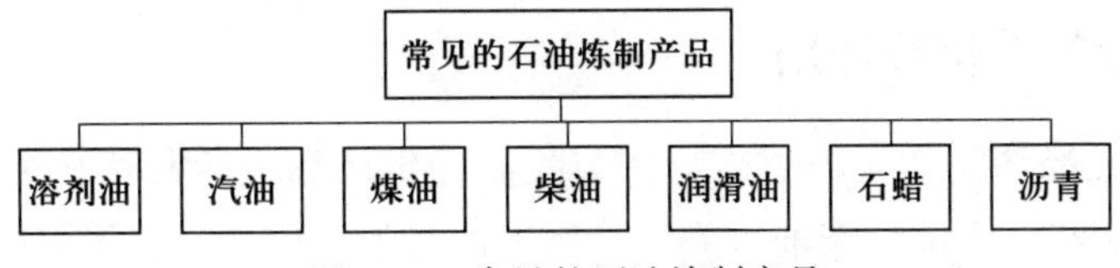

图 1-1　常见的石油炼制产品

任务分析

现代工业种类繁多，化学工业作为我国支柱产业之一，总产值占我国 GDP 的 12% 左右，而现代化工产品更是存在于现代生活的方方面面。

相关知识

一、化学工业的定义

化学工业是指生产过程中化学及化学工程方法占主要地位，生产交通运输燃料、化工材料及化学品的过程工业。其核心是化学反应，但也包括一些物理加工过程。

二、化学工业的分类

随着时代的发展，化学工业由最初只生产纯碱、硫酸等少数几种无机产品的工业，发展为一个多行业、多品种的产业。现代化学工业既是原料工业，又是加工工业；既有生产资料的生产，又有生活资料的生产，所以现代化学工业的范围很广。通常，习惯上将化学工业分为无机化学工业和有机化学工业，但这种分类方法已不能完全适应化学工业的发展需要。目前一般有以下三种分类法。

1. 按生产原料分类

可分为煤化工、天然气化工、石油化工、无机盐化工、生物化工等。

2. 按产品类别分类

可分为无机化工、基本有机化工、高分子化工、精细化工等。

无机化工是以天然资源及某些工业、农业副产品为原料，生产无机酸、碱、盐、合成氨、化肥等化工产品的工业。

基本有机化工是以石油、天然气、煤等为原料，生产以烃类化合物及其衍生物为主的通用型化工产品的工业。

高分子化工是制备高分子化合物（又称高分子聚合物，简称高分子，一般是指相对分子质量高达几千到几百万的化合物，绝大多数高分子化合物是许多相对分子质量不同的同系物的混合物）的工业，如塑料、合成橡胶、化学纤维、涂料和胶黏剂等工业。

精细化工是生产精细化工产品工业的统称。凡生产加工程度深、纯度高、生产批量小、附加值高、自身具有某种特定功能的化工产品都可视作精细化工产品。

3. 按产品用途分类

可分为化学肥料工业、染料工业、农药工业、日用品工业、树脂和塑料工业等。

三、化学工业的地位及作用

化学工业是国民经济的重要组成部分，与我们的生产和生活密切相关，医药、农药、化肥、塑料、橡胶、涂料、汽油、柴油、染料等化工产品随处可见并且不可或缺。

1. 人类的衣食住行都离不开化工产品

丰富多彩的合成纤维为人类添衣着色，化肥和农药保证了粮食和蔬菜的充分供应，现代建筑所用的水泥、涂料、玻璃和塑料等也是化工产品。

2. 为其他行业发展提供支撑和保障，促进经济社会发展

化学工业是国民经济基础产业之一，与国民经济各领域及民众生活密切相关。化学工业为工农业生产提供重要的原料保障，其质量、数量以及价格上的相对稳定，对工农业生产的稳定与发展至关重要，极大地促进和支持其他工业持续发展。同时，化学工业肩负着为国防工业生产配套高技术材料的任务，并提供常规战略物资。化学工业作为国民经济基础产业之一，创造了大量的利润与就业岗位，促进了社会的稳定与发展。

四、现代化学工业的特点

现代化学工业就其生产过程来说，同其他工业有一些共性，但就生产工艺技术、对资源的综合利用和生产过程的严格控制等方面来看，又有它自己的特点。

1. 生产技术具有多样性、复杂性和综合性

化工产品品种繁多，每一种产品的生产不仅需要一种至几种特定的技术，而且原料来源多种多样，工艺流程也各不相同。

就算生产同一种化工产品，也有多种原料来源和工艺流程。由于化工生产技术具有多样性和复杂性，任何一个大型化工企业的生产过程要能正常进行，都是多种技术的综合运用。

2. 生产过程综合化、装置规模大型化、化工产品精细化

化学工业生产过程的核心是化学反应，在反应过程中，生产一种产品的同时，往往会生产出许多联产品或副产品，而这些联产品或副产品大部分又是化学工业的重要原料，可以再加工或深加工。因此，化学工业是最能开拓原料来源、综合利用物质资源的一个产业。

现代化工装置的规模越来越大型化，这是因为装置规模增大，其单位容积、单位时间的产出率会随之显著增大，有利于降低产品成本和能量综合利用。

精细化不仅是指生产小批量的化工产品，更主要的是指生产技术含量高、附加值高的具有优异性能或功能并能适应快速变化市场需求的化工产品。

3. 生产过程要求有严格的比例和连续性

一般化工产品的生产对各种物料都有一定的比例要求。在生产过程中，上下工序，各车间、各工段的物料往往需要有严格的比例，否则会影响产量，造成浪费，甚至可能中断生产。

化工生产主要是装置性生产，从原料到产品加工的各环节，大都是通过化工管路输送，采取自动控制进行调节，形成一个首尾连贯、各环节紧密衔接的生产系统。这样的生产装置，客观上要求生产长周期运转，且连续进行，任何一个环节出现问题，都有可能使生产中断，甚至引发事故。

4. 要注重能量的合理利用，积极采用节能技术

化工生产具有耗能高的特性，在化工生产中原料主要经化学反应转化为化工产品，该过程往往需要消耗能量，同时伴随有能量的传递和转换。除此之外，化工生产中的很多物理过

程也需要消耗大量能量，所以化工生产部门是耗能大户，如何合理利用能量显得尤为重要，许多生产过程的先进性就体现在采用了低能耗工艺或节能工艺。

5. 安全生产要求严格

化工生产具有易燃、易爆、有毒、有害、高温、高压、易腐蚀等特点，工艺过程多变，不安全因素很多，不严格按生产工艺技术规程生产，就容易发生事故。但只要采用安全的生产工艺，有可靠的安全技术保障、严格的规章制度及监督机构，就可以避免事故的发生。

6. 技术和资金密集，经济效益好

化工产品的研发与生产、生产装置与控制系统、企业厂房与设备的基本建设等都需要大量的资金与技术，但由于化工产品产值较高，投产后一般可较快收回投资成本并获得利润。

现代化工生产已实现了远程自动控制，既节省了大量的人力、物力，也保证了职工的安全，但需要高水平、有创造性的技术专家，同时也需要受过良好教育及训练，并且懂得生产技术的操作人员和管理人员。

上述现代化学工业的一系列特点说明，在化工生产管理中，必须重视安全生产，保障职工的生命安全与身体健康；重视技术在生产中的作用，提高技术水平；珍惜化工资源，做好综合利用；注意节约能源；做好生产的组织工作，保持生产的长期运转，不断提高经济效益。

【知识拓展】

国内外化学工业的发展

1. 化学工业的发展简史

化学工业是一门既古老又新兴的行业。早在18世纪以前，陶瓷、冶炼、酿造、染色等古老的化学工艺过程就已被人们掌握，但均为家族作坊式手工生产。1746年，英国人约翰·罗巴克对铅室法进行了重要改进，促进了硫酸的大规模工业化生产。1791年，法国化学家尼古拉斯·路布兰发明了路布兰制碱法，以食盐为原料成功制得纯碱，为无机化学工业的发展奠定了重要基础。20世纪初，德国化学家弗里茨·哈伯发明了哈伯－博施法合成氨的工艺，这一革命性成就不仅标志着现代化学工业的开端，还深刻影响了全球农业和经济发展。

自20世纪初期以来，石油和天然气得到大量开采和利用，向人类提供了多种燃料和丰富的化工原料，开辟了更多生产有机化工产品的新生产技术路线。

1920年，美国新泽西标准石油公司采用了埃利斯发明的丙烯间接水合法制异丙醇生产工艺，标志着石油化工的兴起。20世纪60年代以来，以石油和天然气为原料，经多次加工，生产出包括基本有机化工原料、合成氨和三大合成材料（合成橡胶、合成树脂、合成纤维）在内的化学工业得到突飞猛进的发展，形成了一个新型工业部门——石油化工部门。它的产品品种、产量和产值均已后来居上，石油化工成为我国国民经济的主要支柱产业之一。

近年来，为满足人们生活的更高需求，批量小、品种多、功能优良、附加价值高的精细化工产品快速发展起来。当今，化学工业的发展重点之一就是综合利用资源，充分、合理、有效地利用能源，提高化工生产的精细化和绿色化水平。

2. 我国化学工业的发展

1949 年以前，中国的化学工业基础非常薄弱，只在上海、南京、天津、青岛、大连等沿海城市有少量的化工厂和一些手工作坊，只能生产为数不多的硫酸、纯碱、化肥、橡胶制品和医药制剂，基本没有有机化学工业。

中华人民共和国建立以来，尤其是改革开放以来，我国化学工业日新月异。目前，化肥、农药、原油加工、乙烯等 40 多个石油和化工产品的产量已经位居世界前列。来自中国石油和化学工业联合会的数据显示，2024 年中国石油和化工行业实现营业收入 16.28 万亿元。相比之下，2021 年该行业的营业收入为 14.45 万亿元，同年，原油加工量达到了 7.08 亿 t，成品油产量（包括汽油、煤油和柴油合计）为 4.19 亿 t。此外，2021 年全国规模以上工业的天然气产量为 2 297.1 亿立方米，而规模以上农用氮、磷、钾化学肥料（按纯量计算）的产量则为 5 713.6 万 t。这些数据表明，经过 70 多年的持续发展，我国已经构建起门类齐全、品种配套的化学工业体系，基本能够满足国内市场的各种需求。

思考与练习

一、单项选择题

1. 不属于高分子化工的是（　　）。

A. 塑料　　B. 合成橡胶　　C. 化妆品　　D. 涂料

2. 不属于现代化学工业特点的是（　　）。

A. 生产技术多样性　　B. 大型化　　C. 产品精细化　　D. 私营化

3. 生产加工程度深、纯度高、生产批量小、附加值高、自身具有某种特定功能的化工产品的工业称为（　　）。

A. 精细化工　　B. 高分子化工　　C. 无机化工　　D. 有机化工

二、多项选择题

1. 化学工业按生产原料可分为（　　）。

A. 煤化工　　B. 石油化工　　C. 生物化工　　D. 无机化工

2. 化学工业按产品类别分为（　　）。

A. 无机化工　　B. 基本有机化工　　C. 高分子化工　　D. 精细化工

3. 化工生产过程中的不安全因素有（　　）。

A. 易燃、易爆　　B. 高温、高压　　C. 有毒、有害　　D. 绿色化工

4. 以下选项中，（　　）是现代化学工业的特点。

A. 生产过程综合化　　B. 投资小

C. 生产技术多样性　　　　　　　　D. 技术和资金密集

三、简答题

1. 什么是化学工业?
2. 现代化学工业有哪些特点?
3. 请说出化学工业的分类。

任务二　了解化工企业组织结构

学习目标

1. 能查阅相关资料，了解化工企业的部门。
2. 理解化工企业组织结构的基本类型。
3. 掌握化工企业主要部门的职能。

任务引入

化工企业内职工是如何组织起来并顺利完成生产任务的，所有人的工作岗位又是否一样呢?很明显，任何一家有一定规模的企业，都不可能由职工单打独斗、乱无章法地进行各项活动，而是存在着严谨的组织机构，进行分工、协调与管理。那么，化工企业有哪些部门?这些部门又有哪些职能呢?

任务分析

任何一家化工企业，无论规模大小都有其组织结构，一般化工企业部门包括行政部、人力资源部、生产部、销售部、市场部、财务部、采购部、客服部、研发部等，各部门通力协作，共同努力，一起实现企业的经营目标。

相关知识

一、化工企业组织结构的基本类型

现代企业组织结构是指企业全体职工为实现企业目标而进行的分工协作，在职务范围、责任、权力方面所形成的结构体系。它是现代企业制度的重要组成部分，意义非同一般。具有良好组织结构的企业，可以形成整体力量的汇聚和放大效应，否则就容易出现“一盘散沙”，甚至造成力量相互抵消的“窝里斗”局面。化工企业组织结构形式很多，目前常用的有以下几种。

1. U 型组织结构

U 型组织结构，又称职能部门型组织结构。U 型组织结构的特点是企业内部按职能（如生产、销售、研发、财务等）划分成若干部门，各部门独立性很弱，均由企业高层领导直接进行管理，即企业实行集中控制和统一指挥。U 型组织结构保持了集中统一指挥的优点。

这种结构的缺陷是企业高层领导们由于陷入了日常生产经营活动，缺乏精力考虑长远的战略发展，且行政机构容易越来越庞大，各部门协调越来越难，从而造成信息和管理成本上升。U 型组织结构框架图如图 1－2 所示。

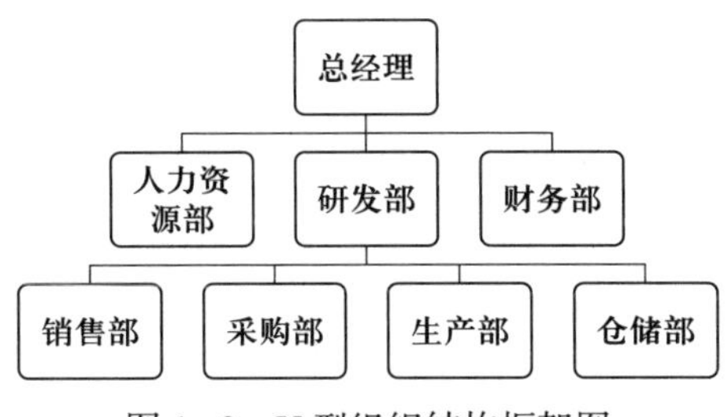

图 1－2　U 型组织结构框架图

2. M 型组织结构

M 型组织结构，又称事业部门型组织结构。这种结构的基本特征是战略决策和经营决策分离，即根据业务按产品、服务、客户、地区等设立半自主性的经营事业部，公司的战略决策和经营决策由不同的部门和人员负责，使高层领导从繁重的日常经营业务中解脱出来，集中精力致力于企业的长期经营决策，监督、协调各事业部的活动和评价各部门的绩效。

M 型组织结构是一种多单位的企业体制，但各个单位不是独立的法人实体，仍然是企业的内部经营机构，如分公司。M 型组织结构框架图如图 1－3 所示。

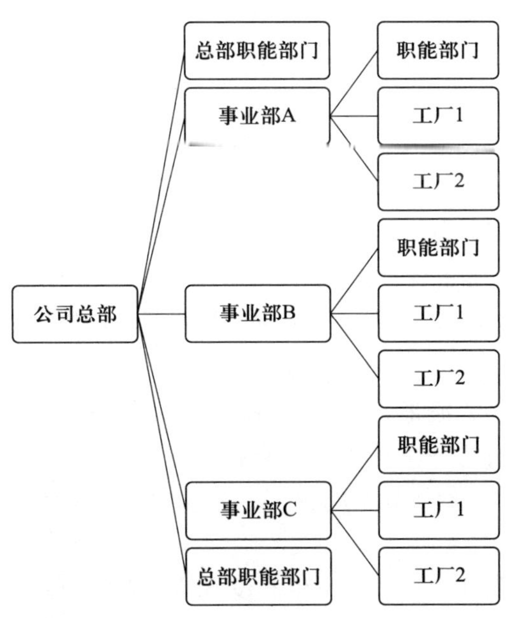

图 1－3　M 型组织结构框架图

3. H 型组织结构

H 型组织结构，又称控股型组织结构或控股公司结构。H 型组织结构是一种由多个法人实体组成的母子体制，其中母子之间主要通过产权纽带进行连接。这种组织结构通常出现在通过横向合并形成的企业中。由于 H 型组织结构允许各子公司在产权和管理上保持相对独立，因此，合并后的各子公司能够在运营上保持较大的独立性。

子公司可以分布在完全不同的行业，而总公司则通过各种委员会和职能部门来协调和控制子公司的目标和行为。具有这种组织结构的公司往往独立性过强，缺乏必要的战略联系和协调，因此公司整体资源战略运用存在一定难度。

例如，始建于 1980 年的 A 集团股份有限公司，主要涉业精细化工、医药、农药、医疗服务及房地产开发，共拥有子公司 16 家，其中包括 B 有限公司、C 有限公司、D 有限公司、E 有限公司、F 有限公司等，其组织结构如图 1－4 所示。

图 1－4　A 集团股份有限公司的组织结构

二、化工企业主要部门的职能

U 型组织结构至今仍是我国大多数企业所采用的结构类型，所以下面以这种组织结构为例来介绍化工企业主要部门的职能。

为完成化工生产任务，化工厂都应由生产部和生产辅助部门（如动力、机修、仪表等辅助车间）以及担负各种管理任务的职能部门（如行政管理部、人力资源部、财务部等）组成。

1. 生产部

生产部是负责利用原料制造并产出符合既定要求的新产品的部门。生产部由多个生产车间组成，主要完成化工生产过程的操作控制，使生产安全、稳定地进行。现代化工企业分工明确，每个车间都被细分多个岗位，而这些岗位则根据生产流程的不同环节进行设置。因此，每个岗位所操作和控制的内容也各不相同。

一线生产岗位大体分为两类，即控制室 DCS 操作员（内操）和装置现场操作员（外操）。内操通过显示参数和分析数据来判断系统运行情况，调整动作是用自控阀门自动或手动设置参数，主要包括压力、温度、流量、真空度、液位等，如果无效，则通知外操检查现场有无异常，判断、分析情况。外操一般检查现场设备运行和现场显示仪表，同时听从内操指挥，对现场情况进行判断、分析，解决异常问题。

2. 生产辅助部门

生产辅助部门是为了保证化工装置、生产设备的正常运行，必须有的维护、修理部门及动力系统部门。

（1）动力车间。为生产系统提供所有的公用工程，主要包括化工生产中必需的供电、供热、供气、供水等车间。

（2）机修车间。机修车间负责全厂机械设备的运行检查和故障排除，还参与生产设备的选型、安装、调试、验收以及设备更新、报废等管理工作。

（3）仪表车间。生产过程必须保证工艺条件（如温度、压力等）稳定在适宜范围，而仪表系统就是我们的眼睛，一旦出现故障，就需要通过仪表车间进行检修，以保证生产的正常运行。

3. 行政管理部

行政管理部是企业的中枢神经系统，它在企业中主要有管理、协调、服务三大职能。

（1）管理职能即保证企业的政策得到贯彻，命令得到执行，企业制订的长期、中期、短期计划和目标能够按时、按质、按量完成。

（2）协调职能即做好各部门之间的协调工作，推动和保证企业各项业务工作顺利、有效地进行。

（3）服务职能即为保障各业务部门的高效运转，提供人力资源、生产、办公环境、生活条件等方面的服务。

4. 人力资源部

（1）负责职工的招聘及福利待遇。

（2）进行薪酬体系的控制。

（3）开展全体职工的职业培训和拓展培训等。

5. 财务部

（1）负责营运财务管理，如处理资金、预算、发票、工资发放等。

（2）负责财务预测、财务计划与财务分析等。

6. HSE 部

（1）检查所有的生产过程、装置操作状态，避免并预防事故和危险的发生。

（2）准备个体防护装备及其他事故预防措施。

（3）对职工进行安全和环保教育。

7. 销售部

负责产品和服务的销售，把产品转换成利润。

8. 市场部

负责企业和企业产品的宣传介绍。

9. 采购部

负责原料和相关设备的采购。

10. 客服部

为产品的维修、保养等提供支持。

11. 研发部

对市场上需要的产品进行调研和开发，并进行设计。

【知识拓展】

公司组织结构演进

现代企业（如石油、钢铁和烟草业等）在诞生之初都是按照单一产品线建立U型组织结构的。在U型组织结构下，主要运营单位是职能部门（如生产、销售和财务等部门），由职能部门负责处理标准和程序化事务，U型组织结构是现代企业最基本的组织结构。

这种按照职能划分部门的集权式公司在运营方面存在固有限制，即内部效率“累积失控”，导致公司无法在整体上实现利润最大化。为解决多元化扩张所引起的规模和运营管理复杂等问题，杜邦公司和通用汽车公司在20世纪20年代率先创造出M型组织结构，即以半自治的运营部门（或营业分部）取代职能部门，并在其内部再按照职能分设部门。

M型组织结构是由一种相对独立的单位或事业部组成的组织结构，组织按地区或所经营的各种产品和事业来划分部门。在这种设计下，每个单位或事业部拥有较大的自主权，事业部总经理对本单位的绩效负责，拥有经营决策权。各事业部独立核算，自负盈亏，集团总部通常扮演业务外部监管者的角色，协调和控制各事业部的活动，同时也提供诸如财务和法律方面的支援服务。

M型组织结构既能更好地适应多元化扩张需求，也能有效地提高管理效率，并更好地满足客户需求。更为重要的是，M型组织结构能够使总部高级管理层从日常事务性业务中解脱出来而更加关注整体性目标并进行控制、评价和监督。

此外，为了规避反垄断法，持股公司形态的组织结构（H型）在19世纪末出现。H型组织结构严格讲并不是一个企业的组织结构类型，而是企业集团的组织形式。H型公司的母公司持有子公司或分公司部分或全部股份，下属各子公司具有独立的法人资格，是相对独立的利润中心。

思考与练习

一、单项选择题

1. 职能部门型组织结构指的是（　　）。

A. U型组织结构　B. P型组织结构　C. M型组织结构　D. H型组织结构

2. 事业部门型组织结构指的是（　　）。

A. U型组织结构　B. P型组织结构　C. M型组织结构　D. H型组织结构

3. 控股公司型组织结构指的是（　　）。

A. U型组织结构　B. P型组织结构　C. M型组织结构　D. H型组织结构

4. 负责营运财务管理的是（　　）。

A. 生产部　B. 财务部　C. 人力资源部　D. 仓储部

5. 安排职工的计划、招聘及福利的是（　　）。
A. 生产部　　B. 财务部　　C. 人力资源部　　D. 仓储部

6. 生产产品并对其进行包装的是（　　）。
A. 生产部　　B. 财务部　　C. 人力资源部　　D. 仓储部

二、简答题

简述化工企业主要职能部门的作用。

任务三　了解化工企业运行特点

学习目标

1. 了解化工企业的交接班制度。
2. 了解化工企业工艺文件的知识。

任务引入

化工生产过程往往具有易燃、易爆、有毒、有害、高温、高压、易腐蚀等特点，与其他行业相比，化工生产过程中潜在的不安全因素更多，危险性和危害性更大，因此对安全生产的要求也更加严格。那么化工企业具有哪些独特的运行特点呢？

任务分析

化工生产必须牢固树立安全第一的原则，必须严格遵守操作规程和工艺文件。相关的规章规程制度是化工工艺操作人员从事化工活动的主要依据，也是化工企业规范化管理的重要基石。那么化工生产的操作规程和工艺文件有哪些？化工工艺操作人员为什么需要“交接班”呢？

相关知识

一、化工企业交接班制度

化工生产装置一般连续不间断地生产，设备是24 h连续运转的。因此，设备运行就必须有化工工艺操作人员在岗。而化工工艺操作人员是需要休息的，这就需要将他们分班组，几个班次轮流更替地工作。所以建立交接班制度，首先是由化工行业的特性决定的，其次是企业对职工健康负责的需要。

常见交接班制度有两班两倒、三班两倒、四班两倒、四班三倒等，“班”前面的数字表示有几个班组，“班”后面的数字表示把一天 24 h 分成几部分。

1. 两班两倒

又叫“两班倒”，一般分成白班和夜班。职工分成 2 个班组，一个班组连续工作 12 h，然后换另一个班组，2 个班组如此循环。

2. 三班两倒

车间配置 3 个班组，每天都有 2 个班组工作（分为白班、夜班）、1 个班组休息。

3. 四班两倒

车间配置 4 个班组，每个班组工作 12 h，每天都有 2 个班组休息。

4. 四班三倒

也叫“四班三运转”或“四三制”，车间配置 4 个班组，每个班组工作 8 h，每天都有 1 个班组休息。观察表 1-1 中的四班三运转交接班表，可以得出哪些规律？

交接班制度非常重要，交接班人员务必做到交得清、接得明，以利于生产的稳定进行。如果马马虎虎交接班，则接班的人员可能因不能全面掌握当前生产状况，对一些已出现的安全隐患也不清楚，从而导致事故发生。

表 1-1　四班三运转交接班表

日期	1	2	3	4	5	6	7	8	9	10	11	12	13	14	15	16	17	18	19	20
星期	一	二	三	四	五	六	日	一	二	三	四	五	六	日	一	二	三	四	五	六
甲班	白	白	中	中	中	中	休	休	休	休	夜	夜	夜	夜	白	白	白	白	中	中
乙班	夜	夜	白	白	白	白	中	中	中	中	休	休	休	休	夜	夜	夜	夜	白	白
丙班	休	休	夜	夜	夜	夜	白	白	白	白	中	中	中	中	休	休	休	休	夜	夜
丁班	中	中	休	休	休	休	夜	夜	夜	夜	白	白	白	白	中	中	中	中	休	休

化工企业一般都有交接班例会，要求交接班人员一般在例会前 15 min 到达岗位指定地点，交接班必须全面、认真、务实、诚实。交班人员必须将当前装置运行状况、本班工作期间出现的问题及解决措施、目前存在的问题及隐患如实向接班人员讲述。而接班人员必须对当时生产状态有全面、正确地了解，才能顺利接班。最后需由交接双方共同在交接班记录本上签字。

二、工艺文件的内容

工艺文件是企业组织生产、指导工人操作和用于生产、工艺管理等的各种技术文件的总称。在生产中应该贯彻实施的工艺文件包括生产工艺技术规程、安全操作规程、岗位操作规程等。

在各项工艺文件中，生产工艺技术规程是重点和核心，其余各项工艺文件都要依据生产工艺技术规程来制定。生产工艺技术规程简称工艺规程，是指将某产品生产的反应原理、工艺路线、生产方法等有关内容，用文字、表格和图示的形式固定下来用以指导生产。它是一项综合性的技术文件，也是各级生产指挥人员、技术人员和工人实施生产共同的技术依据。

安全操作规程是为了防止和消除在生产过程中的伤亡事故，保障职工安全而规定的规程。它是根据生产过程中可能涉及的易燃、易爆、有毒物料以及生产过程中的各种不安全因素而制定的。安全操作规程的主要内容包括装置（如设备、电气、仪表等）运行特点、有害物质使用注意事项、生产过程中的不安全因素、劳动防护措施及急救处理、安全生产责任制等。

岗位操作规程是具体到某生产岗位，通常包括该岗位的生产原理，工艺流程，主要设备的结构、规格、材料和特征描述，工艺参数，开停车操作步骤，正常运行方法，常见故障及处理等信息。岗位操作人员上岗前需要认真学习本岗位操作规程，经考核合格后方能上岗操作。

【知识拓展】

某炼油企业四班两倒运行管理办法

一、基本要求

为贯彻公司从严管理的要求，加强生产单位交接班运行岗位四班两倒期间的劳动纪律管理，特制定本管理办法。加强日常监督管理和考核，确保班组人员能够满足装置安全平稳生产的要求。

二、管理内容与要求

1. 交接班运行基本模式为四班两倒，工作时间安排为白班 08：00 至 20：00，晚班 20：00 至次日 08：00。交接班人员在例会前 15 min 到达岗位指定地点，整个交接班时间为 30 min。

2. 实行当班人员挂牌制度。操作室内要有明确标识标明当班人员的情况。标识牌由当班班长在接班后 1 h 内编制。各单位在严格考勤制度的同时，建立当班人员在岗情况台账，作为劳动纪律检查与考核的依据。

3. 加强职工的岗位技能培训，确保职工素质达到岗位要求。各车间结合实际制订职工培训计划，进行外操人员到内操顶岗培训。要建立机制、营造氛围，制定政策使薪酬分配向技术含量高、责任心强的岗位倾斜，增强职工学习岗位操作技能的自觉性，引导岗位人员向关键重要岗位流动。

4. 晚班期间要确保巡检次数与巡检质量，不能降低巡检的标准和减少频次。

5. 交接班津贴约为 600 元 / 月。请假、考勤按公司职工请假、考勤管理制度执行。

三、监督、检查与考核

1. 人力资源部对各单位四班两倒运行管理办法执行情况进行监督、检查和考核，原则上每月 1 次，并实行不定期抽查。

2. 加强劳动纪律检查。由人力资源部牵头联合相关部门，每月至少抽查 2 次；各生产单位制定本单位的劳动纪律检查考核制度，每月组织联合检查 3 次以上；各单位结合实际制定值班干部检查制度，要求值班干部班班查，明确检查频次、时间、内容、路线、考核奖惩等，建立劳动纪律检查考核台账。发现有违反劳动纪律的情况，按照劳动纪律管理办法相应条款进行考核。

思考与练习

一、单项选择题

1. 在各项工艺文件中，(　　) 是重点和核心。

A. 生产工艺技术规程　　B. 安全操作规程

C. 岗位操作规程　　D. 分析检验操作规程

2. 为防止和消除生产过程中的伤亡事故，保障职工安全而规定的是 (　　)。

A. 生产工艺技术规程　　B. 安全操作规程

C. 岗位操作规程　　D. 分析检验操作规程

二、简答题

1. 化工企业常见交接班形式有哪些？试解释它们的含义。
2. 化工企业交接班制度有哪些内容？
3. 生产中应该贯彻实施的工艺文件包括哪些？它们的主要内容又是什么？

任务四　了解化工企业从业人员的职业素养

学习目标

1. 了解化工企业对从业人员的基本要求。
2. 熟知化工企业从业人员职业素养的内容。

任务引入

现代社会市场竞争日趋激烈，企业间的竞争归根结底是人才的竞争。而对于从业人员，如何才能满足企业的要求，远离被辞退风险，努力成为企业的“千里马”呢？

任务分析

为满足化工企业的要求，从业人员不仅要有良好的职业道德，更要有扎实的职业技能；不仅要具备丰富的理论知识，也要具备良好的实操能力。而这些都是职业素养的组成部分。当今社会对从业人员的职业观念、职业态度、职业技能、职业纪律和职业作风的要求越来越

高，一个人职业生涯成功与否，在很大程度上取决于他的职业素养。

相关知识

一、职业素养

在职场要取得成功，最关键的并不在于他的能力与专业知识，而在于他所具有的职业素养。它可以通过个体在工作中的行为来表现，而这些行为是以个体的知识、技能、价值观、态度、意志等为基础。可以说良好的职业素养是个人事业成功的基础。

职业素养是从业人员对社会职业了解与适应能力的一种综合体现，是在职业过程中表现出来的综合品质。职业素养主要包括职业道德、职业信念、职业行为习惯、职业技能等，其中前三项是职业素养中最基本的部分，而职业技能则是支撑职业人生的表象内容。

1. 职业道德

广义的职业道德是指从业人员在职业活动中应该遵循的行为准则，涵盖了从业人员与服务对象、职业与从业人员、职业与职业之间的关系。狭义的职业道德是指在一定职业活动中应遵循的、体现一定职业特征的、调整一定职业关系的职业行为准则和规范，其主要包括爱岗敬业、诚实守信、办事公道、服务群众、奉献社会。只有具有良好的职业道德，从业人员才能在职场里获得成功。

2. 职业信念

信念是指人们坚信自己所干的事、所追求的目的是正确的，因而在任何情况下都毫不动摇地为之奋斗、执着追求的意向动机。职业信念是指个体认为可以确信并愿意作为自身行动指南的职业认识或看法。职业认识常变，而职业信念一旦形成则很难改变，它是职业素养的核心。良好的职业素养应该包含良好的职业道德、正面积极的职业心态和正确的职业价值观意识。这些是一个成功职业人必须具备的核心素养。

3. 职业行为习惯

职业行为习惯就是在职场上通过长时间的学习、训练最后形成习惯的一种职场综合素质。它是职业素养的重要组成部分，也是职业素养的外在表现。良好的职业行为习惯，需要长期地坚持，并不能通过短时间训练而成。因此，形成良好的职业行为习惯对个人职业发展十分有益。

4. 职业技能

职业技能是做好一项职业应该具备的专业知识和能力。没有扎实的专业知识和精湛的职业技能，就无法胜任本职工作，更无法谋求职业发展。

二、化工工艺操作人员职业能力要求

由于现代化工装置具有大型化、综合化和智能化的特点，对化工工艺操作人员的要求越来越高。现代化工工艺操作人员必须是具备高素质和高技能的实用型人才，应该符合《国家职业技能标准　化工总控工》，如图 1-5 所示。

国家职业技能标准

职业编码：6-11-01-03

化工总控工

（2019 年版）

中华人民共和国人力资源和社会保障部 制定

图 1-5 《国家职业技能标准 化工总控工》

该标准要求化工工艺操作人员能遵守职业道德基本知识，掌握必备的化工生产基础知识，具备从事化工生产的基本技能。其中，职业道德和化工生产基础知识如下。

1. 职业道德

（1）爱岗敬业，忠于职守。

（2）按章操作，确保安全。

（3）认真负责，诚实守信。

（4）遵规守纪，着装规范。

（5）团结协作，相互尊重。

（6）节约成本，降耗增效。

（7）保护环境，文明生产。

（8）不断学习，努力创新。

（9）弘扬工匠精神，精益求精。

2. 化工生产基础知识

（1）化学基础知识。

①无机化学基本知识。

②有机化学基本知识。

③物理化学基本知识。

④分析化学基本知识。

（2）化工基础知识。

①流体力学基本知识。

②传热基本知识。

③传质基本知识。

（3）识图知识。

①投影基本知识。

②三视图知识。

（4）化工机械与设备知识。

①化工机械、设备工作原理。

②化工机械、设备结构。

（5）电工基础知识。

①电工学基本知识。

②安全用电常识。

（6）仪表自动化基础知识。

①常用测量仪表及基本原理。

②误差的基础知识。

③常规仪表、智能仪表和自动控制系统基本知识。

（7）记录填写知识。

①运行记录。

②交接班记录。

③设备维护保养记录。

④安全生产记录。

（8）安全、环保及消防知识。

①化工安全基本知识。

②职业卫生基本知识。

③防火、防爆、防腐蚀、防静电、防中毒的基本知识。

④环保基本知识。

⑤防护、气防、消防及现场急救的基本知识。

（9）质量管理体系、环境管理体系及职业健康安全管理体系基础知识。

①质量管理体系相关知识。

②环境管理体系相关知识。

③职业健康安全管理体系相关知识。

（10）相关法律、法规知识。

①《中华人民共和国劳动法》相关知识。

②《中华人民共和国劳动合同法》相关知识。

③《中华人民共和国安全生产法》相关知识。

④《中华人民共和国职业病防治法》相关知识。
⑤《中华人民共和国特种设备安全法》相关知识。
⑥《中华人民共和国消防法》相关知识。
⑦《中华人民共和国产品质量法》相关知识。
⑧《中华人民共和国标准化法》相关知识。
⑨《中华人民共和国环境保护法》相关知识。
⑩《中华人民共和国水污染防治法》相关知识。
⑪《中华人民共和国大气污染防治法》相关知识。
⑫《中华人民共和国固体废物污染环境防治法》相关知识。
⑬《危险化学品安全管理条例》相关知识。
⑭《生产安全事故应急条例》相关知识。

【知识拓展】

“技能大师”刘文生：职业素养比高技能更重要

从入厂时的一名普通一线装配工，到如今的全国技术能手、全国五一劳动奖章获得者、江苏省企业首席技师、江苏省劳模创新工作室带头人，20年里荣誉满身，而他却说要勇于否定自我，才能不断提升。他就是“技能大师”刘文生。

刘文生1996年毕业于技工院校，在参加工作的20多年时间里，刘文生一直在装载机装配和调试的岗位上，兢兢业业，任劳任怨。

刘文生说，干一行就要爱一行，爱一行就要钻一行。工作中有不懂的地方就到处去问，问师傅、问设计人员、问技术人员，问不到就去学，自己在网上查资料，也会去书店买一些书自己学。

“好脑子不如烂笔头”，刘文生说，作为一名调试工就要做一个有心人。他会随身带一个小本子，把一些问题记录下来，把一些故障处理的方式方法写一个小总结，几十年积累下来，形成了一本自己的“故障案例集”。“我也会和我的工友分享，有时候他们会根据这些案例快速判断故障。我的工友会经常看我的案例集，我也会给他们总结，形成一个案例集。”

2010年，公司选拔职工参加全国的机械大赛。当时刘文生主动报了名，他希望通过这次机会能够和全国的高手进行切磋。经过几轮的选拔，刘文生进入了前五名，总决赛的时候拿了第一名。回来以后，大家经常和他开玩笑说：“你这是一战成名。”刘文生说，当时自己想的是没有耕耘就没有收获，自己努力了十几年，也体现了自己这十几年知识和经验的积累，“能够拿到第一名和这些分不开”。

2012年年底，公司组建了“刘文生大师创新工作室”，里面有顶尖的技术人员、设计人员、质量管理人员、工艺人员、技能人员。“这个工作室以我的名字命名，我感觉非常骄傲，同时我也有了压力和动力。”

对于职业素养，刘文生有着自己的理解，他说，首先要有高超的技能，其次要有非常优秀的职业素养，这两者缺一不可，而且是相辅相成的。“职业素养比高的技能更加重要，有了

高的职业素养，虽然技能不高，但是可以为社会做出一定的贡献。但是如果技能高，没有好的素养，有可能会危害社会。”

思考与练习

一、多项选择题

职业素养主要包括（　　）。

A. 职业道德　　B. 职业信念

C. 职业行为习惯　　D. 职业技能

二、简答题

企业对职工的职业素养有哪些要求？

项目二

化工安全认知

随着现代化学工业的高速发展，人们的衣、食、住、行已然离不开化工产品，化学工业已经发展成为国民经济的支柱产业。与此同时，我们也应该意识到，化工生产具有易燃、易爆、高温、高压、易腐蚀等特点，生产过程中存在很多不安全因素，因此对安全生产的要求越来越高。

任务一　了解化工安全生产的重要性

学习目标

1. 了解化工安全生产的重要性。
2. 熟悉化工生产中的安全问题。
3. 掌握化工安全生产的原则及措施。
4. 理解化工生产安全禁令。

任务引入

化工生产设备工艺复杂，检修频繁，操作要求严格，化工工艺操作人员应了解化工安全生产的重要性，熟悉安全生产的原则及措施，不断提高事故处置能力，使生产处于安全控制状态。

任务分析

化工生产中安全生产是前提，要使生产处于安全控制状态，要建立安全思维，可从多方面考虑安全问题，通过调研、查阅相关书籍或利用网上资源进行多方面学习，从而了解化工安全生产的重要性。

相关知识

一、化工生产中的安全问题

化工生产中易燃、易爆、有毒、有害、易腐蚀的物质多，高温、高压设备多，工艺复杂，操作要求严格，如果管理不当或生产中出现失误，就可能发生火灾、爆炸、中毒或灼伤等事故，影响到生产的正常进行。由于化学工业本身具有的危险性，一旦发生事故，后果可能非常严重。因此，生产必须安全是现代化学工业发展的客观需要，也是安全技术管理的一项基本原则。

化工生产必须牢固树立“安全第一”的观念，在一切生产活动中，把安全作为首要的前提条件，落实安全的各项措施，保障职工的生命安全和身体健康，保证生产的正常进行。特别是企业的领导要树立这一观念，重视安全生产，把安全生产渗透到生产管理的每一个环节，消除事故隐患，改善劳动条件，切实做到生产必须安全。

二、安全生产的重要性

1. 安全生产是化工生产的前提

由于化工生产具有特殊性，如果管理不当或生产中出现失误，就可能发生火灾、爆炸、中毒或灼伤等事故，影响到生产的正常进行，轻则影响产品的质量、产量和成本，造成生产环境的恶化，重则造成人员伤亡和巨大的经济损失。

2. 安全生产是化工生产的保障

化工生产要确保装置长期、连续、安全地运行。一旦发生事故，生产装置不能正常运行，就会影响生产能力，造成一定的经济损失。

3. 安全生产是化工生产的关键

化工新产品的开发、试生产必须解决安全生产问题。

三、安全生产的基本原则及措施

1. 安全生产的基本原则

（1）生产必须安全。实现安全生产，保护职工在生产劳动过程中的安全与健康，是企业管理的一项基本原则，是我国一切经济部门和生产企业的头等大事，是实现经济效益的客观需要，又是社会主义制度的要求。因此，必须树立“安全第一”的观念，贯彻“管生产必须同时管安全”的原则。

（2）安全生产，人人有责。安全生产在充分发挥专职安全技术人员和安全管理人员的骨干作用的同时，应充分调动和发挥全体职工的安全生产积极性。人人重视安全生产，个个自觉遵守安全生产规章制度，提高警惕，互相监督，发现隐患，及时消除，确保生产安全、正常地进行。

（3）安全生产，重在预防。预防即变被动为主动，变事后处理为事前预防，把事故消除在萌芽状态。

2. 安全生产的措施

（1）贯彻执行安全生产责任制。根据国家颁发的有关安全规定，结合企业的生产特点，建立安全生产责任制，做到安全工作有制度、有措施、有布置、有检查，责任分明。认真履行安全职责，严格遵守各项安全生产规章制度，积极参加各项安全生产活动；坚守岗位，精心操作，服从调度，听从指挥；严格执行岗位责任制、巡回检查制和交接班制度；加强设备维修保养，保持生产作业现场的清洁卫生，做好文明生产；严格执行操作上岗证制度；正确使用、妥善保管各种个体防护用品和器具。

（2）抓好安全教育。

①入厂教育。凡入厂的新职工、新工人、实习和培训人员，都必须进行三级（厂、车间、班组）安全教育和安全考核。

②日常教育。每次安全活动，都必须进行安全思想、安全技术和组织纪律性的教育，增强法治观念，提高安全意识，履行安全职责，确保安全生产。

③安全技术考核。新工人进入岗位独立操作前，要进行安全技术考核，凡未参加考核或考核不合格者，均不准到岗位进行操作。

（3）开展安全检查活动。化工企业每年要进行 2～4 次普遍性、专业性、季节性的检查；要建立“安全活动日”和班前讲安全、班中查安全（巡回检查）、班后总结安全（总结经验教训）的制度。

（4）做好安全文明检查。做好设备的维修和保养，杜绝“跑、冒、滴、漏”现象，以提高设备的完好率。定期进行设备的检修与更换，在此过程中，应认真检查《安全生产四十一条禁令》的执行情况，杜绝一切事故的发生。

（5）加强防火防爆管理。对所有易燃、易爆物品及易引起火灾与爆炸危险的物质和设备，必须采用先进的防火、灭火技术，开展安全防火教育，加强防火检查和灭火器材的管理，防止火灾和爆炸事故的发生。

（6）加强防尘防毒管理。限制有毒、有害物质的生产和使用；防止粉尘、毒物的泄漏和扩散，保持作业场所符合国家规定的卫生标准；配置相应的个体防护装备和安全卫生设施，定期进行检测。

（7）加强危险物品的管理。对易燃、易爆、易腐蚀、有毒的危险物品的管理，必须严格执行国家制定的管理、储存、运输等规定。

（8）配置安全装置和加强防护器具的管理。现代化学工业生产中，必须配置温度、压力、液面超压的报警装置、安全联锁装置、事故停车装置、高压设备的防爆泄压装置、低压真空

的密闭装置、事故照明安全疏散装置、静电和避雷的防护装置、电气设备的过载保护装置以及机械运转部分的防护装置等，安全装置要加强维护，保证灵活好用。

对于保护人体的安全器具，如安全帽、安全带、防护面罩、过滤式防毒面具、氧气呼吸器、防护眼镜、防毒防尘口罩、防护工作服、防护手套和绝缘胶靴等，都必须妥善保管并会正确使用。

（9）加强事故管理。分析事故原因，吸取事故教训，采取有效措施消除存在的隐患。防止事故发生是企业安全管理的一个重要环节，加强事故管理的目的是杜绝事故的发生。

（10）严格执行《安全生产四十一条禁令》。《安全生产四十一条禁令》是化工行业做好安全生产的重要规章制度，必须严格执行，做到令行禁止。

【知识拓展】

安全生产四十一条禁令

一、生产区内十四个不准

1. 加强明火管理，厂区内不准吸烟。
2. 生产区内，不准未成年人进入。
3. 上班时间，不准睡觉、干私活、离岗和干与生产无关的事。
4. 在班前、上班时不准喝酒。
5. 不准使用汽油等易燃液体擦洗设备、用具和衣物。
6. 不按规定穿戴劳动保护用品，不准进入生产岗位。
7. 安全装置不齐全的设备不准使用。
8. 不是自己分管的设备、工具不准动用。
9. 检修设备时安全措施不落实，不准开始检修。
10. 停机检修后的设备，未经彻底检查，不准启用。
11. 未办高处作业证，不系安全带，脚手架、跳板不牢，不准登高作业。
12. 石棉瓦上不固定好跳板，不准作业。
13. 未安装触电保安器的移动式电动工具，不准使用。
14. 未取得安全作业证的职工，不准独立作业；特殊工种职工，未经取证，不准作业。

二、化工工艺操作人员的六个严格

1. 严格执行交接班制度。
2. 严格进行巡回检查。
3. 严格控制工艺指标。
4. 严格执行操作法（票）。
5. 严格遵守劳动纪律。
6. 严格执行安全规定。

三、动火作业的六个禁令

1. 动火证未经批准，禁止动火。

2. 不与生产系统可靠隔绝，禁止动火。
3. 不清洗，置换不合格，禁止动火。
4. 不消除周围易燃物，禁止动火。
5. 不按时进行动火分析，禁止动火。
6. 没有消防措施，禁止动火。

四、进入容器、设备的八个必须

1. 必须申请、办证，并得到批准。
2. 必须进行安全隔绝。
3. 必须切断动力电，并使用安全灯具。
4. 必须进行置换、通风。
5. 必须按时间要求进行安全分析。
6. 必须佩戴规定的防护用具。
7. 必须有人在器外监护，并坚守岗位。
8. 必须有抢救后备措施。

五、机动车辆的七个禁令

1. 严禁无证、无令开车。
2. 严禁酒后开车。
3. 严禁超速行车和空挡溜车。
4. 严禁带病行车。
5. 严禁人货混载行车。
6. 严禁超标装载行车。
7. 严禁无阻火器车辆进入禁火区。

思考与练习

一、单项选择题

1. 凡入厂的新职工、新工人、实习和培训人员，都必须进行（　　）级安全教育和安全考核。

A. 一　　B. 二　　C. 三　　D. 四

2. 关于《安全生产四十一条禁令》，说法错误的是（　　）。

A. 加强明火管理，厂区内不准吸烟

B. 不是自己分管的设备，也有权力使用

C. 安全装置不齐全的设备不准使用

D. 在班前、上班时不准喝酒

二、填空题

化工生产必须牢固树立________的观念，贯彻________的原则。

三、简答题

1. 化工安全生产重要性有哪些？
2. 化工安全生产主要措施有哪些？

任务二 辨识化工生产中的危险源

学习目标

1. 了解危险化学品分类。
2. 熟悉危险化学品标志。
3. 掌握化工生产中危险化学品的安全防范措施。
4. 能对化工生产中的危险源进行辨识。

任务引入

化工生产中涉及的某些原料、中间品、产品和催化剂等物质具有易燃、易爆、有毒、有害等特性，对其进行安全使用、储存和运输是化工安全生产的重要工作。

任务分析

通过企业调研、查阅相关书籍或利用网上资源进行多方面入手了解化工企业中危险化学品，知道这些危险化学品危险性表现以及其使用场所。

相关知识

一、危险化学品分类

危险化学品是指具有毒害、腐蚀、爆炸、燃烧、助燃等性质，对人体、设施、环境具有危害的剧毒化学品和其他化学品。根据不同的标准，我国对危险化学品有着不同的分类，依据《危险货物分类和品名编号》（GB 6944—2012），按理化危险将危险化学品分为以下九类。

1. 爆炸品

本类物品是指在外界作用下（如受热、受压、撞击等），能发生剧烈的化学反应，瞬时产生大量的气体和热量，使周围压力急骤上升，发生爆炸，对周围环境造成破坏的物品，也包括无整体爆炸危险，但具有燃烧、抛射及较小爆炸危险的物品。

2. 气体

本类物品是指压缩气体、液化气体、溶解气体和冷冻液化气体、一种或多种气体与一种或多种其他类物质的蒸气混合物、充有气体的物品和气雾剂；或符合下述两种情况之一者。

（1）在 50 ℃时，蒸气压力大于 300 kPa 的物质。

（2）20 ℃时在 101.3 kPa 标准压力下完全是气态的物质。

本类物品当受热、撞击或强烈震动时，容器内压力会急剧增大，致使容器破裂爆炸，或致使气瓶阀门松动漏气、酿成火灾或中毒事故。按其性质分为易燃气体、非易燃无毒气体和毒性气体。

3. 易燃液体

本类物品包括易燃液体和液态退敏爆炸品。

易燃液体是指易燃的液体或液体混合物，或是在溶液或悬浮液中有固体的液体，其闭杯试验闪点不高于 60 ℃，或开杯试验闪点不高于 65.5 ℃。

液态退敏爆炸品是指为抑制爆炸性物质的爆炸性能，将爆炸性物质溶解或悬浮在水中或其他液态物质后，而形成的均匀液态混合物。

4. 易燃固体、易于自燃的物质、遇水放出易燃气体的物质

本类物品易于引起和促成火灾，按其燃烧特性分为以下三项。

（1）易燃固体、自反应物质和固态退敏爆炸品。

①易燃固体是指易于燃烧的固体和摩擦可能起火的固体。

②自反应物质是指即使没有氧气（空气）存在，也容易发生激烈放热分解的热不稳定物质。

③固态退敏爆炸品是指为抑制爆炸性物质的爆炸性能，用水或酒精湿润爆炸性物质或用其他物质稀释爆炸性物质后，形成的均匀固态混合物。

（2）易于自燃的物质，包括发火物质和自热物质。

①发火物质是指即使只有少量与空气接触，不到 5 min 时间便燃烧的物质，包括混合物和溶液（液体或固体）。

②自热物质是指发火物质以外的与空气接触便能自己发热的物质。

（3）遇水放出易燃气体的物质。本类物品是指遇水放出易燃气体，且该气体与空气混合能够形成爆炸性混合物的物质。

5. 氧化性物质和有机过氧化物

本类物品具有强氧化性，易引起燃烧、爆炸，按其组成分为以下两项。

（1）氧化性物质是指本身未必燃烧，但通常因放出氧可能引起或促使其他物质燃烧的物质。

（2）有机过氧化物是指含有二价过氧基（—O—O—）结构的有机物。其本身易燃、易爆、极易分解，对热、震动和摩擦极为敏感。

6. 毒性物质和感染性物质

（1）毒性物质是指经吞食、吸入或与皮肤接触后可能造成死亡或严重受伤或损害人类健康的物质。其中包括满足下列条件之一的毒性物质（固体或液体）。

①急性口服毒性：LD_{50}≤300 mg/kg。

②急性皮肤接触毒性：LD_{50}≤1 000 mg/kg。

③急性吸入粉尘和烟雾毒性：LC_{50}≤4 mg/L。

④急性吸入蒸气毒性：LC_{50}≤5 000 mL/m^3。

（2）感染性物质是指已知或有理由认为含有病原体的物质。感染性物质分为 A 类和 B 类。

① A 类：以某种形式运输的感染性物质，在与之发生接触（发生接触是在感染性物质泄漏到保护性包装之外，造成与人或动物的实际接触）时，可造成健康的人或动物永久性致残、生命危险或致命疾病。

② B 类：A 类以外的感染性物质。

7. 放射性物质

放射性物质是指任何含有放射性核素并且其活度浓度和放射性总活度都超过《放射性物品安全运输规程》（GB 11806—2019）规定限值的物质。

8. 腐蚀性物质

腐蚀性物质是指通过化学作用使生物组织接触时造成严重损伤或在渗漏时会严重损害甚至毁坏其他货物或运载工具的物质。本类物质包括满足下列条件之一的物质。

（1）使完好皮肤组织在暴露超过 60 min，但不超过 4 h 之后开始的最多 14 d 观察期内全厚度毁损的物质。

（2）被判定不引起完好皮肤全厚度毁损，但在 55 ℃试验温度下，对钢或铝的表面腐蚀率超过 6.25 mm/a 的物质。

9. 杂项危险物质和物品，包括危害环境物质

本类物品是指存在危险但不能满足其他类别定义的物质和物品。

二、危险化学品危险特性符号

《化学品分类和标签规范　第 1 部分：通则》（GB 30000.1—2024）规定的危险符号如图 2-1 所示。

三、化工生产中安全防范措施

1. 危险化学品的储存

危险化学品仓库是易燃、易爆等危险化学物品储存的场所，库址必须选择适当，布局合理，建筑物符合要求，科学规范管理，确保其储存保管安全，具体要求如下。

（1）危险化学品必须储存在专用仓库、专用场地或专用储存室（柜）内，并设专人管理。

（2）危险化学品的储存限量，由当地主管部门与公安部门规定。

图 2-1　危险符号

（3）交通运输部门的车站、码头等地，应当修建专用仓库储存危险化学品。

（4）储存地点及建筑结构，应根据国家的有关规定设置，并考虑对周围居民区的影响。

（5）危险化学品露天堆放，应符合防火防爆的安全要求。

（6）危险化学品专用仓库，应当符合有关安全规定，并根据物质的种类、性质，设置相应的通风、防爆、泄压、防火、防雷、报警、灭火、防晒、调温、消除静电、防护围堤等安全设施。

（7）必须加强入库验收，防止出现发料差错，特别是爆炸品、剧毒物质以及物理危险品（如放射性物质），应采取“五双制”的方法进行管理。

（8）应经常检查，发现问题及时处理，并严格制定危险化学品库房的出入制度。

（9）储存危险化学品的仓库，应当根据《中华人民共和国消防法》配备相应的消防力量和灭火设施以及通信、报警装置。

（10）危险化学品仓库区域内严禁吸烟和使用明火。对进入区域内的机动车辆必须采取防火措施。

2. 危险化学品泄漏处理

由于危险化学品泄漏容易发生中毒事故，或者可能进一步转化为火灾和爆炸事故，因此，对危险化学品的泄漏处理必须及时、得当，避免重大事故的发生。

处理泄漏现场时，进入现场人员须配备必要的个体防护装备；如果泄漏的化学品易燃、易爆，则应严禁出现火种，扑灭任何明火及任何其他形式的热源和火源，以降低发生火灾和爆炸事故的危险性，应急处理时严禁单独行动，必要时用水枪、水炮掩护，应从上风、上坡处接近现场，严禁盲目进入。

【知识拓展】

危险化学品处置方法

一、爆炸品的销毁

凡确认不能或不再使用的爆炸品，必须在当地公安部门的认可指定下，选择适当的地点、时间及方法予以销毁。爆炸品的销毁方法一般有以下四种。

1. 爆炸法

将需销毁处理的爆炸品选择适当的地点用起爆器材引爆。

2. 烧毁法

将需销毁处理的爆炸品铺成薄层用导火索引燃。

3. 溶解法

将能溶于水而失去爆炸性能的爆炸品放进水里，使其消除危险性。

4. 化学分解法

对于能与其他物质发生反应分解的爆炸品，可以选用化学分解法进行处理。

二、危险废物的处置

危险废物的处置是危险化学品管理中重要的一环。常用的处置方法有焚烧法和填埋法。

1. 焚烧法

焚烧法是指利用专门的处理装置使危险废物在高温下氧化分解，转化为可向环境排放的产物的方法。焚烧法适用于处置有机类危险废物。

2. 填埋法

填埋法主要用于处置固体危险废物，是历史最悠久、应用最广泛的方法之一。填埋法处置技术最关键的环节是防渗漏。

三、毒害污染物的处置

毒害污染物的主要处置措施有三种，一是用有一定压力的水进行喷射冲洗，或用热水冲洗；二是用化学物质进行中和、氧化或还原；三是先用沙土或锯末混合铲除，然后填埋。

四、放射物的处置

放射性物质有自身衰变而减弱直至消失的特点，因而对放射物经常采用储存放置的方法进行处理。

思考与练习

一、单项选择题

1.《危险货物分类和品名编号》（GB 6944—2012）将常用危险化学品按其主要危险特性分为（　　）类。

A. 六　　　　B. 七　　　　C. 八　　　　D. 九

2. 易燃液体是指易燃的液体、液体混合物或含有固体物质的液体，但不包括由于其危险特性已列入其他类别的液体。其闭杯试验闪点不高于（　　）℃。

A. 50　　B. 60　　C. 70　　D. 80

二、填空题

爆炸品是指在外界作用下（如受热、受压、撞击等），能发生剧烈的________，瞬时产生大量的________和________，使周围压力急骤上升，发生爆炸。

三、简答题

简述危险化学品的分类。

任务三　认识个体防护装备

学习目标

1. 了解个体防护装备种类。
2. 熟悉个体防护装备防护作用。
3. 掌握个体防护装备使用方法。
4. 能正确佩戴和使用个体防护装备。

任务引入

化工生产具有高温、高压、易燃、易爆、有毒、有害、有辐射或带电等危险因素，为避免受到伤害，个体防护装备不可缺少。化工工艺操作人员在一线从事化工生产要做好个体防护，需了解化工生产中个体防护装备种类、使用情况及使用场所。

任务分析

个体防护装备种类繁多，使用场所和使用方法各不相同，实施本任务需对化工生产现场及工作性质进行调研，并查阅相关资料学习个体防护装备分类和正确选用等方面的内容。

相关知识

一、足部防护器具

安全鞋是保护穿着者免受意外事故引起的伤害，具有保护特征和保护工作区域安全的鞋。安全鞋的选用应根据行业需求和技术发展，符合特定工作环境（如电气绝缘、防静电、耐化

学品渗透等）对足部防护装备的要求，确保广泛的适用性和安全性。安全鞋应有产品合格证和产品说明书。安全鞋式样如图 2-2 所示。

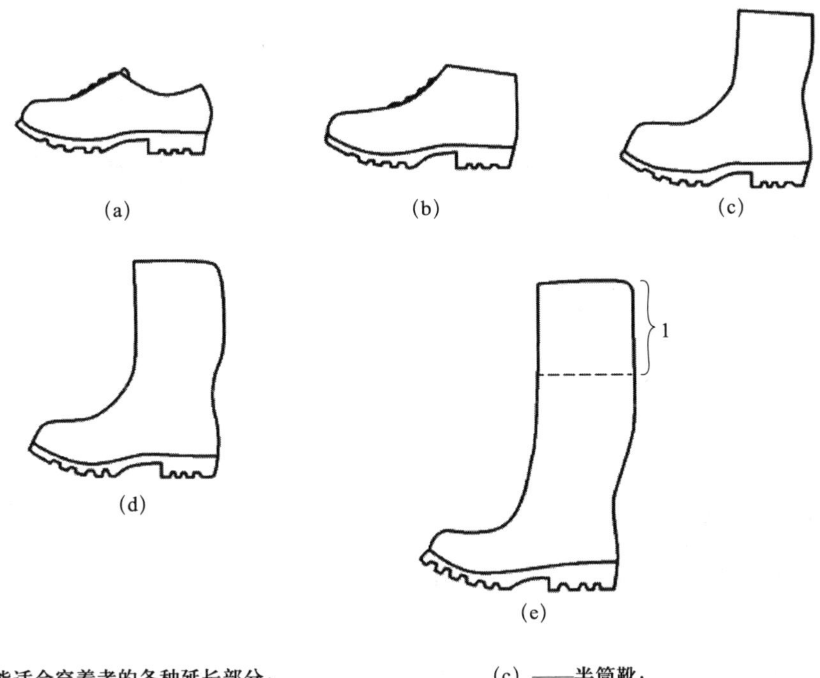

说明：

1——能适合穿着者的各种延长部分；

(a) ——低帮鞋；

(b) ——高腰靴；

(c) ——半筒靴；

(d) ——高筒靴；

(e) ——长靴。

注：式样e是在高筒靴(d型)上装一种薄的、能延长帮面的不渗水或防沙材料，且该材料能裁剪以适合穿着者。

图 2-2　安全鞋式样

【知识窗】

安全鞋穿着环境

1. 在有酸、碱物质泄漏的岗位或酸碱车间，必须穿防酸、碱的安全鞋。
2. 对于有碰撞、挤压、下跌物体而易使脚部受伤的岗位，应穿防砸鞋。
3. 在高温岗位操作应穿绝热安全鞋。
4. 在实验室、实习工厂及类似车间内操作，要穿牢固且封闭的鞋。

二、手部防护器具

防护手套是用来保护手部或手的一部分使其免受伤害的防护装备。手部防护器具依据其防护功能或使用场合被归为某种类型，典型的如机械危害防护手套、防化学品手套、带电作业用绝缘手套、防热伤害手套、防寒手套等，其中耐酸碱防护手套如图 2-3 所示。

图 2-3　耐酸碱防护手套

在从事对手部有损伤的工作时，应戴上合适的手部防护器具。

三、眼面部防护器具

若在工作区域内，飞出的物体、喷出的液体或有危险光的照射，都可能使操作者眼睛或面部受到伤害，则必须考虑佩戴眼面部防护器具，如图 2－4 所示。

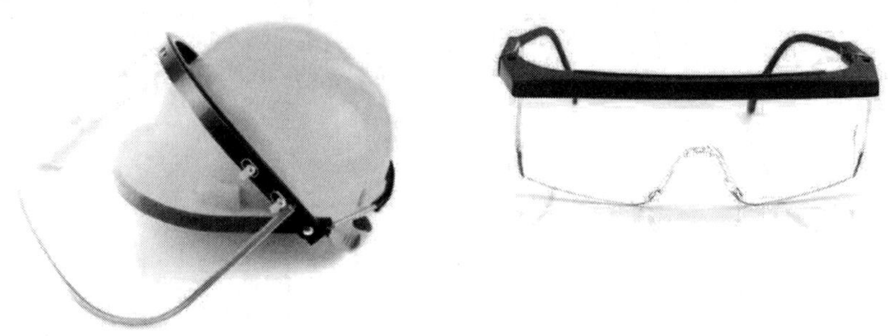

图 2－4　眼面部防护器具

四、头部防护器具

常用的头部防护器具是安全帽。安全帽是预防下落物体（固体、液体）或其他物体碰撞头部而引起危险的人体头部保护用品。常用安全帽结构如图 2－5 所示。以下几种情况必须佩戴安全帽：在车间内部及其露天区域；存在天车、吊车作业的区域或涉及高空与地联合作业的场所；在距离地面 1.5 m 及以上空间有重物移动的工作场所；在建筑与安装施工岗位；以及女工进行车床操作等岗位。

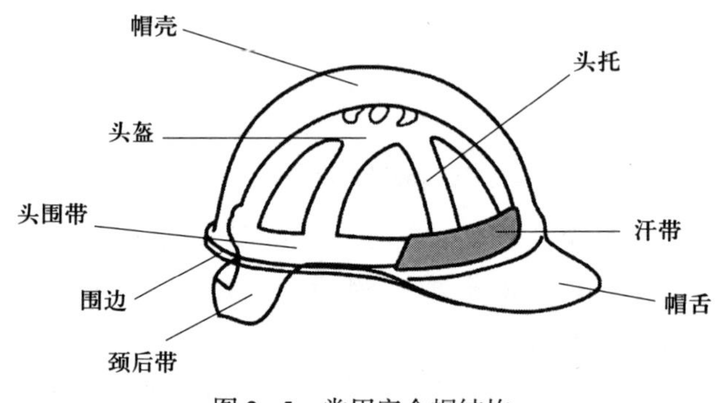

图 2－5　常用安全帽结构

五、呼吸防护器具

呼吸防护主要采用呼吸器防护。呼吸器可分为过滤式（净化法）呼吸器和隔绝式（供气法）呼吸器两类。

1. 过滤式（净化法）呼吸器利用滤料先清除吸入气体中的污染物，再将净化后的空气供佩戴者使用。图 2－6 所示是常见过滤式（净化法）呼吸器，它主要由呼吸面具或口罩和滤毒罐组成。

图 2-6　常见过滤式（净化法）呼吸器

该呼吸器的净化过程是，吸入的空气中的有害颗粒、粉尘等杂质被阻留在滤网外侧，经过初步粗过滤后的空气随后通过滤毒罐进行化学或物理吸附处理，将有毒物质从空气中分离出去。该呼吸器不能用于缺氧环境（空气中的含氧量低于 18% 时为缺氧环境），且对污染物的防护有选择性，因为有些有害气体和蒸气目前尚无法被现有的滤料所清除。

2. 隔绝式（供气法）呼吸器提供一个独立于作业环境的呼吸气源，通过空气导管、软管或佩戴者自身携带的供气装置向佩戴者输送气体。隔绝式（供气法）呼吸器所使用的供人呼吸空气与作业现场空气相隔绝，因此可以在毒气浓度较高的环境中使用。常见隔绝式（供气法）呼吸器如图 2-7 所示。

(a) 氧气呼吸器

(b) 蛇管式呼吸器

图 2-7　常见隔绝式（供气法）呼吸器

【知识拓展】

运输装卸作业中的安全防护

在生产操作中，各种泵、离心分离机、研磨机、皮带输送机，以及各种车床等运转机器上的所有运动部件都是危险的，操作者一旦某个部位接触到它们，被卷入机器，就会遭到不同程度的伤害。为了防止与这些运动部件接触，必须给这些运动部件套上外罩，如铁栅、薄铁板套或其他类似的外罩。此外，还可安装安全联锁装置，如果有东西被卷入机器，安全联锁装置就会中断电源，使机器停止运转，从而避免事故的发生。安装机械开关元件或光线阻挡器，也可以起到安全防护作用。在运转机器旁的操作人员，必须穿紧身工作服，因为宽松的工作服会因飘动而被旋转的轴卷入而发生事故。长头发也很危险，一旦被旋转轴卷入，会有头皮被撕裂的危险，因此留长发的操作人员，必须戴工作帽或头发网套。

思考与练习

一、单项选择题

1. 在有酸、碱物质泄漏的岗位或酸碱车间，必须穿（　　）安全鞋。

A. 防酸碱　　B. 防压　　C. 绝缘　　D. 防冻

2. 过滤式呼吸器不能用于缺氧环境，空气的含氧量低于（　　）时为缺氧环境。

A. 16%　　B. 18%　　C. 20%　　D. 21%

二、填空题

1. 呼吸器可分为________和________两类。

2. 在转动轴旁的工作人员，________戴防护手套，以防手套被卷入而损伤手部。

三、简答题

请举例说明个体防护装备种类。

任务四　了解常用急救技术

学习目标

1. 了解常用的急救方法。
2. 熟悉急救措施的技术要点。
3. 掌握常用急救技术。
4. 能进行简单的施救。

任务引入

急救的首要目的是拯救生命，包括防止严重失血、维持呼吸、防止病情恶化、防止休克等。化工生产中若突发事故造成人员窒息或休克，应在第一时间进行急救，化工工艺操作人员需要掌握并熟练急救方法。

》任务分析

系统学习急救方法，分析导致人员伤害的各种原因，当人员受伤或并发出现休克现象时，应在第一时间实施有效的急救措施。

》相关知识

一、严重出血急救

严重出血急救的关键是及时止血，切勿延误时间。常用的止血方法有直接准点按压、包扎止血法。

1. 直接准点按压

直接准点按压是一种有效的临时止血手段，无论用干净纱布还是其他布类物品直接按在出血区，都能有效止血，适用于浅表的静脉出血、微血管出血或出血量较少的情况，且出血部位明确、易于直接触及。

急救人员用手直接按压在出血的伤口上。如果条件允许，最好在出血的伤口垫上干净、柔软的物品（如手帕），以减少对伤口的污染。止血过程中需要保持均匀且持续的压迫，力度适中，以有效压迫出血血管。

直接准点按压通常只能起到临时止血的作用，应尽快拨打 120 或请他人帮助呼叫，以便专业医务人员尽快进行救治。

2. 包扎止血法

包扎止血法是指将绷带、三角巾、止血带等物品直接敷在伤口或结扎某一部位的处理措施。包扎止血法分为加压包扎止血法、加垫屈肢止血法和止血带止血法。

【知识窗】

包扎止血法

加压包扎止血法：适用于小动脉、静脉及毛细血管出血。先用消毒纱布或干净的手帕、毛巾或布料垫敷于伤口处，然后用棉团、纱布卷、毛巾等折成垫子，放在出血部位的敷料外面，最后用三角巾或绷带紧紧包扎起来，以达到止血的目的。手的压力和绷带的松紧度以能取得止血效果但又不致过于压迫伤处为度。

加垫屈肢止血法：上肢或小腿出血，在没有骨折或关节损伤时，可采用加垫屈肢止血法。例如，上臂出血，可用有一定硬度、大小适宜的垫子放在腋窝，上臂紧贴胸侧，用三角巾、绷带或腰带固定胸部，若前臂或小腿出血，可在肘窝或腿窝加垫屈肢固定。

止血带止血法：在手（脚）被切除、砍伤、压伤、大量流血等情况下，应使用止血带，有条件的最好用乳胶管（或橡皮管）作为止血带。

二、严重灼伤急救

身体因受热源或化学物质的作用而导致局部组织损伤，及其随后引发的病理和生理变化的过程，称为灼伤，按发生原因的不同分为化学灼伤、热力灼伤和复合性灼伤。

发生灼伤时，及时进行急救和处理是减轻伤害、避免严重后果的重要环节。当化学物质接触人体组织时，应迅速脱去衣服，立即用大量清水冲洗创伤部位，冲洗时间不应少于15 min，以利于渗入毛孔或黏膜的物质被清洗出去。冲洗眼睛一般用生理盐水或用清洁的自来水，冲洗时水流尽量不要正对着角膜方向，不要揉搓眼睛，也可以将面部浸在清洁的水中，用手撑开上、下眼皮，用力睁大双眼，头在水中左右摆动。对于皮肤部位的灼伤，用清水冲洗后，可先用中和剂洗涤或湿敷，时间不要过长，然后用清水冲洗，最后应根据受伤情况及时就医。

三、骨折急救

骨折是极为常见的一种外伤，是指骨的完整性和连续性中断。大多数骨折由创伤引起，称为创伤性骨折。骨折的急救是指在骨折发生后立即进行的妥善处理。骨折处理不当可能会加重损伤，增加伤者的痛苦，甚至造成残疾，严重影响生活质量。

1. 止血、包扎

对轻度无伤口的骨折，应先进行冷敷处理，使用冰水、冰块或者冷冻剂敷住骨折部位，防止肿胀；对有伤口的开放性骨折，可用干净的消毒纱布压迫，压迫止不住血时可用止血带环扎伤口的近心端止血，每隔40～60 min放松1次，每次放松1～2 min，以免时间过长导致肢体缺血性坏死。若遇到骨折端外露的情况，则应继续保持外露，不要将骨折端放回原处，以免将细菌带入伤口深部引起感染。

2. 固定

应及时正确地固定断肢，迅速使用夹板固定患处，固定不宜过紧。如果没有木板，也可用树枝、擀面杖、雨伞、硬纸板等物品代替。若找不到固定的硬物，也可用布带将伤肢绑在伤者身上。骨折急救固定方法如图2-8所示。

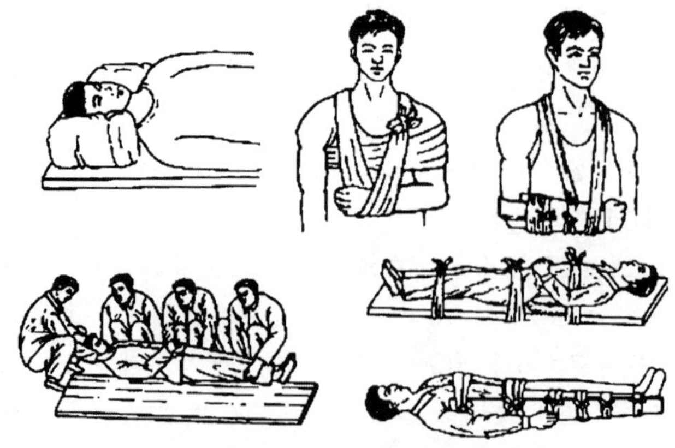

图2-8　骨折急救固定方法

3. 转运

脊柱、腰部及下肢骨折的伤者必须用担架运送。在搬运伤者前，需确认伤者的情况，不能搬动或者挪动伤者患处，以免造成二次伤害。

四、复苏术

这里主要介绍心肺复苏术，其操作步骤如下。

1. 识别和启动急救

（1）判断患者意识。双手轻拍患者肩膀，在耳侧呼唤患者，看是否有反应。

（2）求助。寻求周围人帮助，拨打 120，并让人帮忙找附近的 AED（自动体外除颤器）。

（3）判断患者心跳。若患者无呼吸或呼吸不正常（如喘息），可同时用 2～3 根手指按压患者的颈动脉，若没有脉动，说明心搏骤停，需要马上进行心肺复苏。

2. 胸外按压 30 次

让患者仰卧在平实的硬质平面上，头部与躯干处在同一平面。施救者交叠双手，上身前倾，双臂伸直，垂直向下，用力并有节奏地按压患者双乳头连线与胸骨交界处 30 次。胸外按压示意图如图 2－9 所示。

3. 人工呼吸 2 次

一只手置于患者额部，向下压，另一只手放在患者下颌处，向上抬，让患者的嘴角与耳垂连线与地面垂直，清除患者口腔中的异物（如假牙或呕吐物等），捏住患者鼻子，用嘴包住患者的嘴快速将气体吹入。人工呼吸过程示意图如图 2－10 所示。

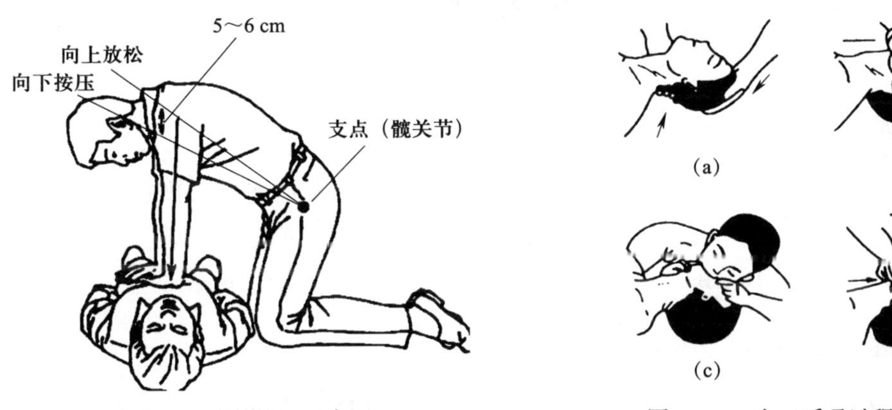

图 2－9　胸外按压示意图

图 2－10　人工呼吸过程示意图

4. 持续重复步骤 2 与步骤 3

直到出现以下三种情况，可以停止心肺复苏。

（1）心肺复苏生效。患者恢复了心跳、自主呼吸与脉搏搏动，或者有反应或呻吟。

（2）心肺复苏无效。持续超过 30 min 的心肺复苏后，患者的呼吸与脉搏都没有恢复正常，患者瞳孔散大固定。

（3）周围有人找到自动体外除颤器，或有专业的医护施救人员赶到。

【知识拓展】

海姆立克急救法

海姆立克急救法即海姆立克腹部冲击法。急性呼吸道异物堵塞在生活中并不少见，由于气道堵塞后患者无法进行呼吸，故可能致人因缺氧而意外死亡。海姆立克腹部冲击法（Heimlich Maneuver）也称海氏手技，是美国医生海姆立克发明的。图 2-11 所示为海姆立克急救法示意图。

施救者首先以前腿弓、后腿蹬地的姿势站稳，使患者坐在自己弓起的大腿上，并让其身体略前倾；然后将双臂分别从患者两腋下前伸并环抱患者；左手握拳，右手从前方握住左手手腕，使左拳虎口贴在患者胸部下方、肚脐上方的上腹部中央，形成“合围”之势；突然用力收紧双臂，用左拳虎口向患者上腹部内上方猛烈施压，迫使其上腹部下陷。这样，由于腹部下陷，腹腔内容上移，迫使膈肌上升而挤压肺及支气管，每次冲击都可以为气道提供一定的气量，从而将异物从气管内冲出。施压完毕后立即放松手臂，再重复操作，直到异物被排出。

图 2-11　海姆立克急救法示意图

思考与练习

一、单项选择题

当化学物质接触人体组织时，应迅速脱去衣物，立即用大量清水冲洗创伤部位，时间不少于（　　）min。

A. 5　　B. 10　　C. 15　　D. 30

二、填空题

1. 包扎止血法是指将________、________、________等物品直接敷在伤口或结扎某一部位的处理措施。

2. 灼烧按发生原因的不同分为________、________、________。

三、简答题

简述心肺复苏术的方法和要点。

任务五　认识防火防爆

学习目标

1. 了解燃烧和爆炸的基本知识。
2. 熟悉火灾和爆炸事故产生原因。
3. 掌握化工生产中火灾扑救的基本知识。
4. 能根据实际生产情况制定预防火灾和爆炸事故的具体措施。
5. 能具备处理突发性安全事件的能力。

任务引入

在化工生产中，火灾和爆炸事故多发，使人身安全受到危害，国家财产遭受损失，所以，防火防爆对于化工生产的安全运行十分重要。化工工艺操作人员应该了解燃烧和爆炸的基础知识，掌握防火防爆技术，具备处理突发性安全事件的能力。

任务分析

要完成此任务，需认真学习燃烧和爆炸的基本知识，熟知爆炸发生的条件，能正确判断火灾和爆炸事故形成的原因，从而制定出相应的安全防护措施，逐渐具备处理突发性安全事件的能力。

相关知识

一、燃烧和爆炸的基本知识

1. 燃烧的基本知识

（1）燃烧的定义。燃烧是一种伴有发光、发热的剧烈的化学过程，其特征是发光、发热、生成新物质。燃烧必须具备三个条件，即可燃物、助燃物和点火源。缺少其中任意一个，燃烧都不能发生。

（2）燃烧的类型。燃烧可分为闪燃、着火和自燃。

①闪燃和闪点。液体的蒸气与空气混合后，遇明火发生一闪即灭的现象称为闪燃。液体能发生闪燃的最低温度称为该液体的闪点。闪燃是着火的先兆。一般闪点≤45 ℃的液体称为易燃液体，闪点＞45 ℃的液体称为可燃液体。

②着火和着火点。足够的可燃物在足够的助燃物存在条件下，遇明火而引起的持续燃烧的现象称为着火。使可燃物发生持续燃烧的最低温度称为着火点。

③自燃和自燃点。自燃是可燃物受热或缓慢氧化升温而不需要明火就能自行燃烧的现象。自燃的最低温度称为自燃点。化工生产中的加热、摩擦、氧化、分解、聚合、发酵等都会导致某些化学物质自燃。自燃点越低，燃烧危险性越大。

（3）燃烧过程。可燃物的状态不同，其燃烧过程也不同。气体最易燃烧，所需热量只能用于本身的氧化分解，使其达到着火点。液体先蒸发成气体，再氧化分解进行燃烧。简单固体物质，受热熔化，蒸发后燃烧；复合固体物质，受热分解生成液态和气态物，产生蒸气燃烧。燃烧的具体过程如图 2-12 所示。

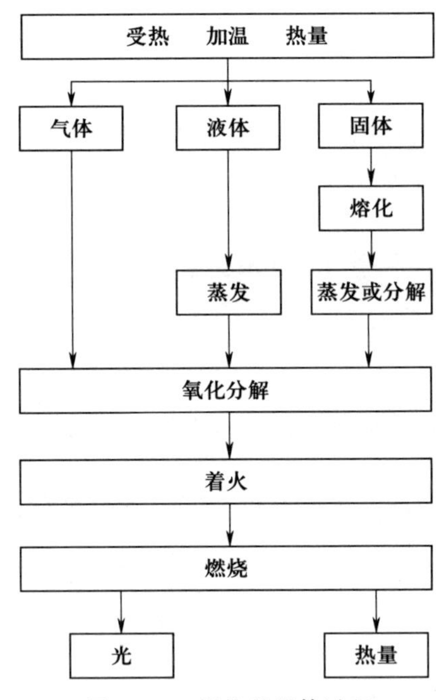

图 2-12 燃烧的具体过程

2. 爆炸的基本知识

（1）爆炸的定义。爆炸是物质发生一种急剧的物理或化学变化，瞬间以机械功的形式释放大量能量，同时产生爆炸声和冲击波的现象。其主要特征是压力急剧升高。

（2）爆炸的类型。爆炸的主要类型见表 2-1。

表 2-1 爆炸的主要类型

类型	描述	举例
物理爆炸	一种极为迅速的物理能量因失控而释放的过程。在此过程中，空间内的物质以极快的速度把内部所含有的能量释放出来，转变成机械能、热能等能量形态。这是一种纯物理过程，只发生物理变化，不发生化学变化	蒸汽锅炉爆炸、轮胎爆炸、水的大量急剧气化等均属于此类爆炸
化学爆炸	物质发生高速放热化学反应（主要是氧化反应及分解反应），产生大量气体，并急剧膨胀做功而形成的爆炸现象	炸药爆炸，可燃气体、可燃粉尘与空气形成的爆炸性混合物的爆炸均属于化学爆炸
核爆炸	某些物质的原子核发生裂变或聚变反应，瞬间放出巨大能量而形成的爆炸现象	如原子弹、氢弹的爆炸

（3）爆炸极限及影响因素。可燃性气体、液体蒸气或可燃粉尘与空气或氧化性气体混合后能发生燃烧或爆炸的最低和最高浓度，称为爆炸极限。一般用可燃气体在空气中的体积百分比来表示。爆炸极限不是一个固定值，它受各种因素的影响，主要包括原始温度、压力、惰性气体和杂质、含氧量、点火源。常见可燃气体的爆炸上限和爆炸下限见表 2-2。

表 2-2　　常见可燃气体的爆炸上限和爆炸下限

名称	化学式	爆炸下限 /%	爆炸上限 /%
乙烷	C_2H_6	3.0	12.5
乙醇	C_2H_5OH	3.3	19.0
乙烯	C_2H_4	2.7	36.0
氢气	H_2	4.0	75.0
硫化氢	H_2S	4.3	45.5
甲苯	$C_2H_5CH_3$	1.2	7.1
二甲苯	$C_6H_4(CH_3)$	1.1	7.0

注：表中数据以《石油化工可燃气体和有毒气体检测报警设计标准》（GB/T 50493—2019）为参考。

二、化工火灾和爆炸事故的防护措施

1. 控制可燃物

盛装可燃液体、气体或粉尘的容器、设备、管线防止泄漏，避免与空气混合形成爆炸混合物，且要配备降温、惰性气体保护设施。盛装可燃液体、气体或粉尘的车间或仓库，保持通风，设有换气设备。如有可能，采用负压操作。盛装可燃液体、气体或粉尘的容器、设备、管线需要动火检修时，一般需要排空可燃物质，清洗、置换容器，动火分析合格后方可进行。

2. 控制助燃物

尽量防止盛装可燃液体、气体或粉尘的容器、设备、管线泄漏，一般采用焊接，减少法兰连接，保证严密性。对于加压和减压设备，在投入生产前和做定期检修时，应做好气密性试验。遇空气或受潮、易自燃的物品，可以隔绝空气储存。对于自燃、遇水燃烧的物质，应采取隔绝空气、防水、防潮等安全措施。

3. 控制点火源

点火源包括明火、电火花、静电火花、撞击或摩擦、高热物质等，针对不同的点火源，控制措施也不同。加热易燃液体时，应尽量避免明火，采用蒸汽、电热等代替，如必须采用明火，则应严格密闭，定期检查，防止泄漏。有火灾和爆炸危险的场所，应设置醒目的“禁止烟火”标志，严格管理。易燃、易爆、高温物体在进行运输或生产加工过程中，应采取相应的安全控制对策，如保持安全距离、用隔热材料遮挡等。装卸搬运爆炸品、氧化剂及有机过氧化物等对撞击和摩擦敏感度较高的物品时，应轻拿轻放，严禁撞击、拖拉、翻滚等，以防止引起火灾和爆炸事故。易燃、易爆物品严禁露天堆放，避免日光暴晒。对某些易燃、易爆物品的容器，采取洒水降温和加设防晒设施，以防容器受热膨胀破裂，导致发生火灾和爆炸事故。爆炸危险场所中，作业人员应穿防静电服及导电橡胶制成的导电鞋，以防止摩擦引起静电。

三、常用消防设施知识

1. 灭火器

灭火器结构简单、操作方便，应用较为广泛。

（1）干粉灭火器。它以二氧化碳气体或氮气作为动力，将干粉从喷嘴内喷出形成雾状粉流，射向燃烧物质以达到灭火的目的。干粉是一种干燥的、易于流动的微细固体粉末，由能灭火的基料和防潮剂、流动促进剂、结块防止剂等添加剂组成，主要用于扑救石油、有机溶剂等易燃液体、可燃气体和电气设备的初期火灾。常见的干粉灭火器有手提式和推车式，如图 2-13 所示。

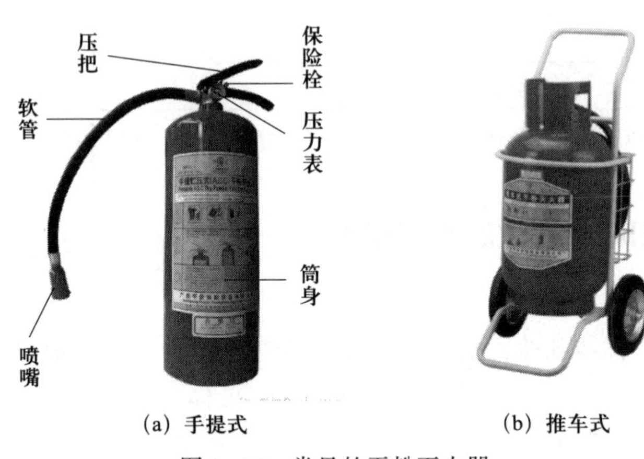

(a) 手提式　　(b) 推车式

图 2-13　常见的干粉灭火器

灭火时，可手提或肩扛干粉灭火器快速奔赴火场，在距燃烧处 5 m 左右，放下灭火器。如在室外，应选择在上风方向喷射。操作者应一只手紧握喷嘴，另一只手提起储气瓶上的开启提环，先将压把上的保险栓拔下，再将压把压下，当干粉喷出后，迅速对准火焰的根部扫射。

（2）二氧化碳灭火器。二氧化碳灭火器价格低廉，获取、制备容易，主要依靠窒息作用和部分冷却作用灭火。常见的二氧化碳灭火器如图 2-14 所示。

灭火时，二氧化碳气体可以排除空气而包围在燃烧物的表面或分布于较密闭的空间中，降低可燃物周围或防护空间内的氧浓度，产生窒息作用而灭火。另外，二氧化碳从储存容器中喷出时，会由液体迅速气化成气体，从周围吸收部分热量，起到冷却的作用。

（3）泡沫灭火器。泡沫灭火器能喷射出大量二氧化碳及泡沫，它们能黏附在可燃物上，使可燃物与空气隔绝，达到灭火的目的。泡沫灭火器分为手提式、推车式和空气式。储压式机械泡沫灭火器如图 2-15 所示。

泡沫灭火器应存放于干燥、阴凉、通风并取用方便之处，不可靠近高温或可能受到暴晒的地方，以防止碳酸分解而失效。冬季要采取防冻措施，以防止冻结，并应经常擦除灰尘、疏通喷嘴，使之保持通畅。

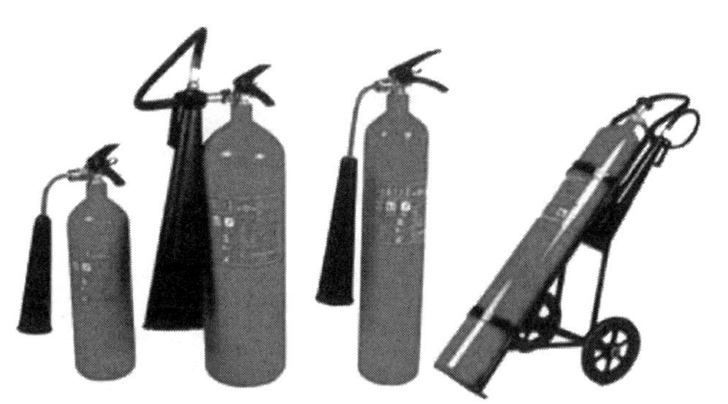

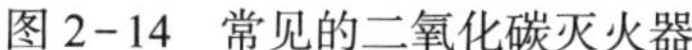
图 2－14　常见的二氧化碳灭火器

图 2－15　储压式机械泡沫灭火器

2. 消火栓

消火栓是一种固定式消防设施，主要作用是控制可燃物、隔绝助燃物、消除着火源。消火栓分为室内消火栓和室外消火栓。常见的消火栓如图 2－16 所示。

图 2－16　常见的消火栓

3. 自动喷水灭火系统

自动喷水灭火系统由洒水喷头、报警阀组、水流报警装置（水流指示器或压力开关）等组件，以及管道、供水设施组成，并能在发生火灾时喷水。

4. 泡沫灭火系统

泡沫灭火系统是一整套设备和程序组成的灭火装置，由固定的泡沫液消防泵、泡沫液储罐、泡沫比例混合器、泡沫混合液的输送管道及泡沫产生装置等组成，并与给水系统连成一体。当发生火灾时，先启动消防泵，然后打开相关阀门，系统即可实施灭火。

【知识拓展】

灭火方法

1. 冷却灭火法

冷却灭火法的原理是将灭火剂直接喷射到燃烧的物体上，以使可燃物的温度降至燃点以下，使燃烧停止，或者将灭火剂喷洒在火源附近的物质上，使其不因火焰热辐射作用而形成新的着火点。冷却灭火法是灭火的一种主要方法，常用水和二氧化碳作为灭火剂。灭火剂在灭火过程中不参与燃烧过程中的化学反应。这种方法属于物理灭火方法。

2. 隔离灭火法

隔离灭火法是将正在燃烧的物质和周围未燃烧的可燃物隔离或移开，中断可燃物的供给，使燃烧因缺少可燃物而停止。

3. 窒息灭火法

窒息灭火法是阻止空气进入燃烧区，或用不燃物质冲淡燃烧区，使燃烧的物质因得不到足够的氧气而熄灭的灭火方法。

思考与练习

一、多项选择题

1. 燃烧必备的三个条件包括（　　）。

A. 可燃物　　B. 助燃物

C. 点火源　　D. 氧气

2. 爆炸极限的影响因素包括（　　）。

A. 原始温度　　B. 惰性气体和杂质

C. 含氧量　　D. 点火源

二、填空题

1. ________、________或____________混合后能发生燃烧或爆炸的最低和最高浓度，称为爆炸极限。

2. 消火栓是一种固定式消防设施，分为________和________。

三、简答题

燃烧的条件是什么？通过燃烧、爆炸的条件分析如何预防火灾和爆炸事故的发生。

项目三

化工环保认知

环境是人类生存和发展的基本前提。随着社会经济的发展，环境问题已经成为一个不可回避的重要问题，引起各国政府的关注。保护环境、减轻环境污染、遏制生态恶化，已成为政府社会管理的重要任务。解决环境问题，促进经济、社会与环境协调发展和实施可持续发展战略，是政府面临的重要而又艰巨的任务。

任务一　了解化工污染物

学习目标

1. 了解化工污染物的种类。
2. 了解化工污染物的来源。
3. 能对化工污染源进行归类、评价。

任务引入

化工生产在给人们的生活带来便利的同时，其污染物排放所带来的环境压力也在逐年上升。化工污染物有哪些？使环境受到怎样的危害？给人们的生活带来怎样的影响？应该如何避免类似的事情发生？化工工艺操作人员应全面了解化工污染的相关知识。

任务分析

要完成此项任务，需要先对化工污染物有所了解，确定其属于哪类环境问题。然后有的

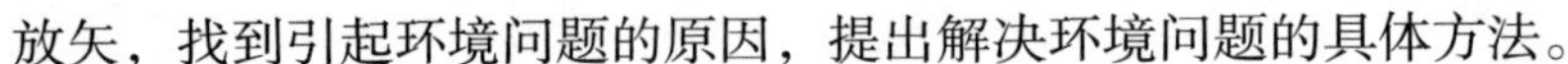

放矢，找到引起环境问题的原因，提出解决环境问题的具体方法。

相关知识

一、化工污染物的种类

1. 大气污染

大气污染是指由于人类活动或自然过程引起某些物质进入大气中，达到足够的时间，并因此危害了人体的舒适、健康和福利或环境的现象。我国大气污染属于煤烟型污染，以煤尘和酸雨污染的危害最大。

2. 水污染

工业水污染主要来自造纸业、冶金工业、化学工业及采矿业等。研究证明，氮肥和农药的大量使用是农村水污染的重要来源。

3. 固体废物污染

固体废物按来源大致可分为生活垃圾、一般工业固体废物和危险废物三种。此外，还有农业固体废物、建筑废料及弃土。固体废物若不加妥善收集、利用和处置，将会污染大气、水体和土壤，从而危害人体健康。

二、化工污染物的来源

化工污染物的来源大致分为以下两个方面。

1. 由化工生产的原料、半成品及产品产生的污染物

（1）化学反应不完全。目前，在化工生产中，原料不可能全部转化为半成品或成品，未反应的原料，虽有部分可以回收再利用，但最终总有一部分因回收不完全或不可能回收而被排放。若化工原料为有害物质，则排放便会造成环境污染。

（2）原料不纯。化工原料若纯度不够，则含有杂质。这些杂质一般不参与化学反应，最后也要排放，而且大多数杂质为有害的化学物质，会对环境造成重大污染。

（3）生产中的“跑、冒、滴、漏”。由于生产设备、化工管路等封闭不严密，或者由于操作水平和管理水平跟不上，物料在储存、运输以及生产过程中往往会有“跑、冒、滴、漏”现象。这些现象不仅造成经济上的损失，还可能造成严重的环境污染事故。

2. 化工生产过程中排放的废弃物

（1）燃烧过程。化工生产过程一般需要在一定的压力和温度下进行，因此需要有能量的输入。能量的输入往往依靠燃料的燃烧，而燃料在燃烧时会产生大量废气和烟尘，对环境造成极大的危害。

（2）冷却水。化工生产过程中除需要大量的热能外，还需要大量的冷却水。采用直接冷却时，冷却水直接与被冷却的物料进行接触，这种冷却方式很容易使水中含有化工物料，而成为污染物。当采用间接冷却时，冷却水中往往加入防腐剂、杀藻剂等化学物质，排放后也会造成污染。

（3）副反应产物。在化工生产中，进行主反应的同时，经常伴随着一些副反应。虽然有的副反应产物会被回收。但是由于副反应产物的数量不大，而且成分又比较复杂，回收过程存在许多困难，需要支出一定的经费，所以往往将副反应产物作为废料排放，从而引起环境污染。

（4）生产事故。化工生产检修事故，工艺过程事故，原料、成品、半成品泄漏流失等生产事故都会造成污染。

【知识拓展】

世界环境日

1972 年 6 月 5 日，来自 113 个国家超过 1 300 名代表在瑞典斯德哥尔摩参加了联合国人类环境会议。会上通过了具有划时代意义的历史性文献——《人类环境宣言》。同年 10 月，联合国大会据此决定成立联合国环境规划署（UNEP），并同时将每年的 6 月 5 日定为“世界环境日”。这一决定旨在促使各国在每年的这一天开展各种环境保护活动，以提醒全球民众关注环境状况以及人类活动可能对环境产生的负面影响，并强调保护和改善人类生存环境的重要性。联合国环境规划署确定每年“世界环境日”的主题，并在这一天发布《世界环境状况年度报告》，同时表彰在保护环境方面做出突出贡献的“全球 500 佳”组织和个人。

思考与练习

一、单项选择题

1. 我国大气污染属于（　　）污染。

A　煤烟型　　　　B. 石油型

C. 混合型　　　　D. 特殊型

2. 世界环境日确定为每年的（　　）。

A. 5 月 5 日　　　　B. 6 月 5 日

C. 6 月 15 日　　　　D. 6 月 25 日

二、填空题

化工污染物包括________、________、________。

三、简答题

1. 化工生产中有哪些污染物？

2. 化工污染物有哪些来源？

任务二　了解化工废水

学习目标

1. 了解化工废水的特点。
2. 熟悉化工废水处理方法的相关知识。
3. 掌握不同行业化工废水对日常生活及环境产生的影响。
4. 能对化工废水进行比对、分析和评价。

任务引入

水资源与人们的生活息息相关，化工废水如果处理不当会直接影响当地居民的生活。化工工艺操作人员应全面了解化工工况，了解各工段废水排放情况，并熟知化工废水处理方法。

任务分析

要完成此项任务，需对化工废水来源有所了解，认真分析化工企业泄漏物质的成分及性质，掌握不同行业化工废水对日常生活、环境产生的影响。

相关知识

一、化工废水的来源

化工企业生产过程中要消耗大量的工业用水，需排放或净化的污水量很大，污水中经常混杂有易燃、易爆或有毒、有害的物质，不及时处理将会危及环境及人们的身体健康。

化工废水包括化工产品生产过程中排放的废水（如工艺废水、冷却水、废气洗涤水、设备及场池冲洗水等）。不同行业、不同企业、不同原料、不同生产方式和不同类型的设备对化工废水产生的数量和污染物的种类有很大影响。化工废水的主要来源及污染物种类见表3-1。

表3-1　化工废水的主要来源及污染物种类

来源	污染物种类
农药厂	有机物
有机化工厂	耗氧有机物
化肥厂	营养性物质
石油化工厂	油类物质
无机化工厂	酸碱物质

二、化工废水中的污染物种类

化工废水中的污染物种类大致可分为固体污染物、耗氧有机物、营养性污染物、无机无毒物质、有毒污染物、油类污染物、生物污染物、感官性污染物和热污染等。

1. 固体污染物

固体污染物在水中以三种状态存在，即溶解态、胶体态和悬浮态。固体污染物主要是煤矸石、排土场等固体废物任意堆放，同时未做任何防尘、防水体冲刷等防护措施造成的次生污染。例如，煤矸石等含有微量的重金属元素铅、汞、砷等，在雨水长期淋滤作用下能大量溶解出来造成地下水、河流及周边土壤污染。

2. 耗氧有机物

耗氧有机物主要是指动、植物残体和生活工业产生的碳水化合物、脂肪、蛋白质等易分解的有机物，它们在分解过程中要消耗水中的溶解氧，故称为耗氧有机物。化学需氧量（COD）越高，就表示江水中的有机物污染越严重，这些有机物污染的来源可能是农药、化工厂、有机肥料等。

3. 营养性污染物

化工废水中所含氮和磷是植物和微生物的主要营养物质。首先，当化工废水排入受纳水体，使水中氮和磷的浓度分别超过 0.2 mg/L 和 0.02 mg/L 时，就会引起受纳水体的富营养化，促进各种水生生物（主要是藻类）的活性，刺激它们的异常繁殖，并消耗水中的溶解氧，从而导致鱼类等窒息和死亡。其次，水中大量的 NO_3^-、NO_2^-，若经食物链进入人体，将危害人体健康。

4. 无机无毒物质

无机无毒物质主要是指排入水体的酸、碱及一般的无机盐类。酸主要来源于矿山排水、化工废水及酸雨。碱主要来自碱法造纸、化学纤维制造、制碱等化工废水。

5. 有毒污染物

化工废水中能对生物引起毒性反应的化学物质称为有毒污染物。有毒污染物是重要的水质指标，各类水质标准对主要的有毒污染物都规定了限值。

（1）无机有毒物质。这类污染物具有强烈的生物毒性，它们排入天然水体后常会影响水中生物存活，并可能会通过食物链危害人体健康。这类污染物都具有明显的累积性，可使污染影响持久和扩大，如汞、铬、镉、铅、镍、铜、锌、钴、锰、钒、铝和铋等。

（2）有机有毒物质。这类污染物的种类很多，大多是人工合成的有机物，难以被生物降解，大多是较强的“三致”（致癌、致突变、致畸）物质，毒性很大。

（3）放射性物质。放射性是指物质原子核能自发地发生衰变，并释放出射线（如 α 射线、β 射线、γ 射线等）的一种物理属性。这些射线具有一定的物质穿透能力，并且若人体或生物体暴露于过量的放射性射线下，可能会对其造成损害。

6. 油类污染物

油类污染物包括“石油类”和“动植物油”两类。沿海及河口石油的开发、油轮运输、

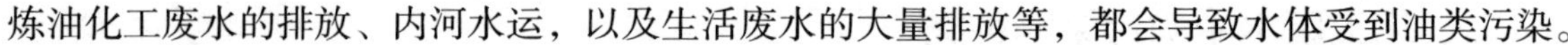

炼油化工废水的排放、内河水运，以及生活废水的大量排放等，都会导致水体受到油类污染。

7. 生物污染物

生物污染物是指废水中的致病性微生物，包括致病细菌、病虫卵寄生虫及虫卵、病毒和有害藻类等。水中的生物污染物主要来自生活污水，医院污水，屠宰肉类加工、制革等，通过动物和人的粪便中含有的细菌、病菌及寄生虫类等污染水体，引起各种疾病的传播。

8. 感官性污染物

化工废水中能引起异色、混浊、泡沫、恶臭等现象的物质，虽然没有严重的危害，但会引起人们感官上的极度不适，被称为感官性污染物。

9. 热污染

化工废水温度过高而引起的危害称为热污染。热电厂排放的冷却水是热污染的主要来源，这类化工废水直接排入天然水体，一方面可引起水温升高，使水中的溶解氧减少，导致大气中的氧向水体传递的速率减慢；另一方面水温的升高使水质迅速恶化，造成鱼类和其他水生生物死亡。

三、化工废水的处理

针对不同污染物的特征，有不同的化工废水处理方法，按其作用原理划分为四大类，即物理处理法、化学处理法、物理化学处理法和生物化学处理法。

1. 物理处理法

物理处理法是通过物理作用，以分离、回收化工废水中不溶的呈悬浮状态的污染物质（包括油膜和油珠）的处理方法。与其他方法相比，物理处理法具有设备简单、成本低、管理方便、效果稳定等优点。根据物理作用的不同，又可分为重力分离法、离心分离法和过滤法等。

2. 化学处理法

化学处理法是通过化学反应和传质作用来分离、去除化工废水中呈溶解、胶体状态的污染物或将其转化为无害物质的处理方法，可用来除去化工废水中的金属离子、细小的胶体有机物、无机物、植物营养素（氮、磷）、乳化油、色度、臭味、酸、碱等。化学处理法包括中和法、混凝法、氧化还原法、电化学法等。

3. 物理化学处理法

物理化学处理法是利用物理化学作用去除化工废水中的污染物的处理方法。化工废水经物理处理法后，仍会含有某些细小的悬浮物以及溶解的有机物，为了进一步去除残留在水中的污染物，可进一步采用物理化学方法进行处理，主要有吸附法、浮选法、电渗析法、反渗透法、超滤法等。

（1）吸附法。吸附法用多孔性固体物质（吸附剂）的表面进行吸附。常用的吸附剂有活性炭、硅藻土、铝矾土、磺化煤、矿渣、树脂等。

（2）浮选法。浮选法利用高度分散的微小气泡作载体，使污染物的密度小于水而上浮到水面上。

（3）电渗析法。电渗析法的原理是在直流电场作用下，利用阴阳离子交换膜对溶液中阴阳离子的选择透过性，使溶质与水分离。

（4）反渗透法。反渗透法利用半渗透膜在 2～10 MPa 压力下进行分子过滤，可以去除溶解固体、大部分溶解性有机物和胶状杂质。

（5）超滤法。超滤法在 0.1～0.5 MPa 的低压下利用醋酸纤维制成的孔径 0.002～10 μm 的半渗透膜进行过滤，可以除去相对分子质量大于 500、直径为 0.005～10 μm 的大分子和胶体，如细菌、病毒、淀粉、树胶、蛋白质和黏土等。

4. 生物化学处理法

生物化学处理法是一种利用微生物的代谢活动，将化工废水中以溶液、胶体及微细悬浮状态存在的有机污染物转化为稳定、无害物质的处理方法。生物处理过程的实质是由微生物参与进行的有机物分解过程。分解有机物的微生物主要是细菌，其他微生物（如藻类和原生动物）也参与该过程，但作用较小。生物化学处理法主要有活性污泥法、生物膜法、厌氧生物化学处理法等。

【知识拓展】

一般工业污水处理的工艺流程

很多工厂在生产过程中会产生和排出工业污水，这种工业污水有的可能是被污染的废水，有的可能是被废弃的液体。从某种程度上说，工业污水的产生是不可避免的，当然作为企业需要主动承担责任，通过相应工业污水处理来减少工业污水给环境带来的影响。目前，一般工业污水处理的工艺流程主要有以下两种。

1. 如果是除油脱脂废水，在进行气浮前可以适当添加 $CaCl_2$ 破乳剂将乳化油去除。当污水 COD 较高时，可以采用厌氧生化处理，如果不高可以采用耗氧生化处理。具体的工业污水处理可以参考以下工艺流程：废水→隔油池→调节池→气浮设备→厌氧或水解酸化→耗氧生化→沉淀→过滤或吸附→排放。

2. 酸洗工业污水通常是对钢铁等零件进行酸洗除锈时产生的，污水 pH 值一般为 2～3，含有高浓度的 Fe^{2+}，悬浮固体浓度也高。此类工业污水处理可以参考以下工艺流程：废水→调节池→中和池→曝气氧化池→混凝反应池→沉淀池→过滤池→ pH 值回调池→排放。

思考与练习

一、单项选择题

下列符号表示化学需氧量的是（　　）。

A. BOD　　B. COD　　C. PUC　　D. DAB

二、填空题

1. 化工废水处理方法按其作用原理划分为四大类，即________、________、________、________。
2. 化工废水中所含________和________是植物和微生物的主要营养物质。
3. 固体污染物在水中以三种状态存在，即________、________、________。

三、简答题

1. 化工废水的来源有哪些？
2. 化工废水常见处理方法有哪些？

任务三　了解化工废气

学习目标

1. 了解化工废气的特点。
2. 熟悉化工废气处理方法的相关知识。
3. 掌握不同行业化工废气对日常生活及环境产生的影响。
4. 能对化工废气进行比对、分析和评价。

任务引入

随着大气环境日益恶劣，大气污染一直被人们关注。化工生产过程中会排放不同种类的气体，其中很多气体的自身性质会对大气造成污染。请查阅相关资料了解各车间、工段可能产生的化工废气有哪些，这些化工废气中可能含有什么成分，化工废气超标对环境造成怎样影响。

任务分析

要完成此项任务，需分析工厂排放的化工废气主要污染物及成分，以掌握不同类型化工废气对日常生活、环境产生的影响及治理措施。

相关知识

一、化工废气的来源

各种化工产品在很多生产环节会产生并排出废气，造成环境污染，其来源有以下几个

方面。

1. 主反应进行不完全和同时可能进行的副反应所产生的废气。在化工生产过程中，原料不可能全部转化为成品或半成品，这样就形成了废料。一般情况下，在进行主反应的同时，经常伴随着副反应，副反应的产物有的可以回收利用，有的则因数量不多、成分复杂、无回收价值而作为废料排出。

2. 产品加工和使用过程中产生的化工废气，以及搬运、破碎、筛分及包装过程中产生的粉尘等。

3. 物料的“跑、冒、滴、漏”。

4. 开、停车或因操作失误、指挥不当、管理不善造成化工废气的排放。

5. 化工生产中排放的某些气体，在光或雨的作用下发生化学反应，也能产生有害气体。

二、化工废气的危害

1. 对人体健康的危害

大气污染物对人体健康的危害是多方面的，主要表现在导致呼吸道疾病与生理机能障碍，以及眼、鼻等的黏膜组织受到刺激而患病。大气污染物的浓度很高时，会造成急性污染物中毒或使病症恶化，甚至造成生命危险；大气污染物的浓度不高时，长期呼吸污染了的空气，也会引起慢性支气管炎、支气管哮喘、肺气肿及肺癌等疾病。

2. 对植物的危害

大气污染物，尤其是二氧化硫、氟化物等对植物的危害是十分严重的。当污染物的浓度很高时，会对植物产生急性危害，使植物叶表面产生伤斑，或者直接使叶片枯萎、脱落；当污染物的浓度不高时，会对植物产生慢性危害，使植物叶片褪绿，或者表面上看不见什么危害症状，但使植物的生理机能受到影响，造成植物产量下降、品质变坏。

3. 对天气和气候的影响

大气污染物对天气和气候的影响是十分显著的，可以从以下几个方面加以说明。

（1）减少到达地面的太阳辐射量。据观测统计，在大工业城市烟雾不散的日子里，太阳光直接照射到地面的量比没有烟雾时减少近 40%。

（2）增加降水量。化工废气中的微粒具有水汽凝结核的作用，当大气中存在降水条件与之配合的时候，就会出现降水天气，尤其在下风地区，降水量更多。

（3）形成酸雨。大气中的污染物二氧化硫经过氧化形成三氧化硫，随后三氧化硫与水反应生成硫酸，随自然界的降水下落形成酸雨。酸雨能够导致大片森林和农作物受损甚至毁坏，使纸品、纺织品、皮革制品等发生腐蚀而破碎，导致金属的防锈涂料变质，从而减小其保护作用，同时还会腐蚀和污染建筑物。

（4）升高大气温度。化工废气一般含有大量废热，使排放化工废气的近地面空气的温度比四周地区要高一些，这种现象称为热岛效应。

（5）对全球气候的影响。近年来，全球温度在逐年升高，而在引起气候变暖的各种大气污染物中，二氧化碳具有重大的作用。二氧化碳能吸收来自地面的长波辐射，使近地面层空气的温度升高，这种现象称为温室效应。

三、化工废气的净化方法

化工生产中排放至大气中的气态污染物种类繁多，要按照其不同物质的物理性质和化学性质，采用不同的技术进行净化。

常用的净化方法有吸收法、吸附法、催化转化法、燃烧法、冷凝法等。

1. 吸收法与吸附法

吸收法是用溶液溶解气体，吸附法是用固体吸附剂吸附气体。通常吸收法的能量消耗高些。

2. 催化转化法

催化转化法是利用催化剂的作用，使气态污染物中的有害物质转化为无害物质或易于去除的物质而达到净化的目的。

3. 燃烧法

燃烧法是将气态污染物中的可燃性有害物质通过氧化燃烧或高温分解转化为无害物质而达到净化的目的，主要用于一氧化碳、碳氢化合物、恶臭气体、沥青烟、黑烟等的净化。常用的燃烧法包括直接燃烧、热力燃烧和催化燃烧。

4. 冷凝法

冷凝法是利用物质在不同温度下具有不同饱和蒸气压这一物理性质，采用降低系统温度或提高系统压力的方法，使处于蒸气状态的污染物冷凝并从气体中分离出来的过程。

【知识拓展】

典型气态污染物处理方法

一、SO_2 废气治理技术

SO_2 是工业废气中的重要污染物。目前对低浓度的 SO_2 的治理缺少完善的方法，采用的烟气脱硫方法主要为湿法，其次为干法。

1. 湿法脱硫技术

湿法脱硫技术用液体吸收剂洗涤去除 SO_2。

2. 干法脱硫技术

用粉状或粒状吸收剂、吸附剂或催化剂来脱除烟气中的 SO_2，主要有活性炭吸附法和催化氧化法。

二、含氮氧化物废气治理技术

含氮氧化物废气是指含有 N_2O、NO、NO_2、N_2O_3、N_2O_4 等气体的废气。这类废气可与碳氢化合物形成光化学烟雾参与臭氧层的破坏，并对人体有毒，损害植物，能形成酸雨、酸雾等。目前，处理含氮氧化物废气的方法主要有吸收法、催化还原法、燃烧法、吸附法、膜法、电化学法、脉冲电晕法及生化法等。以吸收法为例，主要包括水吸收法、稀硝酸吸收法、碱性溶液吸收法、还原吸收法、氧化吸收法等。

思考与练习

一、单项选择题

1. 气态污染物的净化方法有（　　）。

A. 沉淀　　B. 吸收法

C. 浮选法　　D. 分选法

2. 下列说法中错误的是（　　）。

A. CO_2 无毒，所以不会造成污染

B. CO_2 浓度高时会造成温室效应

C. 工业废气之一 SO_2 可用 NaOH 溶液或氨水吸收

D. 含汞、铝、铅、铬等重金属的工业废气、废水必须经处理后才能排放

二、填空题

1. 二氧化碳能吸收来自地面的长波辐射，使近地面层空气的温度增高，这种现象称为________。

2. 排放化工废气的近地面空气的温度比四周地区要高一些，这种现象称为________。

三、简答题

1. 化工废气有哪些危害？

2. 化工废气净化方法有哪些？

任务四　了解化工废渣

学习目标

1. 了解化工废渣的来源及特点。
2. 熟悉化工废渣处理方法的相关知识。
3. 掌握不同行业化工废渣对日常生活及环境产生的影响。
4. 能对化工废渣进行比对、分析和评价。

任务引入

化工废渣由于产量大，与化工废水、化工废气相比，处理水平较低，是我国主要环境问题之一。化工工艺操作人员应全面了解化工工况，了解各工段化工废渣排放情况，并熟知化工废渣处理方法。

任务分析

要完成此项任务，应认真分析化工废渣对日常生活、环境产生的影响。在学习不同污染物的治理措施相关知识的基础上进行调查、总结。

相关知识

一、化工废渣来源

化工废渣是指化学工业生产过程中产生的固体和泥浆废弃物，包括化工生产过程中产生的产品、副产物、废催化剂、废溶剂、蒸馏残液以及废水处理中产生的污泥等。化工废渣的性质、数量、毒性与原料路线、生产工艺和操作条件有很大关系。化工废渣除在生产过程中产生外，还包括非生产性的固体废物，如原料及产品的包装垃圾、工厂的生活垃圾等，这些垃圾中也会有很多有害的物质。

二、化工废渣的危害

化工废渣对环境的污染是多方面的，主要表现在以下几个方面。

1. 对水体的污染

固体废物进入水体，会影响水生生物的生存和水资源的利用。投入海洋的固体废物会在一定海域内造成生物的死亡。固体废物堆或垃圾填埋场经雨水浸淋，渗出液和滤液会污染土地、河流、湖泊和地下水。

2. 对大气的污染

固体废物堆中的尾矿、粉煤灰、干污泥和垃圾中的尘粒会随风飞扬，遇到大风，会刮到很远的地方。许多固体废物本身或者在焚化时会散发毒气和臭气。

3. 对土壤的污染

固体废物及其渗出液和滤液所含的有害物质会改变土质和土壤结构，影响土壤中微生物的活动，不利于植物根系生长，或在植物机体内积蓄。

三、化工废渣的处理方法

化工废渣处理是指通过物理、物理化学、化学、生物等不同方法，使化工废渣转化为利于运输、储存、资源化利用以及最终处置的过程。化工废渣的处理方法主要包括物理处理法（如筛选、分选、浮选）、物理化学处理法（如烧结、蒸馏、汽提、萃取）、化学处理法（如浸

出、热解、焚烧、湿式氧化）、生物处理法（如消化）。

1. 塑料废渣的处理

（1）再生处理法。对单一种类热塑性塑料废渣进行再生称为单纯性再生或熔融再生。整个再生过程由挑选、粉碎、洗涤、干燥、造粒或成形等几个工序组成。

（2）热分解法。热分解法是通过加热等手段使塑料高分子化合物链断裂，降解成低分子化合物单体、可燃气体或油类等产品，进而实现有效利用的一项技术。塑料热分解技术可以分为熔融液槽法、流化床法、螺旋加热挤压法、管式加热法等。

（3）湿式氧化和化学处理方法。在一定的温度和压力条件下，使塑料废渣在水溶液中进行氧化，转化成不会造成污染危害的物质，而且可以回收能源。

（4）塑料焚烧法。塑料焚烧法可以分为传统的焚烧法和部分燃烧法两种。

2. 硫铁矿渣的处理

硫铁矿渣是用硫铁矿作为原料生产硫酸时产生的废渣，所以又称硫酸渣或称烧渣。硫铁矿渣综合利用的最理想途径是将其含有的有色金属、稀有贵金属回收并将残渣冶炼成铁、生产水泥等。

【知识拓展】

"三化"原则

对固体废物应按照"三化"原则进行处理。"三化"原则指的是无害化、减量化与资源化。

一、无害化

无害化是指将固体废物经过相应的工程处理过程，使其达到不影响人类健康、不污染周围环境的目的。

二、减量化

减量化是指通过合适的技术手段减少固体废物的产生量和排放量。

1. 选用合适的生产原料，尽量在源头上减少和避免固体废物的产生。

2. 采用无废或低废工艺，尽量减少和避免在生产过程中产生固体废物。

3. 提高产品质量，使其使用寿命延长，在一定时间内固体废物的累积量就能减少。

4. 对产生的废物进行有效处理和最大限度回收利用，减少固体废物的最终处置量。

三、资源化

资源化是指对固体废物施以适当的处理技术，从中回收有用的物质和能源。资源化主要包括以下三方面的内容。

1. 物质回收是从废物中回收二次物质。

2. 物质转换是利用废物制取新形态的物质。

3. 能量转换是从废物处理过程中回收能量，生产热能或电能。

思考与练习

一、单项选择题

1. 对固体废物应按照“三化”原则进行处理。“三化”原则包括（　　）。

A. 无害化　　B. 资源化综合处理法

C. 焚烧法　　D. 填埋法

2. 化工生产中的主要污染物是“三废”，下列选项中不属于“三废”的是（　　）。

A. 废水　　B. 废渣

C. 废气　　D. 有毒物质

二、填空题

固体废物处理“三化”原则是指________、________、________。

三、简答题

1. 化工废渣有哪些危害？

2. 固体废物的处理原则是什么？

任务五　认识绿色化工

学习目标

1. 了解绿色化工概念。

2. 熟悉绿色化工的内容。

3. 理解原子经济内涵。

任务引入

绿色化工是可持续发展的理想发展模式，通过本任务的学习，了解绿色化工的概念。

任务分析

要完成此项任务，需对绿色化工理念有所了解，深入实习工厂对各个环节进行调研。

相关知识

一、绿色化工

绿色化工，又称为清洁技术或清洁生产，是一种采用先进的化工技术和生产方法，旨在减少或消除对人类健康、社会安全及生态环境有害物质的技术手段。它通过使用无毒、无害的原料或生物可降解废弃物，实现化工生产过程中的环境无污染。

绿色化工的兴起，促使化学工业的环境污染治理方式发生了转变，从原先的“先污染后治理”模式转变为从源头上预防和根治环境污染。绿色化工是基于可持续发展的理念而诞生的化工新理念，它符合当前时代的需求。

绿色化工是 21 世纪现代化工行业发展的方向和前沿，是人类社会和化工行业可持续发展的客观要求，是控制化工污染的最有效手段，是化工行业可持续发展的必然选择。

二、绿色化工内容

绿色化工工艺涵盖了原料、化学反应、催化剂、溶剂及产品的绿色化转型，旨在将传统化工转变为更环保的形式。这包括设计环境友好的化学反应路径，构建物质和能量的闭环循环体系，形成绿色化工工艺流程，如图 3-1 所示，同时生产出绿色化工产品。通过这样的方式，从源头上防止环境污染的产生，将传统的化学工业改造并发展为可持续发展的绿色化学工业。

绿色化工的核心原则包括原子经济和 5R 原则。原子经济强调化学反应的原子利用率，尽量减少副产品的生成。

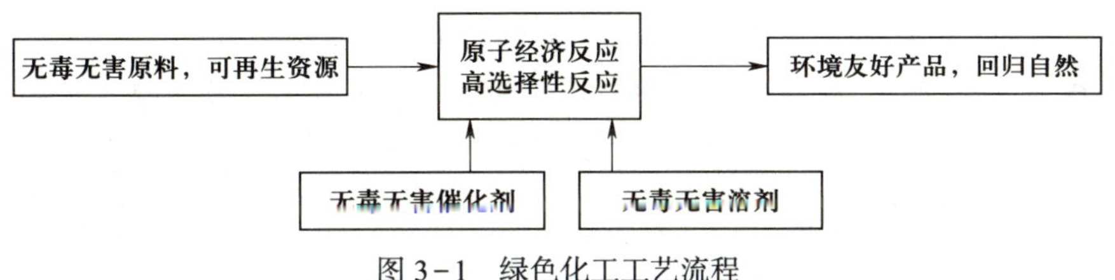

图 3-1　绿色化工工艺流程

三、原子经济

绿色化工提倡原子经济反应，即反应物的原子全部转化为期望的最终产物。理想的原子经济反应的目标在于提高原子转化率，使所有作为原料的原子都被产品所消纳，实现废物的“零排放”。

$$原子利用率 = \frac{预期产物的分子量}{反应物质的原子量总和} \times 100\% \tag{3-1}$$

原子利用率越高，反应产生的废弃物越少，对环境造成的污染也越少。

【知识拓展】

绿色化工：脱碳之路的探索与实践

化工行业对其他行业的碳足迹有着重大影响，超过95%的工业产品依赖于化工原料，而化工行业的工艺性质决定了其巨大的碳排放量，减少化工工艺流程的碳排放量对于全球减排具有重要意义。然而，脱碳并非易事。由于大部分化工原料来自化石燃料，以及生产过程中的化学反应会产生大量碳排放，化工行业面临着巨大的挑战。如何以所需的规模和速度减少自身业务的二氧化碳及甲烷等其他温室气体排放量，成为摆在化工行业面前的一道难题。面对这一挑战，化工行业开始积极探索绿色化工技术。

1. 生态友好材料的研发与应用

生态友好材料的研发与应用成为核心领域之一，低碳合金、可降解塑料等材料的广泛应用为化工行业减少能源和原料的消耗、减少废弃物和有害物质的排放量提供了有效途径。

2. 节能减排技术的开发与推广

同时，节能减排技术的开发与推广也成为关键。通过使用高效的制造工艺和设备，优化生产流程，化工企业可以实现资源的高效利用和能源的节约。这不仅有助于减少能源消耗和排放，还能提高产品的质量和产能。

3. 可再生能源的利用与开发

此外，可再生能源的利用与开发也成为绿色化工技术的重要组成部分。化工行业可以利用太阳能、风能等可再生能源，替代传统的化石能源，从而减小对环境的负面影响。例如，采用太阳能光伏发电技术，化工企业可以自行发电，减少对电网的依赖，同时减少温室气体排放。

未来，化工产业将迎来技术革新和生产模式的转变。随着人工智能和大数据技术的发展，智能制造将成为重要趋势。通过引入智能传感器和数据分析技术，可实现生产过程的实时监控和优化，提高生产效率和降低生产成本。此外，化工产业的绿色化与精细化发展模式也将成为破局关键，推动行业转型升级。

思考与练习

一、单项选择题

关于绿色化工，下列选项中描述错误的是（　　）。

A. 绿色化工又称清洁技术或清洁生产

B. 绿色化工是21世纪现代化工业制造业发展的方向

C. 绿色化工能做到零排放

D. 绿色化工提倡原子经济

二、填空题

绿色化工工艺包括________、________、________、________、________的绿色化转型。

三、简答题

谈谈你对绿色化工的概念的理解。

项目四

化工生产过程认知

无论何种化工产品的生产，都会按照一定的规律组成生产系统，这个系统由化学工序和物理工序构成，即物料只有通过化学和物理的加工方法才能转化成合格的化工产品。

化工产品数以万计，每一个产品都有其生产方法，甚至同一个产品可以有好几种生产方法，每一种生产方法都有其相应的生产工艺。化工产品的生产工艺多样且复杂，但所有的化工产品的生产通常都包括三个基本阶段：原料预处理、化工加工、产品后处理。这些阶段都是由一系列物理单元操作和化学单元反应组合而成的。此外，所有的化工生产过程都涉及两种基本转换：能量转换和物质转换。这构成了化工生产的基本规律。

任务一　熟悉化工生产常用原料

学习目标

1. 了解物质的分类。
2. 理解化工原料的相关概念。
3. 熟悉化工生产常用原料。
4. 能对化工生产的原料进行初步比较、评价和选择。

任务引入

在化工生产过程中，原料是基础，技术是关键，没有原料就不可能进行化工生产活动。企业只有根据自身的情况正确地选择原料路线，才能实现优质、高效、绿色的化工生产。

任务分析

自然界和其他生产领域为化工生产提供了丰富的原料，如水、空气、石油、天然气、煤、生物质及其简单加工产物。了解这些原料及其加工过程、加工产物，对于充分认识、利用原料，减少浪费是十分必要的。有时原料路线直接决定了生产技术路线，即选择什么样的原料就要用什么样的生产技术来生产所需要的化工产品。这就要求化工工艺操作人员了解物质的分类，理解化工原料的相关概念，熟悉化工生产常用原料。

相关知识

一、物质的分类

物质的种类繁多、数量巨大，新的物质还在不断地被制备出来。只有对物质进行科学的分类，分门别类地研究它们的结构、性质和用途，才能找到有关的规律，把握物质的本质属性和物质间的内在联系。

根据研究的需要，可以从多种角度对物质进行分类。物质的组成是物质分类常用的依据。图 4－1 所示是根据物质的组成得到的物质的分类结果。

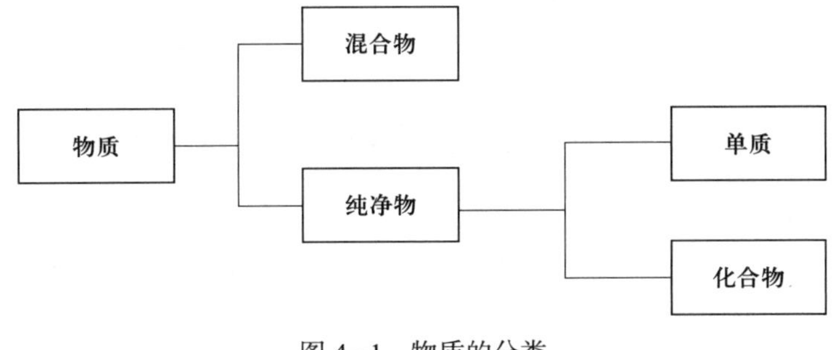

图 4－1　物质的分类

二、化工基础原料

化工基础原料是指一些可以用来加工生产化工基本原料或产品的、在自然界天然存在的资源，主要包括石油、煤、天然气、矿物、生物质等。自然界包括地壳表层、大陆架、水圈、大气层和生物圈等，其中蕴藏的各类资源是可供化学加工的初始原料。自然资源有矿物资源、生物（植物和动物）资源，还包括水、空气以及生产和生活中的一些废弃物等。

三、化工生产常用原料

1. 石油及其化工利用

石油是一种有气味的黏稠液体，色泽有黄色、褐色或黑褐色，色泽深浅一般与其密度大小、所含组分有关。石油是由众多碳氢化合物组成的混合物，成分复杂，随产地而异。石油中所含的化合物可分为烃类、非烃类、胶质和沥青四大类，几乎没有烯烃和炔烃。石油中含量最高的两种元素是碳和氢，其质量分数分别是 83%～87% 和 11%～14%，此外还含有少量氧、氮、硫等元素。

石油化工产品是以石油为原料进行化学加工获得的产品。生产石油化工产品的第一步是对原料油和气（如丙烷、汽油、柴油等）进行裂解，生成以乙烯、丙烯、丁二烯、苯、甲苯、二甲苯为代表的基本化工原料；第二步是以基本化工原料生产多种（200 多种）有机化工原料及合成材料（如合成树脂、合成纤维、合成橡胶）等。以石油为原料的主要化工产品如图 4－2 所示。

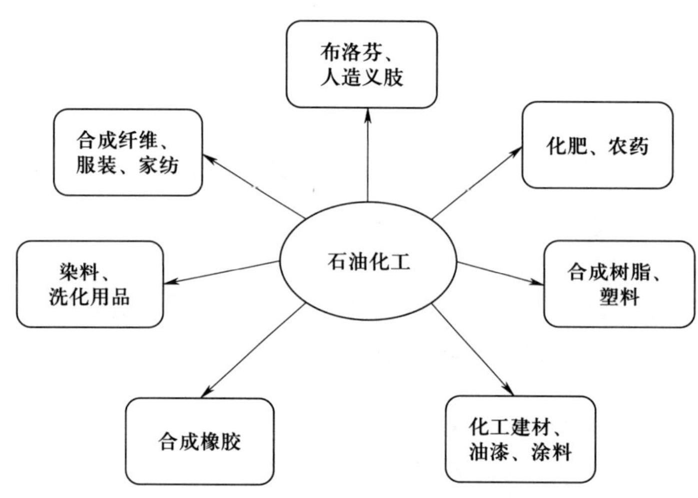

图 4－2　以石油为原料的主要化工产品

2. 煤及其化工利用

煤是自然界蕴藏最丰富的自然资源之一，已知煤的储量是石油储量的十几倍。根据成煤过程的程度不同，可将煤分为泥煤、褐煤、烟煤、无烟煤等。

煤化工是以煤为原料，经过化学加工使煤转化成气体、液体、固体以及化学品的工业。按照产业发展成熟度和发展历程，煤化工可分为传统煤化工和现代新型煤化工两大类。传统煤化工主要包括煤焦化、合成氨等。现代新型煤化工主要包括煤制油、煤制甲醇、煤制烯烃、煤制二甲醚、煤制天然气、煤制乙二醇、煤制芳烃及整体煤气化联合循环发电系统（IGCC）等。

3. 天然气及其化工利用

天然气是由岩层中的大量动植物残骸经过长时期密闭，由厌氧菌发酵分解而形成的一种可燃性气体。天然气的主要成分除甲烷外，还有乙烷、丙烷、丁烷等各种烷烃，以及硫化氢、氮、二氧化碳等气体。

天然气通过净化分离和裂解、蒸气转化、氧化、氯化、硫化、硝化、脱氢等反应制成合成氨、甲醇及其加工产品（如甲醛、醋酸等）、乙烯、乙炔、二氯甲烷、四氯化碳、二硫化碳、硝基甲烷等。天然气化工是以天然气为原料生产化学品的工业，是燃料化工的组成部分。由于天然气与石油同属埋藏于地下的烃类资源，且有时为共生矿藏，其加工工艺及产品相互有密切的关系，故也可将天然气化工归属于石油化工。

4. 矿物及其化工利用

中国矿物资源丰富，已探明储量的化学矿产有20多种，如硫铁矿、自然硫、磷矿、钾长石、明矾石、蛇纹石、石灰岩、硼矿、天然碱、石膏、镁盐、沸石岩、重晶石、碘、溴、砷、硅藻土、天青石等。矿物资源包括金属矿、非金属矿和化石燃料矿。金属矿多以金属氧化物、硫化物、无机盐类形态存在；非金属矿以化合物形态存在，其中含硫、磷、硼的矿物储量比较丰富；化石燃料矿包括煤、石油、天然气等，它们主要由碳和氢组成。虽然化石燃料矿只占地壳中总碳质量的0.02%，却是目前人类最常利用的能源，也是最重要的化工原料。目前，世界上85%左右的能源与化学工业均建立在石油、天然气和煤炭的基础上。石油炼制、石油化工、天然气化工、煤化工等在国民经济中占有极为重要的地位。由于矿物是不可再生的，因此，节约和充分利用矿物资源十分重要。

5. 生物质及其化工利用

农、林、牧、副产品及其在加工过程中的下脚料（如花生壳、玉米芯、麦秆、米糠等）中含有较丰富的生物质，这些物质若被当作燃料烧掉或被扔掉，一方面造成资源浪费，另一方面还会造成环境污染。若能把它们利用起来，加工成基本有机化工原料，就能提高其经济价值。几类生物质实现化工利用的生产技术途径如下。

（1）含糖或淀粉的物质的化工利用。含糖或淀粉的物质种类很多，如粮食、甘蔗、甜菜、各种薯类或野生植物的根和果实。这类物质先经水解后得到已糖，已糖经发酵后可以制取酒精、丁醇和丙酮。

（2）含纤维素的物质的化工利用。自然界中含纤维素的物质很多，常用来加工成化工原料的是木材加工过程中所得到的下脚料（如木屑、碎木、枝丫等）及一些农副产品废料和野生植物（如芦苇、玉米秆、稻秆、棉籽壳、甘蔗渣等）。用它们可以加工生产得到甲醇、乙酸、丙酮、糠醛等化工产品。

总之，利用生物质资源经过酶或化学物质的催化作用可获得多种基本有机化工的原料或产品，而某些产品由生物质资源制取，至今仍是唯一或较方便的途径。生物质的利用前景广阔，利用现代科学技术，实现生物质替代石油是完全可能的。

【知识窗】

页岩气

页岩气是一种主要赋存于富有机质泥页岩及其夹层中，以吸附态和游离态为主要存在形式的非常规天然气，其主要成分为甲烷，与煤层气和致密砂岩气同属一类天然气资源。

随着世界能源消费的不断扩大，包括页岩气在内的非常规能源越来越受到重视。页岩气是一种清洁、高效的能源资源和化工原料，广泛用于民用燃料、工业燃料、化工生产和发电等领域，具有广阔开发前景。页岩气这种被国际能源界称为“博弈改变者”的气体，正在成为搅动世界市场的力量。它将有利于缓解油气资源短缺，增加清洁能源供应，改写世界的能源格局。

鉴于水力压裂技术日渐成熟，美国兴起了页岩气开发热潮。成功开采页岩气使美国跃居全球第一产气大国。我国页岩气开发起步虽晚，却是继美国和加拿大之后第三个形成规模和产业的国家，年产量可达百亿立方米能级。

【知识拓展】

我国化工生产技术发展简史

我国利用化学原理与方法制造食品及生活用品的历史源远流长。从远古时期的粮食发酵酿酒技术，到通过烧结黏土制造陶器与陶瓷的艺术；从公元前1000年已熟练掌握的木炭还原铜矿石（如孔雀石）炼铜技艺，到精美编钟的铸造工艺；再到唐朝时期黑火药的发明，以及公元105年蔡伦推广的造纸术，这些成就无不彰显着中国人民对人类文明进步、经济繁荣以及科学文化发展的巨大推动作用。

然而，由于历史原因，我国现代化学工业起步较晚，其发展历程大致可划分为以下三个阶段。

1. 1949年以前

在此阶段，我国化学工业基础初步奠定，已开发或引进了一些规模化生产装置，但以民族资本和外国资本为主导。1876年，天津机械局淋硝厂投产的铅室法硫酸生产装置标志着我国首个现代化化学工厂的诞生。直至抗日战争时期，我国民族资本化工企业的代表有范旭东创办的天津永利碱厂和吴蕴初创办的上海天原化工厂，被誉为“北范南吴”。

2. 1949年至1978年

这一时期，我国化学工业迎来了快速发展。20世纪50年代，化学加工业主要聚焦于农用化学品和基本原料的生产。随后，塑料及合成纤维产品开始投产。60年代，大庆油田的开发和兰州以天然气为原料的乙烯生产装置的建成，标志着我国石油化学工业的起步。70年代，随着石油化学工业的蓬勃兴起，多个以油气为原料的大型合成氨厂相继建成。同时，在北京、上海、辽宁、四川、吉林、黑龙江、山东、江苏等地，一大批大型石油化工企业拔地而起，使我国石油化学工业初具规模，并带动了高分子材料、精细化工产品及生物化工技术的快速发展。

3. 改革开放后

改革开放以来，我国大量引进先进技术与装置，并对原有装置进行技术革新与节能减排改造，化学工业实现了飞跃式发展。当前，我国化学加工业正致力于进一步优化产业结构，提升产品质量，强化节能减排，降低生产成本，加强环境保护，高度重视安全生产，建立健全现代企业制度，培养高素质技术人才。同时，坚持引进、消化、吸收、再创新的战略，尤其注重自主创新，力求赶超世界先进水平。

思考与练习

一、单项选择题

1. 天然气的主要成分是（　　）。

A. 二氧化碳　　B. 甲烷　　C. 氧气　　D. 氢气

2. 石油中含量最高的两种元素是（　　）。

A. 碳、氧　　B. 碳、硫　　C. 氧、硫　　D. 硫、氮

二、填空题

1. 化学工业的基础原料是指一些可以用来____________________，主要包括________、________、________、________、________等。

2. 矿物资源包括________、________和________。

三、简答题

1. 主要化工生产原料有哪些?
2. 石油及其主要化工产品有哪些?
3. 天然气化工的主要产品有哪些?

任务二　熟悉化工生产典型产品

学习目标

1. 理解化工生产的多方案性、资源的综合利用方法和途径。
2. 掌握化工产品的基本概念。
3. 熟悉化工企业的主要化工产品。

任务引入

凡运用化学方法改变物质组成、结构合成新物质的，都属于化学生产技术，也就是化学工艺，所得的产品称为化学品或化工产品。那么，化工产品有哪些呢?

任务分析

原料是通过一系列化工生产工艺过程，被转化成符合一定质量要求的化工产品。化工产品的种类非常多，应用于国民经济的各行各业和人们生活的方方面面。化工产品究竟主要有哪些？它们有什么基本性质、特点和用途？一名化工从业人员对此应该有一定程度的了解。

相关知识

一、化工产品

1. 化工产品的概念

化工产品是一个范围很广的概念，涉及医药中间体、纺织和皮革助剂、食品添加剂、造纸化学品、环保水处理、石油开采、选矿、金属材料加工和表面处理、新材料合成、聚合物、日用化工等很多方面。依靠化工行业可开发出更多性能优异、对人体更温和、更健康的新原料。

2. 化工产品的特点

化学工业为农业提供化肥、农药、塑料薄膜等生产资料；为轻纺、建材、冶金、国防军工以及其他工业提供各种原料；为微电子、通信信息、生物、航空航天等高技术产业提供新型化工材料和各种助剂；为人们的衣食住行，以及为提高人们的生活效率和水平提供各种化工产品。根据生产过程的差别，可以将化工企业分为生产基本化工产品的企业和以化学方法为主进行产品加工的企业。

化工产品的主要特点包括功能性和专用性；具有多品种和关联性；技术密集，大量采用复配技术；商业性强。

3. 化工产品的功能

化工产品能满足人们生活中的某些需要；可以作为某种生产过程的必需原料；使用它能方便、快速地实施某个生产过程，提高效率；还可以赋予下游产品某些特殊功能。

二、典型的化工产品

1. 无机化工产品

无机化工是无机化学工业的简称，是以天然资源和工业副产物为原料生产硫酸、硝酸、盐酸、磷酸等无机酸，纯碱，烧碱，合成氨，化肥以及无机盐等化工产品的工业，包括硫酸工业、纯碱工业、氯碱工业、合成氨工业、化肥工业和无机盐工业，其中，硫酸工业被称为“化学工业之母”。无机化工产品广义上也包括无机非金属材料和精细无机化学品，如陶瓷、无机颜料等。

无机化工是化工行业中发展最早的，20 世纪 30 年代之后，有机化工（主要以石油为原料）的发展超过了无机化工，成为更重要的部分。早期，以硫酸产量的多少来衡量一个国家

化学工业的发达程度，后来以乙烯的产量来衡量，现在以产品的精细化程度来衡量。

无机化工是化学工业中发展较早的，为单元操作技术奠定了基础。尽管无机盐品种繁多，但无机化工产品的范畴远不止于此，且随着技术进步，新一代无机化工产品不断涌现，推动了无机化工材料产业的快速发展。

2. 有机化工产品

有机化工是利用自然界中的煤、石油、天然气等原料，通过各种化学加工方法制成各种有机产品（如乙烯、丙烯、丁二烯、聚乙烯、苯、甲苯、苯乙烯、醇、酸、环氧化合物等）的工业。

有机化工产品的用途广泛，主要可分为以下三类：一是作为生产合成橡胶、合成纤维、塑料及其他高分子化工产品的原料，即聚合反应的单体；二是作为其他有机化工（如精细化工产品制造）的原料；三是作为其他工业发展的物质基础，如溶剂、冷冻剂、防冻剂、载热体、气体吸收剂等。

3. 高分子化工产品

高分子化工主要是通过合成或加工高分子化合物，并将其作为基础进行复合或改性，以制备各种共混材料成品的工业。高分子化工对于现代工业生产和制造工作，能够起到良好的促进作用。从材料使用和产品用途进行划分，能将高分子化工分为多种工业形式，如橡胶工业、塑料工业以及化学纤维工业等。

高分子化工产品的主要特点是相对分子质量大且具有多分散性，但化学结构组成可以相当复杂，这些复杂的结构往往赋予高分子化工产品独特的物理和化学性质。高分子化工产品大多由非金属元素构成，或由低分子等组成，并有一定的规则和条件，内在的变化性小。

高分子化合物又称高聚物或聚合物，主要包括塑料、橡胶、纤维。有机高分子材料包括天然有机高分子材料和合成有机高分子材料。前者如天然橡胶、天然纤维等，后者如合成树脂、合成橡胶、合成纤维等。三大合成材料（塑料、合成橡胶和合成纤维）都是人工合成的高分子化合物。这些高分子化合物在工农业生产和人们生活的各方面得到广泛的应用，已经渗透到国民经济各个部门，包括人们的衣、食、住、行，工业，农业，医药卫生，科研和国防等。

4. 精细化工产品

精细化工产品（也称精细化学品）是指那些具有特定的应用功能、技术密集、商品性强、产品附加值较高的化工产品。生产精细化工产品的工业，通称精细化学工业，简称精细化工。

我国精细化工产品主要包括农药、染料、涂料（包括油漆和油墨）、颜料、试剂和高纯物质、信息用化学品（包括感光材料、磁性材料等能接收电磁波的化工产品）、食品和饲料添加剂、黏合剂、催化剂和各种助剂、化学药品（原料药）和日用化学品、高分子化合物中的功能高分子材料（包括功能膜、偏光材料等）。

精细化工产品的研究和应用领域十分广阔，其主要的特点是具有特定的功能和实用性特征；技术密集程度高；小批量，多品种；生产流程复杂，设备投资大，对资金需求量大；实用性、商品性强，市场竞争激烈；利润高，附加值高；产品周期短，更新换代快，多采用间歇式生产工艺。

精细化工的发展，促进了农业、医药、纺织、印染、皮革、造纸等多个行业的技术进步与经济效益提升。同时，它为生物技术、信息技术、新材料技术、新能源技术以及环保技术等高新技术领域的发展提供了关键支撑。精细化工产品直接服务于石油和石油化工的三大合成材料（塑料、合成橡胶和合成纤维）的生产与加工过程，以及农业化学品的制造，提供了包括催化剂、助剂、特种气体、专用材料（如防腐、耐高温、耐溶剂材料）、阻燃剂、膜材料、各类添加剂、工业表面活性剂以及环保治理化学品等在内的多样化产品。这些产品不仅保障了石油化学工业的顺畅运行，还进一步促进了该行业的持续发展。

【知识窗】

高分子材料简介

高分子材料按来源可分为天然高分子材料和合成高分子材料。

天然高分子材料是存在于动物、植物及生物体内的高分子物质，可分为天然纤维、天然树脂、天然橡胶、动物胶等。合成高分子材料主要是指塑料、合成橡胶和合成纤维三大合成材料，此外还包括胶黏剂、涂料以及各种功能性高分子材料。合成高分子材料具有天然高分子材料所没有的或较为优越的性能，即具有较小的密度、较好的力学性能、耐磨性、耐腐蚀性、电绝缘性等。高分子材料的创生虽只有 100 多年，但其发展速度远远快于金属和无机材料。究其原因，是合成高分子的结构具有几乎可无限变化的可能性，赋予材料性能的潜力远胜于其他物质。

【知识拓展】

树脂和橡胶

树脂通常是指在常温下主要为固态或半固态的一类有机高分子化合物，它们受热后会软化或熔融，并在软化状态下具有流动性。广义上，树脂是指能够作为塑料制品加工原料的任何高分子化合物。树脂主要分为天然树脂和合成树脂两大类。天然树脂是指由自然界中动植物分泌物所得的无定形有机物质，如松香、琥珀、虫胶等，这些物质通常具有天然的黏性或可塑性。合成树脂是指通过化学合成方法，由简单有机物经过化学合成或某些天然产物经化学反应而得到的树脂产物，如酚醛树脂、聚氯乙烯树脂等。合成树脂是塑料工业的主要原料。

橡胶是一种在室温下富有弹性的高弹性聚合物材料，能够在很小的外力作用下产生较大的形变，并在外力去除后能迅速恢复原状。橡胶属于完全无定型聚合物，其玻璃化转变温度（T_g）通常很低，且相对分子质量往往很大，通常远超过几十万。橡胶分为天然橡胶与合成橡胶两种。天然橡胶主要来源于橡胶树、橡胶草等植物的乳胶，经过加工处理后可制成各种橡胶制品。合成橡胶则是通过化学方法，由各种单体经过聚合反应合成得到的。

思考与练习

一、单项选择题

1. 有“化学工业之母”之称的是（　　）。

A. 硫酸　　B. 盐酸　　C. 氢氧化钠　　D. 水

2.（　　）的是化工行业中发展最早的。

A. 有机工业　　B. 无机工业　　C. 高分子工业　　D. 精细化工产品工业

3. 合成树脂属于（　　）高分子材料。

A. 合成　　B. 天然　　C. 有机　　D. 无机

二、填空题

1. 高分子材料按来源分为____________和____________。

2. 有机高分子材料包括______________和______________。

三、简答题

1. 化工产品主要有哪些特点?

2. 典型化工产品主要有哪几类?

3. 三大合成材料是什么?

任务三　认识化工生产过程

学习目标

1. 掌握化工生产过程的步骤。

2. 了解化工生产的操作方式。

3. 能进行化工生产过程的物料衡算和能量衡算。

任务引入

化工生产从原料开始到制成目的产品，要经过一系列化学和物理的加工处理步骤，这一系列加工处理步骤称为“化工生产过程”。

通过物料衡算可以计算转化率、选择性，筛选催化剂，确定最佳工艺条件，对装置的生产情况作出分析和判断，确定装置的最佳运转状态，为强化生产过程提供直接依据和途径。因此，物料衡算是化工科研、设计、生产及其他工艺计算、设备计算的基础。作为将来从事生产一线工作的应用型人才，须能进行最基本的物料衡算和能量衡算，从而确定生产过程中的原料消耗、能量消耗和经济核算，这也是企业对车间、车间对班组、班组对个人日常考核的基础。

任务分析

化工生产中，物料发生着各种化学变化和物理变化，这些变化同时伴随着物质的转化和能量的转换，而且这种转化与转换相互影响，使操作控制变得复杂。但无论是化学变化还是物理变化，它们都遵循质量守恒和能量守恒的基本规律，应用于化工过程就是物料平衡和能量平衡。作为现代化工工艺操作人员，需要掌握物料平衡和能量平衡的基本原理，并应用这些基本原理对操作对象进行基本的物料平衡计算和能量平衡计算，从而指导自己操作与调控，提高操作技能和操作质量，这是高素质的现代化工工艺操作人员应该具备的知识和技能。

相关知识

一、化工生产过程的步骤

化工生产过程可概括为原料预处理、化学反应、产品的分离和精制三大步骤。

1. 原料预处理

原料预处理主要目的是使初始原料达到反应所需要的状态和规格。例如，固体需破碎、过筛；液体需加热或气化；有些反应物要预先脱除杂质，或配制成一定的浓度。在多数化工生产过程中，原料预处理本身就很复杂，要用到许多物理、化学方法和技术，有些原料预处理成本占总生产成本的大部分。

2. 化学反应

化学反应是指有新物质生成的变化，通过该反应完成原料到产物的转变，是化工生产过程的核心。化学反应类型繁多，按反应特性分，有氧化、还原、加氢、脱氧、歧化、异构化、烷基化、脱基化、分解、水解、水合、耦合、聚合、缩合、酯化、磺化、硝化、卤化、重氮化等众多反应；按反应体系中物料的相态分，有均相反应和非均相反应；按是否使用催化剂分，有催化反应和非催化反应。

3. 产品的分离和精制

产品的分离和精制目的是获取符合规格的产品，并回收、利用副产物。在多数反应过程中，诸多原因会使反应后的产物内有许多混合物，使得目的产物的浓度降低，因此只有对反应后的混合物进行分离、提浓和精制，才能得到符合规格的产品，同时要回收剩余反应物，以提高原料利用率。

二、化工生产的操作方式

在化工生产过程中，无论是化学单元过程中反应器操作，还是化工单元操作，按其操作方式可分为间歇操作、连续操作和半间歇操作；按操作状况又可分为稳态操作和非稳态操作。

1. 间歇操作

将原料先一次送入设备，经过一定时间，完成某一阶段的反应后，卸出成品或半成品，然后更换新原料，重复之前的操作步骤。这时设备的操作是间歇的，设备中各物料性质将随时间变化，在投料与出料之间，系统内外没有物料的交换。间歇操作过程属于非稳态操作。间歇操作过程的特点包括生产过程比较简单，投资费用低；生产过程中变换操作工艺条件、开车、停车一般比较容易；生产灵活性比较大，产品的投产比较容易，适用于在技术上很难实现连续操作的反应。例如，在有固体存在的情况下，化工单元操作的连续性比较差，如粉碎、过滤、干燥等以间歇操作过程居多。根据间歇操作过程的特点，一般对小批量、多品种的医药、染料、胶黏剂等精细化工产品的生产，其合成和复配过程较为广泛地采用这种操作方式。有些化工产品在试制阶段，由于对工艺参数和产品质量规律的认识不足及操作控制方法还不够成熟，也常采用间歇操作来寻找适宜的工艺条件。大规模的生产过程采用间歇操作的较少。

2. 连续操作

连续操作过程的特点是生产系统与外界不断地有物料交换，物料连续不断地流入系统，并以产品形式连续不断地离开系统，进入系统的原料量与从系统中取出的产品量相等，设备中各物料性质不随时间变化。因此，连续过程多为稳态操作，生产过程连续进行，设备利用率高，生产能力强，容易实现自动化操作，工艺参数稳定，产品质量可得到较好的保证。但连续操作过程的投资大，对操作人员的技术水平要求比较高。连续操作过程适用于技术成熟的大规模工业生产。一般实现工业化生产的化工产品的大型生产装置，大多采用连续操作。

3. 半间歇操作

半间歇操作是指操作过程一次投入原料，连续不断地从系统取出产品；或连续不断地加入原料，在操作一定时间后一次性取出产品；或者是一种原料分批加入，而另一种原料连续加入，根据工艺需要连续或间歇取出产物的生产过程。半间歇操作过程也属于非稳态操作，在分类时，也可将其归为间歇操作过程。

综上所述，化工生产过程是以化学反应为核心的，化学反应的单元过程繁多，对某一生产过程而言，操作方式的选择一般是根据生产规模的大小、产品性能及市场等因素，结合各种操作方式的特点来进行的。

三、化工生产过程的物料衡算和能量衡算

为了计算化工生产过程中的原料消耗、热负荷和产品产率等，给设计和选择反应器与其他设备的尺寸、类型、数量提供定量依据；核查生产过程中各物料量及有关数据是否正确、有漏，能量回收利用是否合理，从而查出生产中的薄弱环节，为改善操作和进行系统最优化

提供依据，必须进行物料衡算和能量衡算。

1. 物料衡算

物料衡算是以质量守恒定律为基础的物料平衡计算，即输入物料的总质量等于输出物料的总质量加上系统内积累的物料质量，再加上系统损耗的物料质量。

（1）物料衡算的理论基础。物料衡算的理论基础是质量守恒定律，即在一个稳定的生产过程中，向系统或设备所投入的物料量等于所得产品量、过程的物料损失量及系统内物料积累量之和。

（2）物料衡算的范围。物料衡算总是针对特定的衡算体系的，而体系是有边界的，在边界之外的空间和物质称为环境。体系和环境间可能发生质量和能量交换。凡是与环境没有能量和质量交换的体系称为封闭体系，而与环境有能量和质量交换的体系称为敞开体系。物料衡算针对的体系可以人为选定，既可以是一个设备或几个设备，也可以是一个单元操作过程或整个生产过程。

（3）物料衡算的基本方程式。对于任何一个体系，进入系统的物料的总质量等于离开系统的物料质量与系统内积累的物料质量及损耗的物料质量之和，即

输入物料的总质量 = 输出物料的质量 + 系统内积累的物料质量 + 系统损耗的物料质量

$$\sum(m_i)_{入}=\sum(m_i)_{出}+\sum(m_i)_{积累}+\sum(m_i)_{损耗} \tag{4-1}$$

连续操作过程的物料衡算：对于连续稳定的操作过程，系统内没有物料的积累，式（4-1）可简化为

$$\sum(m_i)_{入}=\sum(m_i)_{出}+\sum(m_i)_{损耗} \tag{4-2}$$

若系统内没有物料损耗，则式（4-2）可进一步简化为

$$\sum(m_i)_{入}=\sum(m_i)_{出} \tag{4-3}$$

间歇操作过程的物料衡算：对于间歇操作过程，一般按式（4-3）计算每一批物料的进入与排出量。

2. 能量衡算

化工生产过程都与能量的传递或能量形式的变化密切相关。能量消耗是化工生产中的一项重要经济指标，它是衡量工艺过程、设备设计、操作水平是否合理的主要指标之一。能量衡算就是利用能量守恒的原理，通过计算得到设备的热负荷、设备的传热面积以及加热剂或冷却剂的用量等，从而为工程设计、设备设计提供设计依据，保证能量利用方案的合理性，提高能量的综合利用效果。由于化工生产中热量的消耗是能量消耗的主要部分，因此能量衡算主要是热量衡算。

对于稳流体系，以 1 kg 流体为计算基准时，稳流体系的能量平衡方程可表示为

$$\Delta H+g\Delta Z+1/2\Delta u^2=Q+W_S \tag{4-4}$$

式中，ΔH 为内能；$g\Delta Z$ 为位能；$1/2\Delta u^2$ 为动能；Q 为外加能量；W_S 为消耗能量。

若体系与环境之间无轴功交换，则体系的宏观动能和宏观位能可以忽略不计，式（4-4）变成

$$\Delta H=Q \tag{4-5}$$

【知识窗】

物料衡算和能量衡算

一、物料衡算的基本步骤

1. 画出物料衡算示意图，确定衡算范围。根据衡算对象的情况，用框图形式画出物料流程简图，标明各种物料进出的方向、数量、组成以及温度、压力等操作条件，待求的未知数可用适当的符号进行表示。必要时可在物料流程简图中用虚线表示体系的边界，从虚线与物料流的交点可以很方便地知道进出体系的物料流有多少股。

2. 写出化学反应式。写出主、副反应方程式，标出有用的相对分子质量。当副反应很多时，可以只写出主要的，或者以某一个副反应为代表。但是对于某些作为分离精制设备设计和“三废”治理设施的设计重要依据的反应则不能省略。

3. 确定物料衡算任务。根据反应方程式和物料衡算示意图，分析物料变化情况，明确物料衡算中的已知量和未知量。

4. 收集、整理计算数据。收集的各种计算数据包括生产规模、生产时间及消耗定额、收率、转化率等经济评价指标和设计计算数据，原料及产品、中间体的组成、规格及密度、浓度、化学反应平衡常数、相平衡常数等物性常数，温度、压力、流量、原料配比、停留时间等工艺参数。

5. 确定合适的计算基准。计算基准的选择直接影响到计算的繁简。因此，在物料衡算中，对计算基准的选择非常重要。例如，在有化学反应过程的物料衡算过程中，一般是选用 1 mol 某反应物或产物作为衡算基准。选择计算基准的原则是尽量使计算简化，可以以一段时间的投料量或产品产量作为计算基准；当系统物料为固、液相时，通常选取原料或产品的质量作为计算基准；对于气体物料，也可以以物料体系作为计算基准。

6. 列出方程组，求解。针对物料变化情况，列出独立的物料衡算式，有几个未知数就要列出几个方程。假如已知原料量，要求可得到多少产品时，则可以顺着流程从前往后进行计算；反之，则逆着流程从后向前计算。

7. 整理、核对计算结果。将物料衡算的结果进行整理、校核，以表格或图的形式将物料衡算的结果表示出来，全面反映输入和输出的各种组分的绝对含量和相对含量。

二、能量衡算的方法与步骤

1. 画出流程示意图并根据计算要求确定衡算体系。明确物料和能量的输入项和输出项，在流程示意图上用带箭头的实线表示所有的物料流、能量流及其具体流向。

2. 选定物料衡算和能量衡算基准。进行热量衡算之前，一般要进行物料衡算求出各物料的量，有时物料和能量衡算方程式要联立求解，均应有同一物料衡算基准。

3. 根据具体计算要求收集有关数据。能量衡算所需数据通常包括物料的组成、流量、温度、压力、物性和相平衡数据、反应计量关系及物质的热力学数据等。获得计算数据的渠道主要是设计要求给定、现场测定和通过文献及手册查出。在使用热力学数据时应注意文献数据的基准状态应与选择的温度基准一致，若不一致应进行换算。

4. 列出物料平衡方程和能量平衡方程并计算求解。根据质量守恒定律列出物料平衡方程；根据稳流体系热力学第一定律表达式列出能量平衡方程。求解过程一般是先进行物料平衡，然后在此基础上进行能量平衡。

5. 校核检验。通常要将计算结果列成物料及能量平衡表，以便进行校核和上级部门审核。根据质量守恒定律和能量守恒定律，进入体系的物料总量和总能量应分别等于离开体系的物料总量和总能量。

【知识拓展】

利用 ChemCAD 解决化工生产过程的计算问题

在现代化工生产领域，精确的计算对于优化工艺流程、确保生产安全以及提高经济效益起着至关重要的作用。ChemCAD 作为一款功能强大的化工流程模拟软件，为化工生产过程中的各类计算问题提供了高效且精准的解决方案。

ChemCAD 拥有丰富全面的物性数据库，涵盖了大量常见及特殊化学品的物理性质参数，如沸点、熔点、密度、比热容等。这使得在化工生产前期，工程师们能够便捷地查询原料、中间产物及产品的物性信息，为后续反应条件设定、设备选型等计算提供基础数据支持。例如，在设计一个新的精馏塔时，工程师可以通过 ChemCAD 快速获取不同温度、压力下待分离混合物各组分的挥发度数据，从而准确计算理论塔板数，确定塔的实际尺寸规格，避免因物性数据不准确造成的设计失误。

ChemCAD 的单元操作模块模拟功能极其出色，能对反应、精馏、吸收、萃取等化工生产中的关键单元操作进行模拟计算。以化学反应为例，输入反应物种类、进料配比、反应温度、压力以及反应动力学方程等参数，ChemCAD 便能精确模拟出反应转化率、产物选择性及各物质在反应器内的浓度分布等结果。这有助于化工企业优化反应条件，提高目标产物收率，降低原料消耗。在精馏过程模拟中，软件详细呈现出塔内气液流量、温度梯度、各塔板组成变化，助力工程师们找到最佳回流比、进料位置，实现精馏塔的高效运行，节约能源成本。

物料衡算与能量衡算是化工生产计算的核心环节，ChemCAD 在此方面表现卓越。通过构建整个生产流程的模型，软件可以清晰追踪各股物料的走向，精确计算原料投入量、中间产物生成量、产品产出量以及过程中的损耗量，确保物料平衡。同时，结合热力学原理，全面考虑热量的输入、输出、交换与损耗，精准完成能量衡算，为供热、制冷系统的设计与优化提供依据。例如，在一个大型化工联合装置中，利用 ChemCAD 进行全厂物料与能量衡算，可及时发现流程中的物料浪费点与能量瓶颈，指导企业针对性地改进工艺，实现资源的最大化利用。

在化工生产工艺优化与故障诊断方面，ChemCAD 同样发挥着不可替代的作用。工程师们可以通过调整模型中的工艺参数，对比不同方案下的模拟结果，快速筛选出最优工艺路线，实现节能减排、提质增效。而且，当实际生产出现异常工况，如产品质量不合格、能耗突然增加等情况时，将现场数据输入 ChemCAD 模型，进行回溯分析，可以精准定位故障原因，如换热器换热效率下降、反应器内物料混合不均等，为及时修复故障、恢复正常生产提供有力支持。

综上所述，ChemCAD 凭借其强大的功能与广泛的适用性，已然成为化工行业解决生产过程计算问题的得力助手，为化工企业提升竞争力、实现可持续发展赋能助力。

思考与练习

一、单项选择题

1.（　　）是化工生产过程的核心。

A. 化学反应　　B. 原料处理

C. 分离　　D. 精制

2.（　　）是以质量守恒定律为基础的物料平衡计算。

A. 物料衡算　　B. 能量衡算

C. 质量衡算　　D. 热量衡算

3. 物料衡算的理论基础是（　　）。

A. 质量守恒定律　　B. 能量守恒定律

C. 动量守恒定律　　D. 热量守恒定律

二、填空题

1. 化工生产过程一般可概括为________、________、产品的分离和精制三大步骤。

2. 原料预处理主要目的是____。

三、简答题

1. 化工生产过程由哪几个步骤构成？

2. 化工生产的操作方式有哪几种？

任务四　熟悉化工生产过程常用经济评价指标

学习目标

1. 了解化工生产过程中常用的经济评价指标。

2. 理解经济评价指标的内容和方法。

3. 掌握转化率、选择性和收率等基本概念。

》任务引入

在化工生产过程中，要想获得好的生产效果，就必须实现优质、高效、低耗，由于每个化工产品的质量指标不同，其保证措施也不相同。对于一般化工生产过程，总是希望以最少的原料消耗生产更多的优质产品。因此，如何采取措施降低消耗，综合利用能量，是评价化工生产效果的重要方面之一。在化工生产过程中，总是希望在提高产量和质量的同时，进一步提高原料的利用率，这就需要了解化工生产过程中常用的经济评价指标。

》任务分析

工艺技术管理工作的目标除保证完成目的产品的产量和质量外，还要努力降低物耗、能耗，以求获得最佳的经济效益，因此化工企业都会根据产品的设计数据和企业的具体情况在工艺技术规程中规定各种原料和能量的消耗定额，作为企业的经济评价指标。所以，经济评价指标一定要科学、合理，要符合企业的实际情况，以达到降耗增效的目的。

》相关知识

一、生产能力和生产强度

1. 生产能力

生产能力是指一个设备、一套装置或一个工厂在单位时间内生产的产品量或在单位时间内处理的原料量，其单位为 kg/h、t/d 或 kt/a。例如，300 kt/a 乙烯装置表示该装置生产能力为每年可生产乙烯 300 kt，600 kt/a 炼油装置表示该装置生产能力为每年可加工原油 600 kt。

对一台设备、一套装置或一个生产系统，其生产能力是指该设备、该装置或该系统在单位时间内生产的产品或处理的原料数量。工业企业的生产能力则是指企业内部各个生产环节以及全部生产性固定资产（包括生产设备和厂房面积），在保持一定比例关系条件下所具有的综合生产能力。

企业技术改造和生产组织条件的完善以及化学反应效果的优化，都有可能促进产量的提高，同时也会使企业实际生产能力得到不断提高。

2. 生产强度

生产强度是指设备的单位容积或单位面积（或底面积）在单位时间内得到产物的数量，单位为 kg/（h · m^3），t/（d · m^3）或 kg/（h · m^2），t/（d · m）。它主要用于比较进行相同反应过程或物理加工过程的设备或装置的优劣。设备内进行的反应过程的速率越快，该设备的生产强度就越高，设备的生产能力也就越大。提高设备的生产强度，就可以使用同一台设备生产出更多的产品，进而提高设备的生产能力。

二、转化率、选择性和收率

1. 转化率

转化率是指在化学反应体系中，参加化学反应的某种原料量占进入反应体系的该种原料总量的百分比，其公式见式（4-6）。转化率数值的大小说明该种原料在反应过程中转化的程度高低，转化率越大，说明参加反应的原料就越多。

$$转化率=\frac{已转化的反应物量}{反应物初始量}\times 100\% \qquad (4-6)$$

一般情况下，进入反应系统的每种原料都难以全部参加化学反应，所以转化率总是小于100%。

有的反应原料的转化率很高，进入反应器的原料几乎都能参加化学反应。例如，萘氧化制取苯酐的过程，萘的转化率在99%以上。但是很多反应过程由于受反应条件或催化剂性能等的限制，原料通过反应器时的转化率不会很高，于是就把未反应的原料从反应后的混物中分离出来循环使用，用来提高原料的利用率。因此，即使是同一种原料，如果选择不同的“反应体系范围”，就对应于不同的“进入反应体系的原料总量”，所以转化率也就相应地有单程转化率和总转化率的区别。

（1）单程转化率是指以反应器为研究对象，参加反应的反应物量占进入反应器的反应物总量的百分比，公式为

$$单程转化率=\frac{进入反应器的反应物量-从反应器输出的反应物量}{进入反应器的反应物量}\times 100\% \qquad (4-7)$$

（2）总转化率是指以包括循环系统在内的反应器和分离器的反应体系为研究对象，参加反应的反应物量占进入反应体系的反应物总量的百分比，公式为

$$总转化率=\frac{进入过程的反应物量-从过程输出的反应物量}{进入过程的反应物量}\times 100\% \qquad (4-8)$$

（3）平衡转化率是指某一化学反应达到平衡状态时，转化为目的产物的反应物量占该种反应物量的百分比，公式为

$$平衡转化率=\frac{平衡时反应掉的反应物量}{进入的反应物量}\times 100\% \qquad (4-9)$$

平衡转化率的大小与压力、温度和反应物组成等条件有关，它是在特定的条件下，某种原料参加化学反应的最高转化率，任何反应的转化率都不可能超过平衡转化率。

在反应条件不变的情况下，平衡转化率和实际转化率的差表示理想状态与实际操作水平的差距，此差值越大，表示操作水平越低，可挖掘的增产潜力就越大。但由于一般的化学反应要达到平衡状态都需要相当长的时间，因此在实际生产过程中不能单纯追求最高的转化率。

【例题4-1】在二氧化硫与氧气反应生成三氧化硫的过程中，若投入了100 mol的二氧化硫，反应一段时间后，检测到剩余的二氧化硫为20 mol。试计算二氧化硫的转化率。

解：$转化率=\frac{已转化的反应物量}{反应物初始量}\times100\%$

二氧化硫的转化率为

$$[(100-20)\div100]\times100\%=80\%$$

2. 选择性

选择性是指化学反应过程中生成的目的产物所消耗的某原料的量占该原料反应总量的百分比，见式（4－10）。对于催化反应系统，选择性的高低反映了催化剂性能的好坏，即催化剂对所希望的反应起加速作用，对不希望发生的反应起抑制作用的能力大小；对于非催化反应系统，反映了反应工艺条件控制的好坏。

$$选择性=\frac{生成目的产物所消耗的某原料的量}{该原料的总转化量}\times100\% \tag{4-10}$$

由选择性可以看出原料的利用情况，选择性越高，原料的利用率也就越高。

大量试验证明，转化率和选择性之间往往存在一定矛盾，即在转化率高时，选择性往往是低的；在转化率低时，选择性往往是高的。选用的转化率和选择性的综合效果如何，可用收率来衡量。

【例题 4－2】在由反应物 A 和反应物 B 反应生成目标产物 C 和副产物 D 的反应中，投入了 100 mol A，反应后 A 转化了 80 mol，其中生成 C 消耗了 60 mol。则 A 生成 C 的选择性是多少？

解：$选择性=\frac{生成目的产物所消耗的某原料的量}{该原料的总转化量}\times100\%$

A 生成 C 的选择性为

$$(60\div80)\times100\%=75\%$$

3. 收率

收率是指在化学反应中，实际得到的目标产物的量与理论上根据投入的反应物完全反应应得到的目标产物的量之比，通常用百分数表示，公式为

$$收率=\frac{实际得到的目标产物的量}{理论上应得的目标产物的量}\times100\% \tag{4-11}$$

（1）以反应器为体系，生成的目的产物的量占以进入反应器的某种原料为基础计算的目的产物的理论量的百分比，称为单程收率或生成的目的产物所消耗的某原料量占进入反应器的该原料量的百分比，公式为

$$单程收率=\frac{生成目的产物所消耗的某原料量}{输入反应器的该原料量}\times100\% \tag{4-12}$$

（2）单程质量收率是指在实际生产中，当反应原料或反应产物是难以确定的混合物且反应过程极为复杂，各种组分难以通过分析手段来确定时，可以直接采用以混合原料中原料的质量为基准的收率来表示反应效果。这种以原料质量为基准的收率为质量收率，公式为

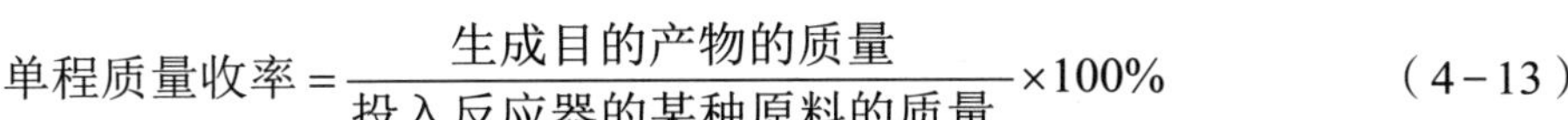

$$单程质量收率=\frac{生成目的产物的质量}{投入反应器的某种原料的质量}\times 100\% \qquad (4-13)$$

对于相对分子质量增大的反应，质量收率的值有可能大于100%，这是由于式（4-13）的分母只计了混合原料中某种原料的质量而未计全部原料的质量，如空气催化氧化反应中，通常不计空气的质量。

【例题4-3】某化工厂进行A物质转化为B物质的反应。投入A 100 mol，每100 mol原料A理论上可以生产80 mol产品B（即理论产量），反应后A剩余20 mol，生成B 60 mol，同时有10 mol的副产物C生成。试计算这个反应的收率。

解：$收率=\frac{实际得到的目标产物的量}{理论上应得的目标产物的量}\times 100\%$

$=(60\div 80)\times 100\%=75\%$

4. 单程转化率、选择性和单程收率间的关系

当单程转化率、选择性和单程收率都用摩尔表示时，其相互间的关系为

$$单程转化率\times 选择性=单程收率 \qquad (4-14)$$

转化率和选择性都只是从某一个方面说明化学反应进行的程度。转化率越高，说明反应进行得越彻底，未反应的原料量越少就越可以减轻原料循环的负担。但随着转化率的提高，反应的推动力下降，反应速率变慢，若再提高反应的转化率，所需要的反应时间就会变长，同时副反应也会增多，导致反应的选择性下降，增大了产物分离、精制的负荷。所以，必须综合考虑转化率和选择性，只有当两个指标值都比较适宜时，才能得到较好的反应效果。

【例题4-4】假设在一个化学反应中，投入了100 mol的反应物A，反应生成目标产物B和副产物C。经过反应后，A转化了80 mol。其中，生成B消耗了A 60 mol。

解：转化率=（已转化的反应物量 ÷ 反应物初始量）× 100%

=（80 ÷ 100）× 100%= 80%

选择性=（生成目的产物所消耗的某原料的量 ÷ 该原料的总转化量）× 100%

=（60 ÷ 80）× 100%= 75%

单程收率=（实际得到的目标产物的量 ÷ 理论上应得的目标产物的量）× 100%。理论上完全转化100 mol A生成B的量为100 mol（这里为了方便计算假设理论比为1∶1），实际得到B 60 mol，所以单程收率=（60 ÷ 100）× 100%= 60%。

关系总结：单程收率等于转化率乘以选择性，即60% = 80% × 75%。

【知识窗】

消耗定额

一、原料的消耗定额

1. 理论消耗定额是指将初始物料转化为具有一定纯度要求的最终产品，按化学反应方程式的化学计量为基础计算的消耗定额。

2. 实际消耗定额是指按实际生产中所消耗的原料量为基础计算的消耗定额。

二、公用工程的消耗定额

公用工程是指化工生产必不可少的供水、供热、冷冻、供电和供气等。公用工程的消耗定额是指在化工生产等过程中，对各种公用工程资源（如新鲜水、循环水、蒸汽、电力、压缩空气等）在单位产品生产中所规定的消耗标准量。它通常以单位产品所消耗的公用工程资源的数量来表示，如每吨产品消耗多少立方米新鲜水、每千克产品消耗多少千瓦时电力等。

确定公用工程消耗定额具有重要意义。一方面，它可以作为生产过程中成本核算的重要依据，帮助企业控制生产成本；另一方面，通过对消耗定额的管理和优化，可以提高资源利用效率，减少浪费，减小对环境的影响，同时也有助于企业进行生产规划和设备选型，确保公用工程系统能够满足生产需求。

【知识拓展】

生产能力和转化率

生产能力可以分为设计能力、查定能力和现有能力。设计能力是指在设计任务书和技术文件中所规定的生产能力，根据工厂设计中规定的产品方案和各种设计数据来确定。新建化工企业基建竣工投产后，通常要经过一段时间的试运行，充分熟悉和掌握生产技术后才能达到规定的设计能力。查定能力是指老企业没有设计能力数据，或由于企业的产品方案和组织管理、技术条件等发生变化，致使原设计能力已不能正确反映企业实际生产能力可达到的水平，重新调整和核定的生产能力。它是根据企业现有条件，并考虑到定期内可能实现的各种技术组织措施而确定的。现有能力也称计划能力，是指在计划年度内，依据现有的生产技术条件和组织管理水平在计划年度内能够实现的实际生产能力。这三种能力在实际生产中各有不同的用途，设计能力和查定能力是编制企业长远规划的依据，现有能力是编制年度生产计划的重要依据。

转化率表明进入反应系统的原料转化为产物的程度；选择性表明进入反应系统并参加反应的某种原料转化为目的产物的程度；收率则表明进入反应系统的原料转化为目的产物的程度。三者从不同侧面反映了同一个系统的不同能力。

思考与练习

一、单项选择题

1.（　　）是指一个设备、一套装置或一个工厂在单位时间内生产的产品量或在单位时间内处理的原料量。

A. 生产能力　　B. 生产强度　　C. 产率　　D. 收率

2.（　　）是指设备的单位容积或单位面积（或底面积）在单位时间内得到产物的数量。

A. 生产能力　　B. 生产强度　　C. 产率　　D. 收率

二、填空题

1. ________是指在化学反应体系中，参加化学反应的某种原料量占进入反应体系的该种原料总量的百分比。

2. ________是指化学反应过程中生成目的产物所消耗的某原料的量占该原料总转化量的百分比。

三、简答题

1. 什么是单程转化率、总转化率和平衡转化率？
2. 如何用转化率、收率来衡量化学反应的效果？

四、计算题

某化工厂进行 A 物质转化为 B 物质的反应。投入 A 200 mol，反应后剩余 A 40 mol，生成 B 120 mol，同时有 20 mol 的副产物 C 生成。试计算这个反应的转化率、选择性和收率。

任务五　理解化工生产的主要影响因素

学习目标

1. 了解化工生产过程的主要影响因素。
2. 理解温度、压力、催化剂等工艺条件对化学反应速率的影响。
3. 能对化工生产过程的工艺条件等进行分析。

任务引入

一个完整的化工生产过程，一般在反应前有物料的预处理系统，在反应后有产物的分离提纯过程，在系统中一般有一个以上的化学反应过程。在化学反应过程中，影响生产正常进行的因素（通常称为工艺条件）很多，化工工艺操作人员要会分析影响正常生产的因素和它们对生产的具体影响，以及如何选择工艺条件。

任务分析

对工艺条件起决定性作用的是化学热力学和化学动力学所遵循的规律和法则。化学热力学研究化学反应进行的方向和限度以及能量的转化规律等问题。化学动力学研究化学反应速率及其影响因素，并探究反应的机理和历程，即在给定的温度、压力、浓度以及催化剂存在的条件下，化学反应在不同的时间内进行的程度。采用提高生产强度、发挥设备生产能力以及加快反应速率和采用新工艺等措施，对现代化工生产具有重要的意义。

相关知识

通过化学反应步骤完成由原料到产品的转变，是化工生产过程的核心。反应温度、压力、浓度、催化剂（多数反应需要）或其他物料的性质以及反应设备的技术水平等因素对产品的数量和质量有重要影响，是化工生产技术研究的重点内容。同时，化学反应类型繁多，很多化工生产中的化学反应是可逆的，由于反应本身的特性或原料夹带杂质，许多还是有副产物生成的复合反应。将这些化学反应用于工业生产之前，要详尽地研究反应的平衡，确定反应进行的方向和程度。

一、反应温度的影响

反应温度是影响化工生产十分重要的参数。反应温度的选择要根据催化剂的使用条件，在其活性温度范围内，结合操作压力、空间速度、原料配比和安全生产的要求及反应的效果等，综合考虑后经实验和生产实际的验证后方能确定。

由于催化剂的存在，主反应一定是活化能最低的。因此，反应温度越高，从相对速率看，越有利于副反应的进行。由于受到设备材质的限制，在实际生产中，用升温的方法来加快化学反应的速率应有一定的限度，只能在有限的适宜范围内使用。

1. 反应温度对化学平衡的影响

对于可逆反应，反应温度的影响很大。升高反应温度有利于吸热反应的进行，降低反应温度有利于放热反应的进行。

2. 反应温度对反应速率的影响

升高反应温度可以加快化学反应的速率，并且升高反应温度更有利于活化能高的反应。

3. 反应温度对催化剂使用的影响

使用催化剂必须考虑初始温度和耐热温度。低于催化剂的初始温度，催化剂活性不能发挥；高于催化剂的耐热温度，催化剂活性快速衰退。

4. 反应温度对反应效果的影响

在催化剂适宜的反应温度范围内，当反应温度较低时，由于反应速度慢，原料转化率低，但选择性比较高；随着反应温度的升高，反应速率加快，可以提高原料的转化率。然而由于副反应速率也随反应温度的升高而加快，致使选择性下降，且反应温度越高选择性下降得越快。一般在反应温度较低时，随反应温度的升高，转化率上升，单程收率也呈现上升趋势；反应温度过高时，会因为选择性下降导致单程收率也下降。因此，升温对提高反应效果有好处，但不宜升得太高，否则反应效果反而变差，而且选择性地下降还会使原料消耗量增加。在实际生产中，催化剂在使用初期活性比较强，在保证转化率的前提下，反应温度可以控制在起活温度下限，以延长催化剂使用寿命。此外，适宜反应温度的选择还必须考虑设备材质等因素的约束。

二、压力的影响

在化工生产中，压力是重要的操作参数之一，而压力不完全是由化学动力学决定的，还

有动力设备、安全等诸多因素影响着反应压力操作参数。由于液体、固体的可压缩性太小，一般压力对液相和固相反应的影响不大，所以固相和液相反应都在常压下进行。对于某些气液相反应，为了维持反应在液相中进行，才在与之平衡的气相空间略施加一点有限的压力，这也属于常压反应。气体的体积受压力影响大，故压力对有气相物质参加的反应平衡影响很大。因此，一般只研究压力对气相反应的影响规律。

1. 压力对反应速率的影响

压力对反应速率的影响是通过压力改变反应物浓度而形成的，一般情况下，增大压力，也就相应地提高了反应物的分压（浓度增大）。除零级反应外，反应速率均随反应物浓度的增大而加快。所以在一定条件下，增大压力，可间接地加快化学反应速率。

2. 压力对化学平衡的影响

从对化学平衡的影响来看，增大压力对分子数减少的反应是有利的，而减小压力有利于分子数增加的反应。

3. 压力对设备的影响

增大压力可以缩小气体混合物的体积。对于一定的原料处理量来说，意味着反应设备和化工管路的容积都可以缩小；对于确定的生产装置来说，则意味着可以加大处理量，即提高设备的生产能力，这对于强化生产是有利的。随着压力的增大，一是对设备的材质和耐压强度要求提高，设备造价、投资自然要增加；二是对反应气体加压，需要增加压缩机，能量消耗增加很多。此外，压力增大后，对有爆炸危险的原料气体，其爆炸极限范围将会扩大，生产过程的危险性也会增加，因此，安全条件要求也就更高。

4. 压力对安全的影响

适宜的压力条件应根据反应使用催化剂的性能要求以及化学平衡和化学反应速率随压力变化的规律来确定。若反应需要加压以促进反应进行，确定适当的压力水平时，应综合考虑多方面因素。首先，需基于反应的必要条件进行评估；其次，要对加压带来的利弊进行经济效果的对比分析；再次，务必考察物料体系是否存在爆炸性风险；最后，在确保所有安全措施均已到位，生产在绝对安全的环境中进行的前提下，方可确定最为适宜的压力值。

三、催化剂的影响

催化剂在现代化学工业中占有极其重要的地位，大约 90% 的化工产品需要在催化剂作用下完成。例如，合成氨的生产，使用以铁为主的多组分催化剂就可以加快反应速率；石油炼制中选用不同的催化剂，就可以得到不同品质的汽油、煤油；汽车尾气中的 CO、NO 等有害气体，利用铂等金属作为催化剂可以迅速将二者转化为无害的 CO_2、N_2；酿造业、制药业等都需要酶作催化剂等。

1. 催化剂定义及作用原理

化学反应体系中，加入少量物质就能改变化学反应速率，但其本身质量和化学性质在反应前后均不发生变化的物质称为催化剂。

催化剂的原理是通过减少反应所需的活化能，促进反应物之间的有效碰撞，从而加快化学反应速率。催化剂可以吸附反应物，减小反应物中化学键的键能，减少活化能。催化剂还可以改变化学反应的方向，将不可发生的反应变成可发生的反应，扩大了反应的选择性。催化剂的效果取决于催化剂中的活性物质、反应环境的温度、压力和湿度等因素。

2. 催化剂的影响

催化剂可以改变反应速率，有的催化剂可以使化学反应速率加快几百万倍以上；具有选择性，不同性质的催化剂只能各自加速特定类型的化学反应过程。

在化工生产中，使用催化剂的目的是加快主反应的速率，减少副反应的发生，从而使反应能定向进行，缓和反应条件，降低对设备的要求，提高设备的生产能力和降低产品的生产成本。

【知识窗】

化学热力学和化学动力学

化学热力学是物理化学和热力学的一个分支学科，它主要研究物质系统在各种条件下的物理和化学变化中所伴随着的能量变化，从而对化学反应的方向和进行的程度作出准确的判断。化学动力学是研究化学反应过程的速率和反应机理的物理化学分支学科，它的研究对象是物质性质随时间变化的非平衡的动态体系。时间是化学动力学的一个重要变量。

【知识拓展】

催化剂的由来

催化剂最早由瑞典化学家贝采里乌斯发现。100 多年前，有个“魔术神杯”的故事。

有一天，瑞典化学家贝采里乌斯在化学实验室里忙碌地进行着试验。傍晚时分，他的妻子玛利亚已准备好酒菜，准备宴请亲友，以庆祝他的生日。然而贝采里乌斯完全沉浸在试验中，将此事忘得一干二净。直到玛利亚亲自到实验室将他拉出来，他才猛然想起，连忙赶回家中。一进屋，客人们纷纷举杯向他祝贺。他来不及洗手就接过一杯蜜桃酒一饮而尽。当他自己再次斟满酒准备干杯时，却皱起眉头喊道：“玛利亚，你怎么把酒换成了醋！”玛利亚和客人们都愣住了。玛利亚仔细检查那瓶酒，还倒了一杯品尝，确认无误，确实是香醇的蜜桃酒。贝采里乌斯随手把自己倒的那杯酒递过去，玛利亚尝了一口，几乎全吐了出来，也说：“这甜酒怎么一下子变成醋了？”客人们纷纷围拢过来，观察并猜测这个“魔术神杯”所发生的怪事。

贝采里乌斯发现，原来酒杯底部沉着少量黑色粉末。他瞧瞧自己的手，发现手上沾满了在实验室研磨铂金时留下的铂黑。他兴奋地把那杯酸酒一饮而尽，并意识到，把酒变成醋的“魔力”正是来源于这铂金粉末，是它加速了乙醇（酒精）与空气中的氧气发生化学反应，生成了醋酸。

后来，人们将这一作用命名为触媒作用或催化作用，在希腊语中意为“解去束缚”。1836 年，贝采里乌斯在《物理学与化学年鉴》杂志上发表了一篇论文，首次明确提出了化学反应中的“催化”与“催化剂”的概念。

思考与练习

一、单项选择题

1. 提高反应温度可以（　　）化学反应速率。

A. 加快　　B. 减缓　　C. 无影响　　D. 不一定

2. 因加入了某种物质而使化学反应速率发生改变，但该物质的数量和化学性质在反应前后不发生变化的是（　　）。

A. 原料　　B. 溶剂　　C. 催化剂　　D. 水

二、填空题

1. 提高反应温度可以________化学反应速率，且温度升高更有利于活化能较高的反应。

2. ________是指能明显降低化学反应速率的物质。

三、简答题

1. 影响化学反应速率的因素有哪些？

2. 催化剂在化学产品的工业生产中有何意义？

项目五

化工管路认知

一套化工装置之所以能进行生产，是由工艺过程所必需的机械设备用化工管路按流程加以连接的结果。工艺生产装置的化工管路犹如人体的血管，没有血管人就不能生存，同样，工艺生产装置如果没有化工管路的连接也就不能生产。在石油化工工程建设中，配管材料的费用约占设备材料总费用的23%，安装工时约占施工总工时的47%，设计工时约占工程设计总工时的40%。而装置能否长期安全运行与化工管路的设计安装质量密切相关。工艺生产装置的化工管路纵横交错，化工工艺操作人员需要了解化工管路的基本知识，认识各类化工管子和化工管件，保障生产正常运行。

任务一　了解化工管路

学习目标

1. 了解化工管路的构成。
2. 理解化工管路的压力标准。
3. 理解化工管路的直径标准。
4. 熟悉常见化工管路的涂色。

任务引入

在化工生产中，将（反应器、换热器、储罐、塔等）设备按照生产顺序形成工艺流程，是化工管路把它们连接在一起，形成一条从原料变成产品的“通道”。因此，了解化工管路非常重要，化工工艺操作人员需要掌握化工管路的构成及涂色相关知识。

任务分析

在化工生产中，需要通过化工管路来完成输送和控制流体介质，化工管路是化工生产中不可缺少的组成部分。化工工艺操作人员想要熟悉生产现场工艺流程，首先需要了解化工管路。

相关知识

一、化工管路的构成

化工管路是化工生产中所使用的各种管路的总称，是化工生产装置中重要的组成部分。在化工生产中，各种流体的输送、分配、混合与计量等，全靠化工管路形成通道，设备与设备之间的连接也要用化工管路“搭”建。所以，人们常将化工管路比喻为化工厂的“血脉”。

化工管路主要由化工管子、化工管件和化工阀门构成，也包括一些附属于化工管路的管架、管卡、管撑等附件。图 5-1 展示了化工管路的主要构成。在化工生产中，各种物料的特性不同，因此为满足输送任务，化工管路也是不同的。

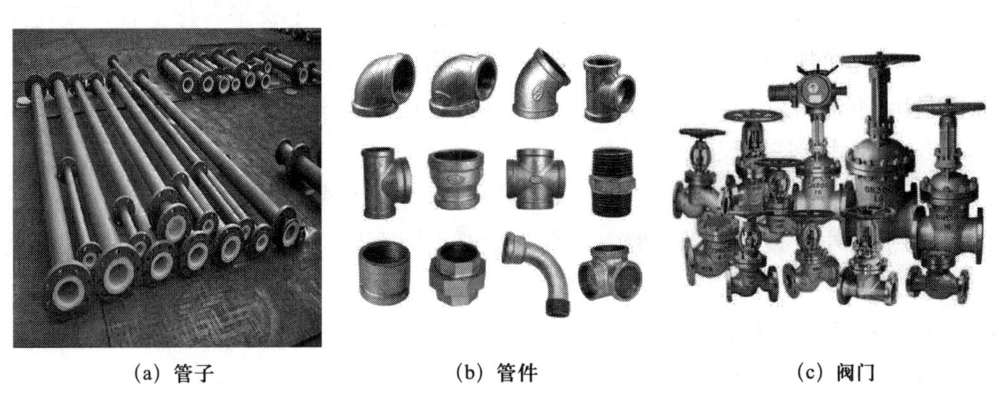

(a) 管子　(b) 管件　(c) 阀门

图 5-1　化工管路的主要构成

二、化工管路的标准化

化工管路的标准化就是统一规定化工管子和化工管路附件（如化工管件、化工阀件、法兰和垫片等）的主要参数与结构尺寸，是有关行业必须遵守的技术文件。其目的是统一规格，方便安装检修，使化工管件可相互配合使用。其中，压力标准和直径标准是化工管路标准化最重要的内容之一，是其他标准的依据。

1. 压力标准

（1）公称压力。公称压力是为了设计、制造和使用方便而规定的标准压力，用“PN+ 数值”的形式表示。例如，公称压力为 3.5 MPa，用 PN3.5 表示。

不同压力等级的介质需用不同强度的化工管路来输送，为使设计和使用部门正确选用管材，规定了一系列压力等级，化工管子和化工管件的公称压力从 0.05 MPa 到 335 MPa 分成

30 个等级。管道工程将≤1.6 MPa 的压力定为低压，1.6～10 MPa 定为中压，≥10 MPa 定为高压。

（2）试验压力。化工管路系统建成或大检修后，需按规定进行压力试验以检查系统的强度和严密性，从而保证生产安全稳定运行，试压包括强度试压和气密性试压。

强度试压是为了测试化工管路系统能否承受规定的压力，包括液压强度和气压强度试验。从安全角度出发，在条件允许的情况下，一般采用液压强度试验（水压试验）。

气密性试压是为了检验化工管路系统各连接部分的密封性，以保证化工管路系统能在使用压力下保持不漏。气密性试验一般应在水压试验合格后进行，采用的气体通常为干燥洁净的空气、氮气或其他惰性气体。

试验压力用符号 Ps 表示。一般情况下，试验压力为公称压力的 1.5～2 倍。

（3）工作压力。工作压力是指化工管路在正常运行情况下，所输送的工作介质的压力，用符号 P 表示。介质最高工作温度值除以 10 所得的整数值，可标注在 P 的右下角。例如，某阀件的工作介质最高温度为 250 ℃，工作压力为 1.0 MPa，用"P_{25}1.0"表示。

2. 直径标准

（1）公称直径。为了设计、制造、安装和修理方便，使化工管子、化工管件及化工阀门等相互连接在一起而规定的标准通径，有时也称公称直径或名义直径。它是就内径而言的标准，近似等于而不是内径。根据公称直径，可以确定化工管子、化工管件、化工阀件、法兰和垫片等的结构尺寸和连接尺寸。

（2）壁厚。壁厚是化工管路的厚度，确定公称压力后可查表得知管壁的厚度。同一公称直径的化工管子，外径必定相同，但内径则因壁厚不同而异，故与化工管子的内径接近，但不一定相等。

（3）公称直径的表示方法。用符号 DN 表示，其后注明公称通径数值，单位为毫米（mm）。例如，DN1500 表示化工管子的公称直径为 1 500 mm。

三、化工管路的涂色

1. 涂色目的

化工生产企业内的化工管路纵横交错，密如蛛网，为了便于操作者区别各种类型的化工管路，知道化工管路中流经的物料种类，必须在化工管路的保护层或保温层表面涂上不同颜色。

2.《工业管道的基本识别色、识别符号和安全标识》（GB 7231—2003）

《工业管道的基本识别色、识别符号和安全标识》（GB 7231—2003）对工业管道的基本识别色、识别符号和安全标识做了统一规定。根据流经物质的一般性能，将工业管道涂色分为八类（见表 5-1）。

表 5-1　　工业管道涂色

物质种类	基本识别色	颜色标准号
水	艳绿	G03

续表

物质种类	基本识别色	颜色标准号
水蒸气	大红	R03
空气	淡灰	B03
气体	中黄	Y07
酸或碱	紫	P02
可燃液体	棕	YR05
其他液体	黑	—
氧	淡蓝	PB06

3. 涂色方法

化工管路的涂色有两种方法，如图 5-2 所示，一种是整个化工管路均涂一种颜色（涂单色），另一种是在底色上每隔 2 m 涂一个色圈，其宽度为 50～100 mm。

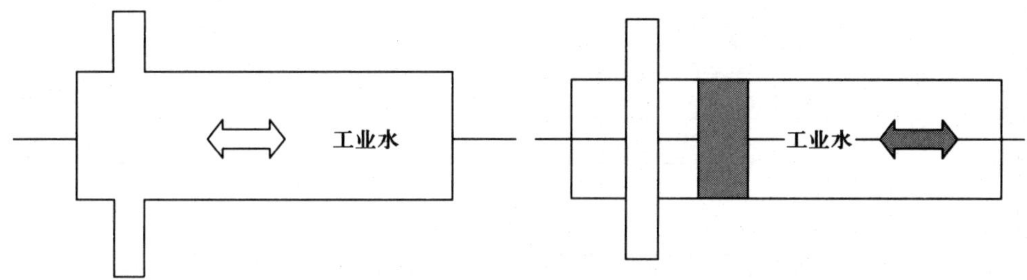

图 5-2　化工管路的涂色方法

表 5-2 中列出了常用化工管路的涂色。

表 5-2　常用化工管路的涂色

化工管路类型	底色	色圈
过热蒸汽管	红	—
饱和蒸汽管	红	黄
蒸汽管（不分类）	白	—
压缩空气管	深蓝	—
氧气管	天蓝	—
氨气管	黄	—
氮气管	黑	—
燃料气管	紫	—
酸液管	红	—
碱液管	粉红	—
油类管	棕	—
给水管	绿	—

续表

化工管路类型	底色	色圈
排水管	绿	红
纯水管	绿	白
凝结水管	绿	蓝
消防水管	橙黄	—

【知识拓展】

表面色和标志文字色

石油化工设备、机械的表面色和标志文字色应符合表 5-3 中的规定。对于扩建、改建企业，可结合具体情况逐步实现。

表 5-3　石油化工设备、机械的表面色和标志文字色

序号	设备类别		表面色	标志文字色
1	静设备		银	大红 R03
2	工业炉		银	大红 R03
3	锅炉		银	大红 R03
4	机械设备	泵	银	大红 R03
		电机	苹果绿 G01	
		压缩机、离心机	苹果绿 G01	
		风机	天（酞）蓝 PB09	
5	输油臂		大红 R03	白
6	鹤管		银	大红 R03
7	消防设备		大红 R03	白
8	钢烟囱		银	—
9	火炬		银	—
10	联轴器防护罩		淡黄 Y06	—

电气、仪表设备的表面色和标志文字色应符合表 5-4 中规定。

表 5-4　电气、仪表设备的表面色和标志文字色

序号	名称	表面色	标志文字色
1	开关柜、配电盘	海灰 B05 或苹果绿 G01	大红 R03
2	变压器	海灰 B05	大红 R03
3	配电箱	海灰 B05	大红 R03
4	操作台	海灰 B05 或苹果绿 G01	—
5	仪表盘	海灰 B05 或苹果绿 G01	大红 R03
6	现场仪表箱	海灰 B05 或苹果绿 G01	大红 R03

续表

序号	名称	表面色	标志文字色
7	盘装仪表	海灰 B05	大红 R03
8	就地仪表	海灰 B05	大红 R03
9	电缆桥架、电缆槽	海灰 B05	—

思考与练习

一、单项选择题

1. 人们常将（　　）比作化工厂的血脉。

A. 化工管子　　B. 化工管路　　C. 化工管件　　D. 化工阀门

2. 公称压力用字母（　　）表示。

A. PN　　B. PS　　C. PA　　D. PD

3. 化工管路公称直径默认的单位是（　　）。

A. 毫米　　B. 厘米　　C. 分米　　D. 米

4. 化工企业水蒸气管道的基本识别色为（　　）。

A. 艳绿　　B. 大红　　C. 天蓝　　D. 中黄

二、填空题

1. 化工管路主要由________、________和________构成，也包括一些附属于化工管路的管架、管卡、管撑等附件。

2. 化工管路的涂色有两种方法，一种是整个化工管路均涂一种颜色（涂单色），另一种是在底色上每隔 2 m 涂一个色圈，其宽度为________mm。

任务二　认识化工管子

学习目标

1. 理解化工管子的分类。
2. 了解化工管子的特点。
3. 了解化工管子的使用场所。

任务引入

化工管子是化工管路的主体，是化工管路最基本的组成部分。在使用过程中，通常需要根据物料的性质（如腐蚀性、易燃、易爆性等）和工艺条件（如温度、压力等）来选择不同材质、规格的化工管子。因此，化工工艺操作人员需要了解化工管子的种类、特点和适用范围。

任务分析

在化工生产中，需要通过化工管路来完成输送和控制流体介质，化工管路在化工生产中不可缺少，而化工管子是化工管路主要组成部分。化工工艺操作人员要熟悉化工管路，首先需要了解化工管子。

相关知识

化工管子是化工管路的要件，生产中化工管子按管材的不同分为金属管、非金属管和复合管。金属管包括铸铁管和钢管；非金属管包括水泥管、玻璃管、塑料管、橡胶管等；复合管是由金属管和非金属管复合而得到化工管子。

不同类型化工管子有不同表示方法，无缝钢管、焊接钢管、铜管、不锈钢管等宜用外径 × 壁厚标注。例如，$\phi 35\times 1.5$，即化工管子的外径是 35 mm，壁厚是 1.5 mm。水、煤气输送钢管、铸铁管和钢塑复合管用公称直径 DN 标注。钢筋混凝土、耐酸陶瓷管常用内径 d 标注；塑料管材则以外径 De 标注。

一、金属管

1. 铸铁管

铸铁管是用铸铁浇铸成型的化工管子。常用铸铁管有普通铸铁管和硅铁管。图 5-3 所示为普通铸铁管。

图 5-3　普通铸铁管

（1）普通铸铁管是用上等灰铸铁铸成，主要特点是价廉、耐碱液、耐浓硫酸等，但拉伸强度、弯曲强度和紧密性差，不能用于输送有压力的有害或爆炸性气体，也不宜输送高温液体，如水蒸气等；因性脆，不能用于焊接和弯曲加工，常用作地下供水总管、煤气总管或污水管。

（2）硅铁管可分为高硅铁管和抗氯硅铁管两种。含硅 14% 以上的合金硅铁管称为硅铁管，能抗硫酸、硝酸和温度低于 573 K 的盐酸等强酸的腐蚀。含有硅和钼的铸铁管，称为抗氯硅铸铁管，能抗各种浓度和不同温度的盐酸的腐蚀。这两种管子的硬度很高，脆性较大，受到敲击或局部加热剧冷时，极易破裂，常用于 0.25 MPa（表压）以下的化工管路。

2. 钢管

（1）有缝钢管是用低碳钢焊接而成的钢板，包括水、煤气钢管和电焊钢管。表面镀锌的有缝钢管叫镀锌管或白口管，不镀锌的叫黑铁管。常用有缝钢管如图 5-4 所示。其特点是易于加工制造、价格低，但因有焊缝，常用于低压流体的输送。

（2）无缝钢管是用棒料钢经穿孔热轧（热轧钢）或冷拔（冷拔钢）制成，因无焊缝，故称无缝钢管。常用无缝钢管如图 5-5 所示。其特点是质地均匀、强度高，可用于输送压力较高的物料、蒸汽、高压水、过热水以及输送燃烧性、爆炸性和有毒害性的物料。

图 5-4　常用有缝钢管

图 5-5　常用无缝钢管

（3）化工生产中常用的有色金属管有铜管、铝管和铅管，主要用于一些特殊的场合。铜管导热能力强，适用于制造换热器的换热管，其耐低温性能好，适用于低温管路系统。铝管具有较好的耐酸性，耐碱性差，用于输送浓硫酸、硝酸，不可用于输送盐酸和碱液。铅管具有良好的抗腐蚀性，机械强度低，主要用于输送浓度小于 70% 的硫酸和浓度小于 10% 的盐酸。

二、非金属管

1. 水泥管

水泥管又称水泥压力管、钢筋混凝土管。它可以作为城市建设中下水管道，可以用于排污水，防汛排水，以及一些特殊厂矿使用的上水和农田机井。常见水泥管如图 5-6 所示。

2. 玻璃管

玻璃管是非金属管的一种，主要由氧化钠、氧化硼以及二氧化硅等基本成分熔制而成的透明或半透明的玻璃材料制成，如图 5-7 所示。它的良好性能已得到业界的认可，与普通玻璃相比，其机械性能，热稳定性能，抗水、抗碱、抗酸等性能良好，无毒副作用，可广泛用于化工、航天、军事、家庭、医院、实验室等各个领域。

图 5-6　常见水泥管

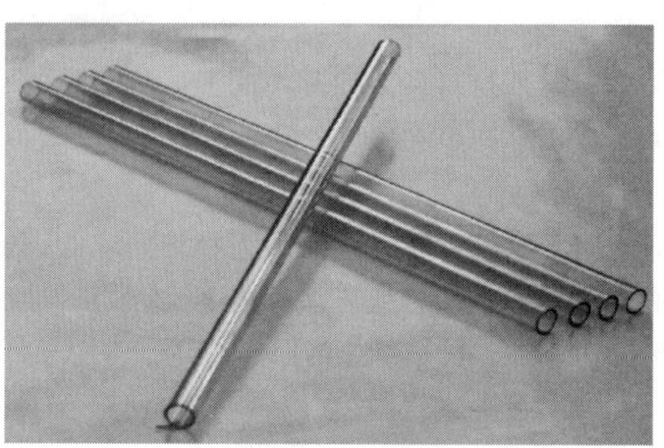

图 5-7　玻璃管

3. 塑料管

塑料管一般是以合成树脂，即聚酯为原料，加入稳定剂、润滑剂、增塑剂等，以“塑”的方法在制管机内经挤压加工而成，如图 5-8 所示。其主要用作房屋建筑的自来水供水系统的配管、排污卫生管、地下排水管系统、雨水管以及电线安装配套用的穿线管等。塑料管分为热塑性塑料管和热固性塑料管两大类。热塑性塑料管包括聚氯乙烯管、聚乙烯管、聚丙烯管、聚甲醛管等，热固性塑料管包括酚塑料管等。

图 5-8　塑料管

4. 橡胶管

橡胶管具有耐紫外线、耐臭氧、耐高低温（−80～300 ℃）、透明度高、回弹力强、耐压缩永久不变形、耐油、耐冲压、耐酸碱、耐磨、难燃、耐电压、导电等性能，主要用于工业、

矿山、民用输送及吸引液体、气体等。橡胶管在储存和运输中应隔离火源，避免与锐器及有较强腐蚀性的化工产品接触，避免长期置于日光下。

三、复合管

复合管是由金属和非金属两种材料复合而得到的化工管子，最常见的是衬里管。复合管的结构如图 5-9 所示。一些化工管子的内层衬有适当的材料，如金属、橡胶、塑料、搪瓷等，可以分为衬铅管、衬铝管、衬不锈钢管、衬塑料管、衬橡胶管等，一方面是为了强度和防腐的需要，另一方面又能节约成本，使其具有强度高、耐腐蚀性好的优点。

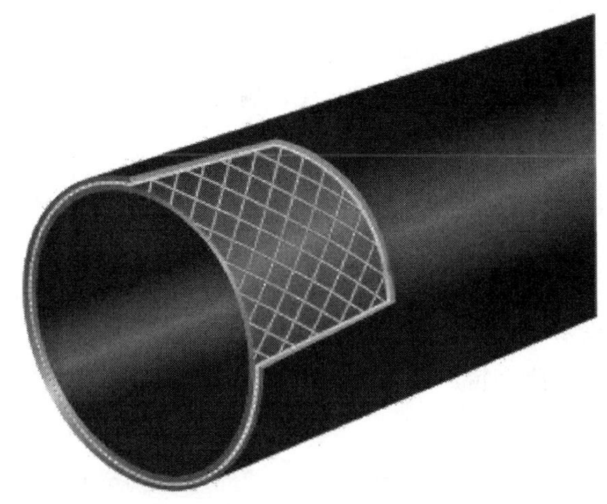

图 5-9　复合管的结构

【知识拓展】

玻璃钢管的应用

玻璃钢管称为玻璃纤维增强塑料，由于所使用的树脂品种不同，因此有聚酯玻璃钢、环氧玻璃钢、酚醛玻璃钢之称。玻璃具有硬而易碎的特点，有很好的透明性以及耐高温、耐腐蚀等性能。钢铁具有硬并且不易碎的特点，有耐高温的性能。于是人们开始想，如果能制造一种既具有玻璃的硬度大、耐高温、抗腐蚀的性质，又具有钢铁一样坚硬不碎的特点，那这种材料一定会大有用途。人们经过研究、试验，终于制出了这样一种复合材料，它就是能与钢铁比肩而立的玻璃钢管。

玻璃钢管以其独具的耐腐蚀性能强、内表面光滑、输送能耗低、使用寿命长（在 50 年以上）、运输安装方便、维护成本低及综合造价低等诸多优势在石油、电力、化工、造纸、城市给排水、工厂污水处理、海水淡化、煤气输送等行业取得了广泛的应用。

随着中国城市化进程加快，面对人口、资源和环境的平衡与保护，各级政府在逐年加大对城市基础设施的投入，结合先进科学技术需要，管材、管件的品种和规格不断丰富，产量不断增加，质量不断提高，成为当今投资热点，玻璃钢管就为其中之一。

思考与练习

一、单项选择题

1. 化工生产中，化工管子按管材的不同分为金属管、非金属管和（　　）。

A. 铸铁管　　B. 塑料管　　C. 复合管　　D. 钢管

2. 以下不属于金属管的是（　　）。

A. 铸铁管　　B. 钢管　　C. 铜管　　D. 玻璃管

3. 以下不属于有色金属管的是（　　）。

A. 铜管　　B. 铝管　　C. 铅管　　D. 白铁管

二、简答题

1. 化工管路按照材质如何分类？
2. 什么是复合管？它有什么特点？

任务三　认识化工管件

学习目标

1. 熟悉各种化工管件的名称及用途。
2. 了解常用化工管件的材质分类。
3. 了解化工管路连接的不同方式。

任务引入

化工管件是化工管路的重要零件，化工管件在化工管路系统中起着改变走向、改变标高或改变直径、封闭管端以及由主管引出支管等作用。在石油化工装置中化工管路品种多，管系复杂、形状各异、繁简不同，所采用的化工管件的品种、材质、数量也很多，这就要求化工工艺操作人员认识了解各种化工管件及其特点，以方便进行维护及更换。

任务分析

化工管件是化工管路的连接件，是在管路系统中起连接、控制、变向、分流、密封、支撑等作用的零部件的统称。化工工艺操作人员只有认识各类化工管件，才能更好地熟悉化工管路，熟悉工艺流程。

》相关知识

化工管件可以用来连接化工管子、改变化工管路方向和直径、接出支路和封闭管路等。通常，一个化工管件可以起到上述作用中的一个或多个。例如，弯头既可以连接化工管路，又可以改变化工管路的方向。化工管件一般是采用锻造、铸造或模压的方法制造，化工生产中化工管件的种类很多。

一、化工管件按用途分类

化工管件按照用途可以分为以下几种类型。常用化工管件如图 5-10 所示。

用于化工管子连接的化工管件包括法兰、活接头、管箍、卡套、喉箍等。

改变化工管子方向的化工管件包括弯头。

改变管径的化工管件包括变径（异径管）、异径弯头等。

增加管路分支的化工管件包括三通、四通等。

用于管路密封的化工管件包括垫片、生料带、线麻、法兰盲板、管堵等。

用于管路固定的化工管件包括卡环、拖钩、吊环、支架、托架、管卡等。

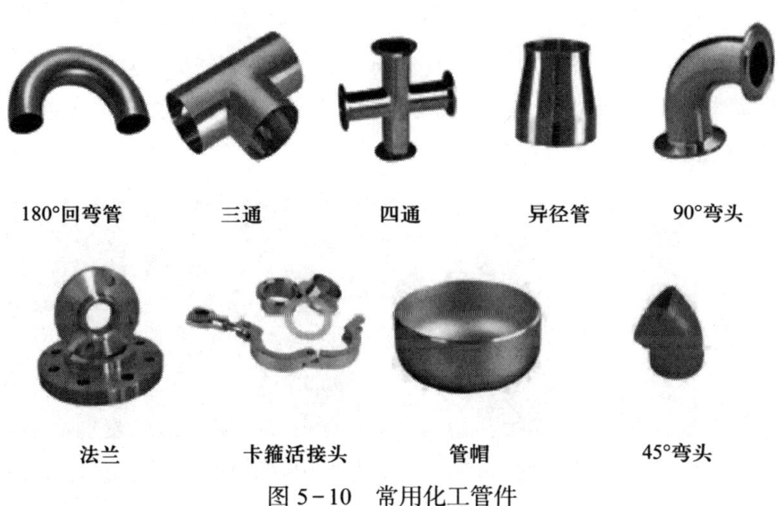

图 5-10　常用化工管件

二、化工管件按材质分类

1. 水管、煤气钢管的化工管件

这类化工管件通常由可锻铸铁制造，适用于公称压力小于 1.6 MPa、温度低于 175 ℃的水、煤气管的连接件。当要求较高时也可用钢制化工管件。水管、煤气钢管的化工管件有活接头、异径管、管帽、三通等。

2. 电焊钢管、无缝钢管和有色金属管的化工管件

这类化工管件已部分标准化，如冲压弯头、异径管、三通等，大多采用化工管子在安装、修理现场加工而成。这些化工管件和化工管子的连接方式有法兰连接和焊接。

3. 铸铁管的化工管件

铸铁管的化工管件有弯头（90°、60°、45°、30°、10°）、三通、四通、异径管（大小头）、管帽等，使用时主要采用承插式连接、法兰连接和混合连接等形式。

4. 塑料管件

塑料管件的材料与化工管子的材料是一致的。有些塑料管件已经标准化，如酚醛塑料管件、ABS 塑料管件，硬聚氯乙烯管材的化工管件可在现场就地制作。塑料管件除采用一般化工管件的连接方法外，还常采用胶黏剂黏结的方法进行连接。

5. 耐酸陶瓷管件

耐酸陶瓷管件主要有弯头（90°、45°）、三通、四通、异径管等，其形状与铸铁管相似，主要连接方式有承插式连接和法兰连接。

【知识窗】

化工管路连接的形式

1. 螺纹连接又称丝扣连接。简单，装卸方便，成本低，适用于小直径水管和水煤气管等。

2. 法兰连接应用最广泛，密封可靠，结合强度高，费用高，适用各种压力温度的化工管路。

3. 承插式连接安装方便，难于拆卸，不耐高温，适用于压力不大的上下水管。

4. 焊接连接成本低、方便、不漏。适用大直径长化工管路，凡不需拆卸地方，都可焊接。

以上四种常用的化工管路连接形式如图 5-11 所示。

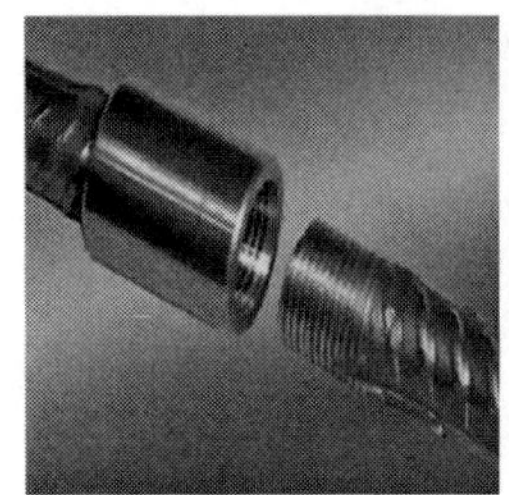

(a) 螺纹连接

(b) 法兰连接

(c) 承插式连接

(d) 焊接连接

图 5-11 常用的化工管路连接形式

【知识拓展】

卡压连接技术

用沟槽式（卡压）接头及配套的沟槽式管件连接金属化工管路是一种全新的工艺方法，是金属化工管路连接的革命。与传统的连接方法相比，沟槽式（卡压）接头连接系统具有结构简单、装卸方便、能承受轴向拉力、允许热膨胀、可使化工管路任意旋转等优点。另外，

沟槽式管件包括弯头、三通、四通、异径管（大小头）、机械三通、机械四通、沟槽式法兰、短管法兰等。这些化工管件都带有沟槽或螺纹，施工时可根据需要任意组合，可满足管路系统千变万化的要求，从而形成复杂的管路网络。沟槽式（卡压）接头的结构如图 5-12 所示。

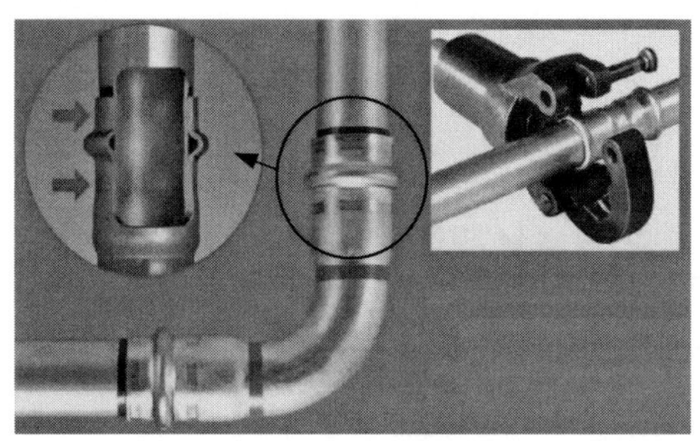

图 5-12　沟槽式（卡压）接头的结构

思考与练习

一、多项选择题

1. 化工管路连接的形式包括（　　）。

A. 螺纹　　B. 法兰　　C. 焊接　　D. 承插式

2. 以下属于化工管件的是（　　）。

A. 三通　　B. 化工管子　　C. 弯头　　D. 管帽

3. 用于管路封闭的化工管件包括（　　）。

A. 法兰盲板　　B. 管堵　　C. 弯头　　D. 接头

二、简答题

1. 化工生产中常用的化工管件有哪几种？
2. 简述化工管路的连接方式及特点。

项目六

化工阀门认知

在化工生产中，化工阀门是非常重要的化工管件。它是用来开关和调节流量及保证安全的重要设备。化工工艺操作人员在日常的生产中需要做的工作之一就是操作各种化工阀门（包括开关、调节开度等）。为了能够顺利地操作化工阀门，化工工艺操作人员必须认识各类化工阀门，了解其参数、型号、原理及标志等知识。

任务一　了解化工阀门基础知识

学习目标

1. 理解化工阀门的定义及作用。
2. 理解化工阀门的基本参数。
3. 了解化工阀门的型号。

任务引入

化工生产工艺流程复杂，化工阀门种类繁多，化工工艺操作人员需要操控各类化工阀门确保顺利完成生产任务。为了更好地操控化工阀门，需要了解化工阀门的基础知识，包括化工阀门的参数、型号等。

任务分析

化工生产涉及很多化工阀门，化工阀门都有使用寿命，因此要求化工工艺操作人员会维

护和更换化工阀门。在更换化工阀门时候，为了选择合适的型号，需要化工工艺操作人员了解化工阀门的基本参数和型号。

相关知识

一、化工阀门的功能

化工阀门是化工管路上的一种重要附件，其功能包括切断或接通介质、调节介质流量、改变介质流向、防止介质回流、调节介质压力。在化工生产中，化工工艺操作人员必须按照规程对化工阀门进行操作，调节介质的流量和压力，确保系统安全稳定地长期运行。

二、化工阀门的基本参数

化工阀门的基本参数包括公称直径、公称压力、工作温度和适用介质。

1. 公称直径

公称直径是指化工阀门与化工管路连接处通道的名义直径，用 DN 和数字表示。例如，DN150 表示化工阀门的公称直径为 150 mm。公称直径表示化工阀门规格的大小，是化工阀门最主要的尺寸参数。

2. 公称压力

公称压力是指与化工阀门机械强度有关的设计压力，是化工阀门在基准温度下允许的最大工作压力，用 PN 和数字表示。例如，PN1.6 表示化工阀门的公称压力为 1.6 MPa。公称压力是化工阀门的名义压力，是化工阀门在基准温度下允许的最大工作压力。

3. 工作温度

由于制作所用的材料不同，化工阀门的耐温能力也有差异。为了保证安全生产，保证化工管路中所用化工阀门不会在规定的工艺条件下产生变形或破裂，必须规定各种材质化工阀门的使用温度，如碳钢阀门的最高工作温度为 723K，不锈钢阀门的最高工作温度为 873K。

4. 适用介质

在化工生产过程中，化工阀门内流通的介质常具有腐蚀性，为了保证生产安全和化工阀门的使用寿命，所用化工阀门必须对所接触介质有足够的化学稳定性。因此，选用化工阀门时必须考虑其材质的耐腐蚀性能，是否适用于所接触的介质。

三、化工阀门的型号

化工阀门型号由七个单元组成，其具体含义见表 6-1。

以 Q941F-16P 为例，Q 代表 1 单元，即化工阀门类型为球阀；9 代表 2 单元，即传动方式中的电-液动方式；4 代表 3 单元，即连接形式中的法兰连接；1 代表 4 单元，即化工阀门的结构形式为直通式；F 代表 5 单元，即密封材料中的氟塑料密封圈；16 代表 6 单元，即公称压力中的一种，此时为 1.6 MPa；P 代表 7 单元，即阀体材料为不锈钢 1Cr18Ni9Ti。

表 6-1　化工阀门型号各单元的具体含义

单元	1 单元	2 单元	3 单元	4 单元	5 单元	6 单元	7 单元
含义	类型代号	传动方式代号	连接形式代号	结构形式代号	阀座密封面或衬里材料代号	公称压力代号	阀体材料代号

【知识窗】

化工阀门的分类

1. 按照用途分类：切断阀（如球阀、闸阀、截止阀等）、调节阀（如减压阀、节流阀等）、止回阀（如升降式、旋启式、蝶式等）、安全阀等。

2. 按驱动形式分类：手动阀、自动阀（如止回阀、安全阀等）、动力驱动阀（如电动、气动阀等）。

3. 按压力分类：真空阀（<0.1 MPa）、低压阀（≤1.6 MPa）、中压阀（2.5～6.4 MPa）、高压阀（10.0～80.0 MPa）、超高压阀（>100.0 MPa）。

4. 按工作介质温度分类：超低温（t<−100 ℃）、低温（−100 ℃≤t≤−40 ℃）、常温（−40 ℃<t≤120 ℃）、中温（120 ℃<t≤450 ℃）、高温（t>450 ℃）。

5. 按连接方式分类：法兰连接、螺纹连接、焊接、卡套式连接等。

【知识拓展】

化工阀门型号

1. 类型代号

类型代号用汉语拼音字母表示，具体见表 6-2。

表 6-2　类型代号

类型	代号	类型	代号
闸阀	Z	旋塞阀	X
截止阀	J	止回阀和底阀	H
节流阀	L	安全阀	A
球阀	Q	减压阀	Y
蝶阀	D	疏水阀	S
隔膜阀	G	柱塞阀	U

注：低温（低于 −40 ℃）、保温（带加热层）和带波纹管的化工阀门在类型代号前分别加汉语拼音字母 D、B 和 W。

2. 传动方式代号

传动方式代号用阿拉伯数字表示，见表 6-3。

表 6-3　**传动方式代号**

传动方式	代号	传动方式	代号
电磁动	0	伞齿轮	5
电磁 - 液动	1	气动	6
电 - 液动	2	液动	7
蜗轮	3	气 - 液动	8
正齿轮	4	电动	9

注：1. 手轮、手柄和扳手传动以及安全阀、减压阀、疏水阀省略本代号。

2. 对于气动或液动：常开式用 6K、7K 表示；常闭式用 6B、7B 表示；气动带手动用 6S 表示；防爆电动用 9B 表示；蜗杆 -T 形螺母用 3T 表示。

3. 连接形式代号

连接形式代号用阿拉伯数字代号表示，见表 6-4。

表 6-4　**连接形式代号**

连接形式	代号
内螺纹	1
外螺纹	2
法兰	4
焊接	6
对夹	7
卡箍	8
卡套	9

4. 结构形式代号

结构形式代号用阿拉伯数字表示。由于化工阀门类型较多，故这里仅列举部分常用化工阀门的结构形式代号，闸阀结构形式代号见表 6-5，截止阀和节流阀结构形式代号见表 6-6，球阀、蝶阀结构形式代号见表 6-7，详情可参照《阀门　型号编制方法》（GB/T 32808—2016）的规定。

表 6-5　**闸阀结构形式代号**

<table>
<tr><th colspan="4">结构形式</th><th>代号</th></tr>
<tr><td rowspan="5">明杆</td><td rowspan="3">楔式</td><td colspan="2">弹性闸板</td><td>0</td></tr>
<tr><td rowspan="6">刚性闸板</td><td>单闸板</td><td>1</td></tr>
<tr><td>双闸板</td><td>2</td></tr>
<tr><td rowspan="2">平行式</td><td>单闸板</td><td>3</td></tr>
<tr><td>双闸板</td><td>4</td></tr>
<tr><td colspan="2" rowspan="2">暗杆</td><td>单闸板</td><td>5</td></tr>
<tr><td>双闸板</td><td>6</td></tr>
</table>

表 6-6　截止阀和节流阀结构形式代号

<table>
<tr><th colspan="2">结构形式</th><th>代号</th></tr>
<tr><td colspan="2">直通式</td><td>1</td></tr>
<tr><td colspan="2">角式</td><td>4</td></tr>
<tr><td colspan="2">直流式（Y 形）</td><td>5</td></tr>
<tr><td rowspan="2">平衡</td><td>直通式</td><td>6</td></tr>
<tr><td>角式</td><td>7</td></tr>
</table>

表 6-7　球阀、蝶阀结构形式代号

<table>
<tr><th>阀门</th><th colspan="4">结构形式</th><th>代号</th></tr>
<tr><td rowspan="6">球阀</td><td rowspan="5">浮动</td><td colspan="3">直通式</td><td>1</td></tr>
<tr><td colspan="2">L 形</td><td rowspan="2">三通式</td><td>4</td></tr>
<tr><td colspan="2">T 形</td><td>5</td></tr>
<tr><td colspan="3">四通式</td><td>6</td></tr>
<tr></tr>
<tr><td>固定</td><td colspan="3">直通式</td><td>7</td></tr>
<tr><td rowspan="3">蝶阀</td><td colspan="4">杠杆式</td><td>0</td></tr>
<tr><td colspan="4">垂直版式</td><td>1</td></tr>
<tr><td colspan="4">斜板</td><td>3</td></tr>
</table>

5. 阀座密封面或衬里材料代号

阀座密封面或衬里材料代号用汉语拼音字母表示，见表 6-8。

表 6-8　阀座密封面或衬里材料代号

阀座密封面或衬里材料	代号	阀座密封面或衬里材料	代号
铜合金	T	渗氮钢	D
橡胶	X	硬质合金	Y
尼龙塑料	N	衬胶	J
氟塑料	F	衬铅	Q
锡基轴承合金（巴氏合金）	B	搪瓷	C
合金钢	H	渗硼钢	P

注：由阀体直接加工的阀座密封面材料代号用 W 表示，当阀座和阀瓣（闸板）密封面材料相同时，用低硬度材料代号表示（隔膜阀除外）。

6. 公称压力代号

公称压力代号需符合《管道元件　公称压力的定义和选用》（GB/T 1048—2019）的规定。

7. 阀体材料代号

阀体材料代号用汉语拼音字母表示，见表 6-9。

表 6-9　**阀体材料代号**

阀体材料	代号
灰铸铁	Z
可锻铸铁	K
球墨铸铁	Q
铜及铜合金	T
WCB	C
Cr5Mo	I
1Cr18Ni9Ti	P
Cr18Ni12Mo2Ti	R
12CrMoV	V

注：PN≤1.6 MPa 的灰铸铁阀体和 PN≥2.5 MPa 的碳素钢阀体省略本代号。

思考与练习

一、单项选择题

1. 化工阀门的公称直径用字母（　　）表示。

A. DN　　B. PN　　C. DS　　D. PS

2. 化工阀门的公称压力用字母（　　）表示。

A. DN　　B. PN　　C. DS　　D. PS

3. 工作介质温度为 100 ℃的化工阀门为（　　）。

A. 低温阀门　　B. 高温阀门　　C. 常温阀门　　D. 中温阀门

二、填空题

1. 化工阀门的基本参数主要包括________、________、________、________。

2. 化工阀门的型号包括____________、____________、____________、____________、____________、____________、____________等七个单元。

三、简答题

1. 请简述化工阀门的定义。

2. 请简述化工阀门的作用。

3. 请简述化工阀门的分类。

任务二　熟悉化工阀门类型与作用

学习目标

1. 理解旋塞阀、球阀、截止阀、闸阀、蝶阀、安全阀、止回阀、疏水阀、减压阀的开关原理。

2. 了解各种化工阀门的特点。

3. 了解各种化工阀门的适用场所。

任务引入

化工生产装置中涉及很多类型化工阀门，这些化工阀门起到调节流量、控制压力、切断介质流动以及保障生产安全等作用。化工工艺操作人员要想更好地操作及维护多种类型化工阀门，就需要了解化工阀门内部的结构及作用。

任务分析

在化工企业生产中，化工工艺操作人员需要对化工阀门进行调控，不同的化工阀门开关的原理和方法不同。化工工艺操作人员需要了解常用化工阀门的结构及特点，才能够进行合理的调控，确保安全地生产。

相关知识

一、旋塞阀

旋塞阀是一种柱塞形的旋转阀门，通过自身旋转 90° 使阀塞上的通道口与阀体上的通道口相通或者分开，实现开启或关闭。

旋塞阀的阀塞形状为圆柱形或圆锥形。在圆柱形阀塞中，通道一般呈矩形；而在圆锥形阀塞中，通道呈梯形。这些形状使旋塞阀变得轻巧，较适用于切断和接通介质以及分流，但是依据适用的性质和密封面的耐冲蚀性，有时也可用于节流。常用旋塞阀的外观和结构如图 6-1 所示。

二、球阀

球阀由旋塞阀演变而来，它也通过旋转 90° 进行开关动作。球阀只需要用很小的转矩就能关闭严密。完全平等的阀体内腔为介质提供了阻力很小、直通的流道。

球阀是利用球体的旋转来实现开启、关闭的一种阀门。球阀在化工管路中主要用来切

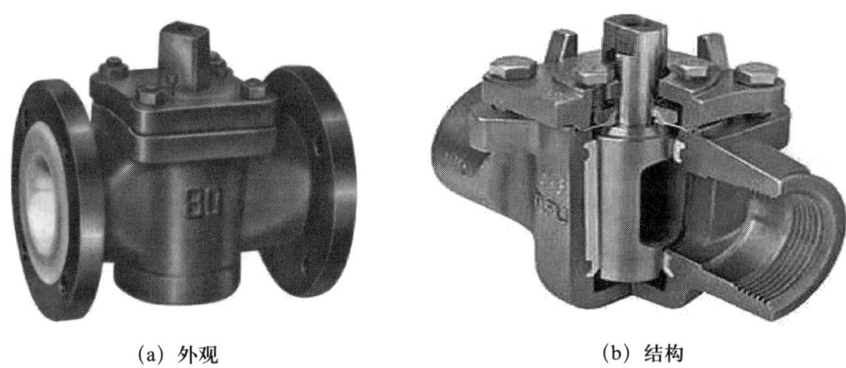

(a) 外观　　(b) 结构

图 6－1　常用旋塞阀的外观和结构

断、分配和改变介质的流动方向。球阀是近年来被广泛采用的一种新型阀门。其有众多优点：具有较低的流阻；因在工作时不会卡住（在无润滑剂时），故能应用于腐蚀性介质和低沸点液体；在较大的压力和温度范围内，能实现完全密封；可实现快速开关，某些结构的开关时间仅为 0.05～0.1 s，以保证能用于试验台的自动化系统中。此外，快速开关时，操作无冲击；在全开和全闭时，球体和阀座的密封面与介质隔离。因此，高速通过球阀的介质不会引起密封面的侵蚀。

球阀的主要特点是本身结构紧凑，易于操作和维修，不仅适用于水、溶剂、酸和天然气等一般工作介质，而且适用于氧气、过氧化氢、甲烷和乙烯等条件恶劣的工作介质。常用球阀的结构如图 6－2 所示。

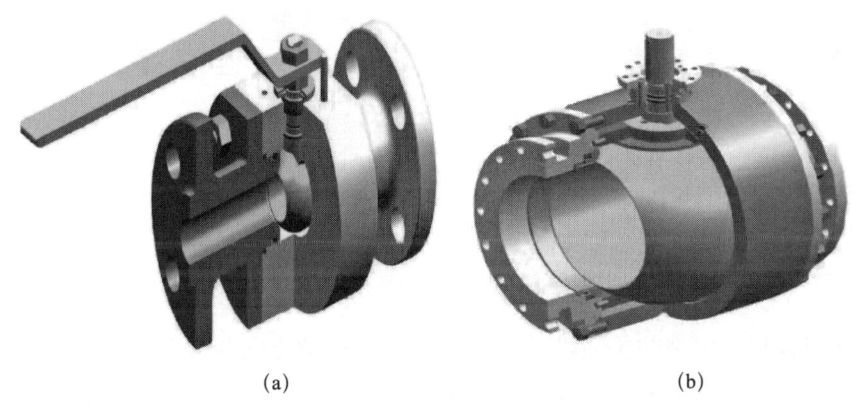

(a)　　(b)

图 6－2　常用球阀的结构

三、截止阀

截止阀又称截门，是使用最广泛的一种化工阀门。截止阀的闭合原理是，依靠阀杆压力使阀瓣密封面与阀座密封面紧密贴合，阻止介质流通。截止阀对其所在的化工管路中的介质起着切断和节流的重要作用。截止阀作为一种极其重要的截断类化工阀门，其通过对阀杆施加扭矩，使阀杆在轴向方向上向阀瓣施加压力，将阀瓣密封面与阀座密封面紧密贴合，阻止介质沿密封面之间的缝隙泄漏，以实现密封。

截止阀的安装要参考介质的流向，注意保持化工管路介质的低进高出，即从下向上流过阀座口。这样安装的目的是减少阀体内介质阻力从而降低化工阀门开关力，同时在化工阀门关闭时，保证阀杆、填料函不与介质接触，减少损坏和泄漏的发生。

使用截止阀时应注意，阀杆操作无法用人手完成时，可使用专用的 F 扳手代替，但在 F 扳手仍无法开启的情况下，切勿使用加长扳手强行开闭，以避免化工阀门的损坏，甚至导致安全事故的发生。在应用于中压蒸汽管路时，在开启前需进行冷凝水排除，之后对化工管路进行蒸汽预热，这样做的目的是避免温度、压力突然变化引起的密封件损坏，在确定状态稳定后可将压力调至所需水平。

截止阀具有结构简单，制造和维修比较方便；工作行程短，开关时间短；密封性好，密封面间摩擦力小；使用寿命较长等优点。截止阀在实际生产中主要用于介质为水、蒸汽、压缩空气等的化工管路，不宜应用于介质黏度大、易结晶的化工管路。常用截止阀的外观和结构如图 6-3 所示。

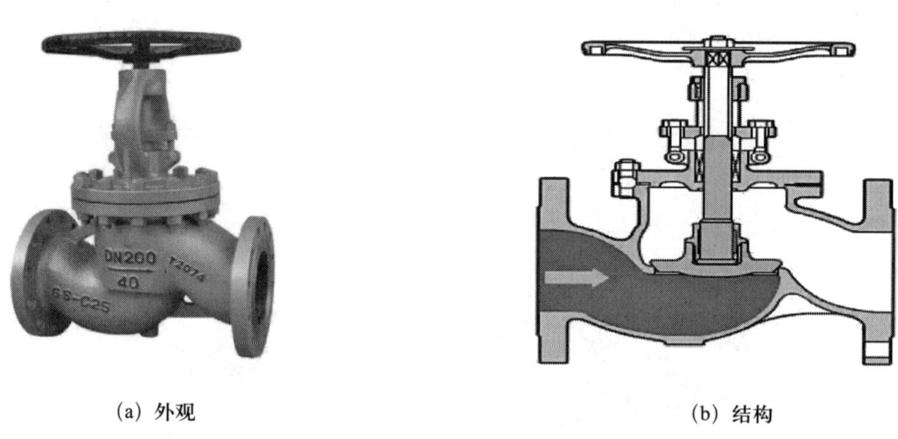

(a) 外观　　(b) 结构

图 6-3　常用截止阀的外观和结构

四、闸阀

闸阀又称闸板阀，闸阀的关闭件是闸板，闸板的运动方向与介质的流向相垂直，闸阀只能全开和全关，不能用于调节和节流。当阀板升起或落下时闸阀即开启或关闭，是常用的截断类化工阀门之一。

闸阀的流体阻力小，开关所需外力较小，介质的流向不受限制，全开时密封面受介质的冲蚀比截止阀小。闸阀的结构比较简单，铸造工艺性较好。闸阀的外形尺寸和开启高度都较大，安装所需空间较大；开关过程中，密封面间有相对摩擦，容易引起擦伤。闸阀一般有两个密封面，给加工、研磨和维修增加了一些困难。

闸阀自身结构独特，介质阻力相对蝶阀更小，在高温、低温、高压、低压等工况都可以使用。在蒸汽管道和大直径的给水管道中，由于需要较高的密封性能，较小介质阻力，适宜使用闸阀。常用闸阀如图 6-4 所示。

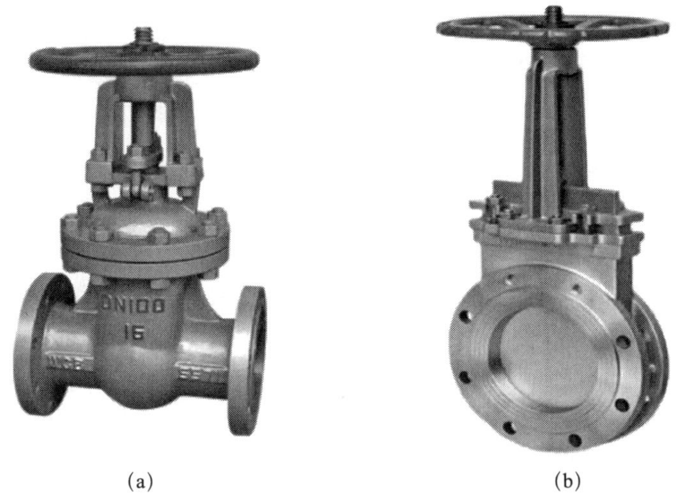

(a)　　(b)

图 6-4　常用闸阀

五、蝶阀

蝶阀又称翻板阀，是节流阀的一种。蝶阀主要由阀体、阀板、阀杆、密封圈等零部件组成。蝶阀的关闭件是圆盘式阀板，圆盘式阀板绕其轴往复旋转 90° 左右实现开启、关闭化工阀门，板轴垂直于介质的流向。

化工阀门开关方便、迅速、省力，介质阻力较小时，可以经常操作；结构简单、外形长度较短，质量较轻，适用于大口径的化工阀门；调节性能好；全开时阀座通道有效流通面积较大，介质阻力较小；安装方便；操作灵活省力，可选择手动、电动、气动、液压方式。但蝶阀的使用压力和工作温度范围小，密封性较差。

蝶阀作为一种用来实现管路系统通断及介质流量控制的部件已在石油、化工、冶金、水电等众多领域中得到极为广泛的应用。常用蝶阀如图 6-5 所示。

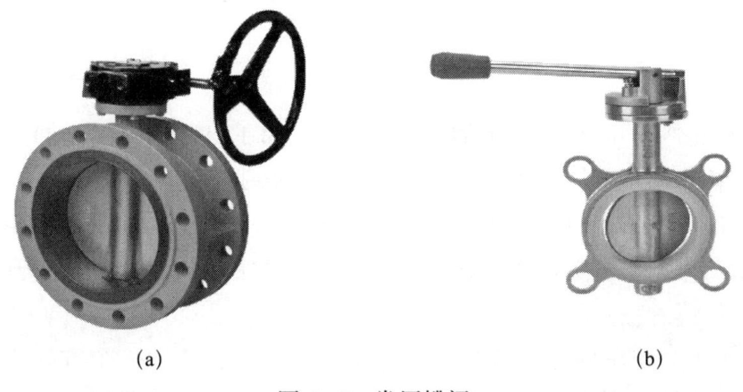

(a)　　(b)

图 6-5　常用蝶阀

六、安全阀

安全阀是为了防止设备、容器内压力超过限度而发生爆裂的安全装置。安全阀属于自动阀类，主要由阀座、阀瓣（阀芯）和加载机构三部分组成。当容器压力超过设计规定时，安全阀阀瓣自动开启，排出介质，使容器内的过高压力降低，防止容器或管线破坏；而当容器内的压力降至正常操作压力时，即自动关闭，避免因容器超压排出全部介质而造成浪费和生产中断。

当容器内有气、液两相物料时，安全阀应装在容器顶部气相部位；当物料为可燃液体时，安全阀的出口应与事故储罐相连；当物料是高温可燃物时，其接收容器应有相应的防护设施。对于就地放空的安全阀，放空口应高出操作人员 1 m 以上且不应朝向 15 m 以内的明火地点、散发火花地点及高温设备。室内设备、容器的安全阀放空口应引出房顶，并高出房顶 2 m 以上。当安全阀入口有隔断阀时，隔断阀应处于常开状态，并要加以铅封，以免出错。

安全阀是压力容器、锅炉、压力管道等压力系统广泛使用的一种安全装置，可保证压力系统安全运行。常用安全阀的外观和结构如图 6-6 所示。

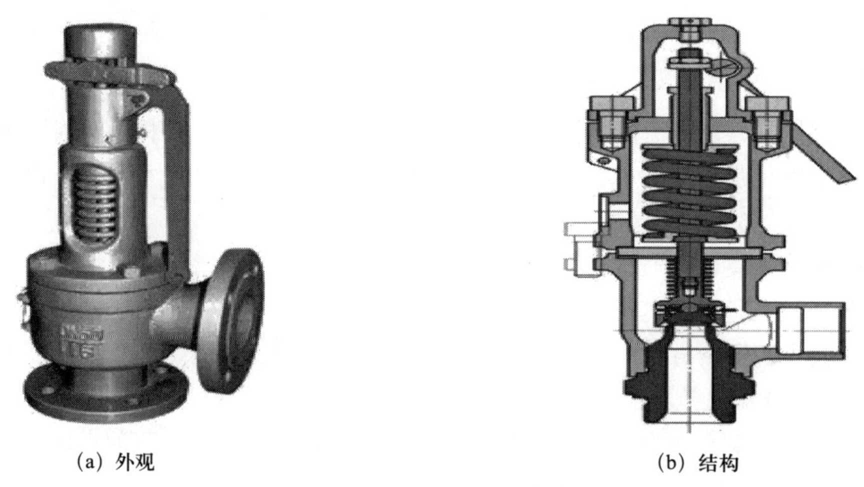

(a) 外观　　(b) 结构

图 6-6　常用安全阀的外观和结构

七、止回阀

止回阀又称逆止阀、单向阀、回流阀或隔离阀，属于自动阀类。止回阀是指关闭件为圆形阀瓣并靠自身重力及介质压力产生动作来阻断介质倒流的一种化工阀门。介质从进口端（下侧）流入，从出口端（上侧）流出。当进口压力大于阀瓣重力及其流动阻力之和时，止回阀被开启；反之，介质倒流时止回阀则关闭。止回阀按结构划分，可分为升降式、旋启式和蝶式三种。

止回阀主要用于介质单向流动的化工管路上，只允许介质向一个方向流动，以防止发生事故。在化工管路系统中不要让止回阀承受过大压力，大型的止回阀应独立支撑，使之不受化工管路系统产生的压力的影响。止回阀安装时注意介质的流向应与阀体所标箭头方向一致。

升降式垂直瓣止回阀应安装在垂直化工管路上，升降式水平瓣止回阀应安装在水平化工管路上。常用升降止回阀的外观和结构如图 6-7 所示。

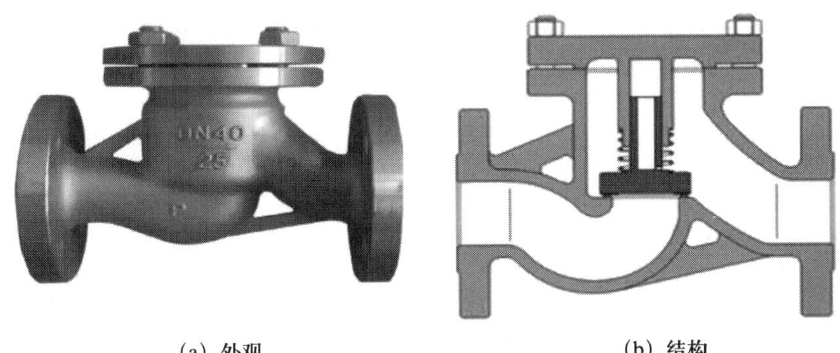

(a) 外观　　(b) 结构

图 6-7　常用升降止回阀的外观和结构

八、疏水阀

疏水阀又称疏水器、排水阀，是一种间歇、自动的化工阀门。疏水阀是一种能自动排放凝结水，阻止蒸汽排出的机械装置。疏水阀安装在蒸汽加热设备与凝结水回水集管之间。开启时，桶在底部，化工阀门全开。凝结水先进入疏水阀流到桶底，充满阀体，至全部浸没桶体，然后凝结水通过全开的化工阀门排至回水集管。蒸汽也从桶体底部进入疏水阀，占据桶体内的顶部，产生浮力。桶体慢慢升起，逐渐向阀座方向移动杠杆，直到完全关闭化工阀门。

利用蒸汽的设备，其内部肯定要产生凝结水，凝结水则成为有害的介质，同时会混入空气和其他不可凝气体，成为设备产生故障和降低性能的原因。疏水阀最重要的功能是迅速排除产生的凝结水，防止蒸汽泄漏，并排除空气及其他不可凝气体。常用疏水阀的外观和结构如图 6-8 所示。

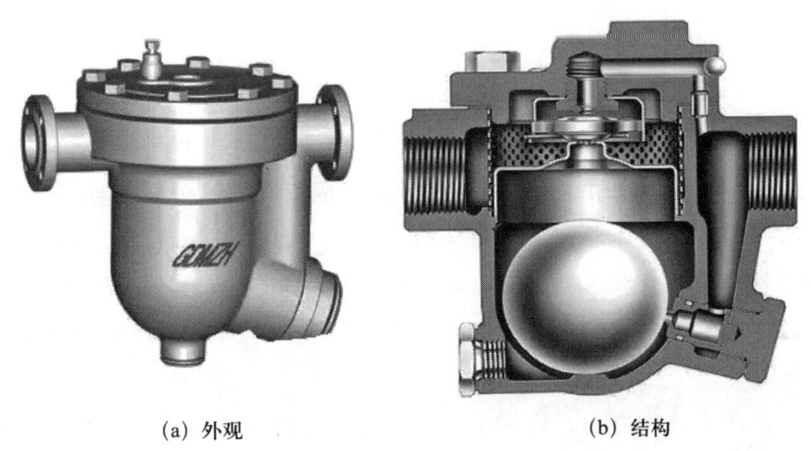

(a) 外观　　(b) 结构

图 6-8　常用疏水阀的外观和结构

九、减压阀

减压阀是通过调节进口压力将出口压力降至某一需要值，并依靠介质本身的能量，使出口压力自动保持稳定的化工阀门。减压阀是一种自动降低化工管路工作压力的专门装置，它可将阀前管路较高的压力降至阀后管路所需的水平。减压阀是一个局部阻力可以变化的节流元件，即通过改变节流面积，使介质流速改变，产生不同的压力损失，从而达到减压的目的。

在物理化学实验中，经常要用到氧气、氮气、氢气、氩气等气体。减压阀广泛应用于储气专用的高压气体钢瓶，可将气体压力降至所需范围。另外，减压阀还广泛用于高层建筑、城市给水管网水压过高的区域、矿井及其他场合，以保证给水系统中各用水点获得适当的服务水压和流量。常用减压阀的外观和结构如图 6-9 所示。

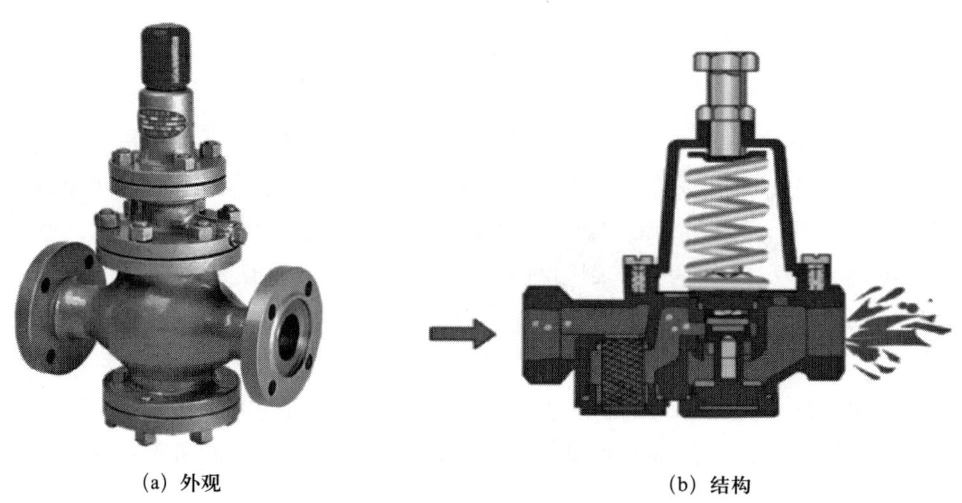

(a) 外观　　(b) 结构

图 6-9　常用减压阀的外观和结构

【知识拓展】

隔膜阀

隔膜阀的结构形式与一般化工阀门大不相同，是一种特殊形式的新型截断类化工阀门，它的关闭件是一块用软质材料制成的隔膜，依靠柔软隔膜来控制介质运动。

橡胶隔膜的四周夹在阀体与阀盖的结合面间，把阀体与阀盖的内腔隔开。隔膜中间凸起的部位用螺钉或销钉与阀盘相连接，阀盘与阀杆通过柱销连起来。转动手轮，使阀杆沿上下方向移动，并通过阀盘带动隔膜做升降运动；调节隔膜与阀座的间隙，即可控制介质的流速或切断化工管路。

隔膜阀对介质产生的阻力小，能用于含硬质悬浮物的介质，由于介质只与阀体和隔膜接触，所以无须填料函，不存在填料函泄漏问题，对阀杆部分无腐蚀可能，适用于有腐蚀性、黏性、浆液介质，不能用于压力较高的场合。常用隔膜阀的外观和结构如图 6-10 所示。

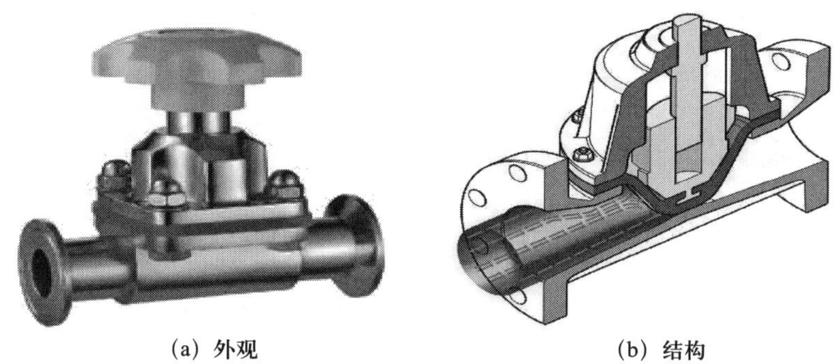

(a) 外观　　(b) 结构

图 6-10　常用隔膜阀的外观和结构

思考与练习

一、单项选择题

1. 自动排放凝结水，阻止蒸汽排出机械装置的化工阀门是（　　）。

A. 闸阀　　B. 止回阀　　C. 疏水阀　　D. 减压阀

2. 为了防止压力设备和容器或易引起压力升高或容器内部压力超过限度而发生爆裂的安全装置是（　　）。

A. 闸阀　　B. 安全阀　　C. 疏水阀　　D. 减压阀

3.（　　）的启闭件是一块用软质材料制成的隔膜，依靠柔软隔膜来控制流体运动。

A. 隔膜阀　　B. 安全阀　　C. 疏水阀　　D. 止回阀

二、判断题

1. 闸阀的安装具有方向性。（　　）

2. 隔膜阀的关闭件不会发生形变。（　　）

3. 截止阀的安装要参考流体的方向，注意保持化工管路流体的低进高出，即从下向上流过阀座口。（　　）

任务三　认识常用化工阀门标志

学习目标

1. 了解常用化工阀门的涂色。

2. 能识读常用化工阀门阀体上的标志。

3. 熟悉化工阀门上的转向、开关、开度等标志。

任务引入

一套化工生产装置，涉及很多种类和数量的化工阀门，那么这些化工阀门的颜色是不是相同？化工阀门上有一系列数字，这些数字代表什么意思？化工工艺操作人员只有识读这些化工阀门的标志和颜色，才能更好理解化工阀门应用场所。

任务分析

化工企业的化工阀门颜色、标志各不相同，化工工艺操作人员要想了解其意义，就需要从化工阀门的材质、密封面和传动方式入手。化工阀门的标志一般在阀体表面，化工工艺操作人员需要了解通用标志代表的意义。

相关知识

一、化工阀门的涂色

化工阀门外表面应涂色，涂色层应耐久、美观，并保证标志明显清晰。为了便于识别，不同类型的化工阀门，涂色一般不同。

1. 阀体

化工阀门产品按阀体材料进行涂色，其颜色应符合《工业阀门　标志》(GB/T 12220—2015)，见表 6-10。

表 6-10　　阀体材料的涂色

阀体材料	灰铸铁、可锻铸铁	球墨铸铁	碳素钢	耐酸钢、不锈钢	合金钢
涂色	黑色	银色	中灰色	天蓝色	中蓝色

注：耐酸钢、不锈钢允许不涂色，铜合金不涂色。

2. 密封面

为了表示化工阀门产品密封面的材料，应在传动的手轮、手柄、扳手上进行识别涂色，其颜色应符合《工业阀门　标志》(GB/T 12220—2015)，见表 6-11。

表 6-11　　阀体密封材料的涂色

密封面材料	涂色	密封面材料	涂色
铜合金	大红色	硬质合金	天蓝色
巴氏合金	淡黄色	蒙耐尔合金	深黄色
耐酸钢不锈钢、渗氮钢渗硼钢	天蓝色	塑料	紫红色
铸铁	黑色	橡胶	中绿色

注：1. 阀座和关闭件密封面材料不同时，按低硬度材料涂色。

2. 止回阀涂在阀盖顶部，安全阀、减压阀、疏水阀涂在阀罩或阀帽上。

3. 操作件、驱动装置

化工阀门操作件、驱动装置（气动、液动、电动等）涂漆的颜色按企业标准的规定或按订货合同的要求执行。

二、化工阀门的标志

1. 通用阀门标志（见图 6－11）

图 6－11　通用阀门标志

通用阀门必须使用的和可选择使用的标志项目见表 6－12。

表 6－12　　通用阀门的标志

项目	标志	项目	标志
1	公称通径（DN）	11	标准号
2	公称压力（PN）	12	熔炼炉号
3	受压部件材料代号	13	内件材料代号
4	制造厂名或商标	14	工位号
5	介质流向的箭头	15	衬里材料代号
6	密封环（垫）代号	16	质量和试验标记
7	极限温度（单位．℃）	17	检验人员印记
8	螺纹代号	18	制造年、月
9	极限压力	19	流动特性
10	生产厂编号	—	—

注：阀体上的公称压力铸字标志值等于 10 倍的兆帕（MPa）数，设置在公称通径数值的下方时，其前不冠以代号 PN。

通用阀门标志的具体要求有以下几方面。

（1）公称通径大于或等于 50 mm 的化工阀门，表中的项目 1～4 是必须使用的标志，应标记在阀体上；公称通径小于 50 mm 的化工阀门，表中的项目 1～4 项是必须使用的标志，应标记在阀体或铭牌上，由产品设计者规定。

（2）表中的项目 5 和 6 只有当某类化工阀门标准中有此规定时才是必须使用的标志，应分别标记在阀体及法兰上。

（3）如果各类化工阀门标准中没有特殊规定，则表中的项目 7～19 是按需选择使用的标志。当需要时，可标记在阀体或铭牌上。

2. 附加标志

（1）在不同位置可以附加表 6－12 中任何一项标志。例如，设在阀体上的任何一项标志，都可以重复设在铭牌上。

（2）只要附加标志不与表 6－12 中的标志发生混淆，就可以附加其他任何标志，如产品型号等。

对于减压阀的标志，在阀体上的标志除按表 6－12 中规定的外，还应有出厂日期、适用介质、出口压力。

疏水阀的标志可设在阀体上，也可设在铭牌上。疏水阀必须使用的标志包括产品型号、公称通径、公称压力、制造厂名称和商标、介质流动方向、最高工作压力、最高工作温度；可选择使用的标志包括阀体材料、最高允许压力、最高允许温度、最高排水温度、出厂编号、日期。

3. 手轮旋向的标志

如果手轮尺寸足够大，手轮上应设指示化工阀门关闭方向的箭头或附加“开”“关”（中英文都可）指示。箭头指示的方向为手轮旋转化工阀门开启或关闭的方向。常用手轮转向标志如图 6－12 所示。

4. 化工阀门开关沟槽的标志

球阀、蝶阀阀杆和旋塞阀旋塞的方头端面上刻有一条沟槽，若沟槽指示方向与化工阀门进出口方向一致，则表示化工阀门开启；若沟槽指示方向与化工阀门进出口方向垂直，则表示化工阀门关闭。通过沟槽所指方向，可判断化工阀门开关情况。化工阀门开关沟槽标志如图 6－13 所示。

图 6－12　常用手轮转向标志

图 6－13　化工阀门开关沟槽标志

5. 化工阀门开度指示器

节流阀、暗杆闸阀、调节阀、蝶阀等化工阀门上装有反映化工阀门开关程度的化工阀门开度指示器。化工阀门开度指示器有圆盘式、标尺式等形式，装配在手轮、阀杆、支架上，当开度指示为零时，表示化工阀门关闭。带开度指示器的化工阀门如图 6－14 所示。

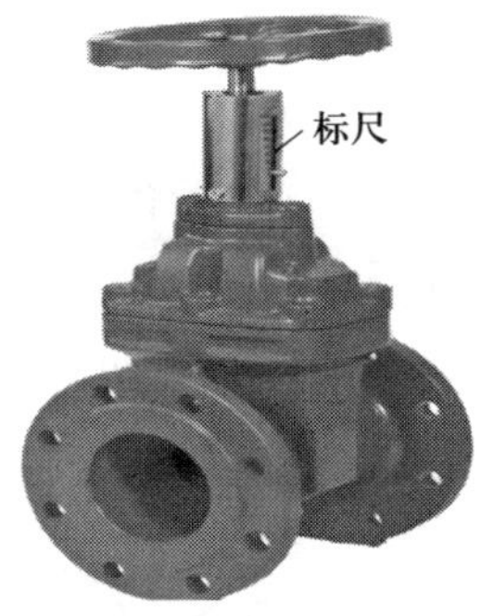

图 6-14　带开度指示器的化工阀门

【知识拓展】

化工阀门的识别

通常，化工阀门形状为偏人字形的为截止阀、节流阀和升降式止回阀。其中，阀瓣不带锥形、无化工阀门开度指示器的为截止阀，阀瓣呈锥形、有开度指示器的为节流阀，无网杆的是升降式止回阀。

化工阀门形状为正人字形、通道内有衬里的为隔膜阀（屋脊式）；阀体正中呈圆柱形、通道为直通式、关闭件为板状、阀体较高的为闸阀；阀体正中呈圆锥形、阀杆短、关闭件呈圆锥形的为旋塞阀；阀体一般由两半组成、网杆短、关闭件呈球形的为球阀；阀体由两半组成、无圆杆、口径大、阀体内有两个以上阀瓣的为旋启式多瓣止回阀；化工阀门底部一般呈球面漏斗形、上部开口的为底阀（止回阀中的一种）；阀体呈偏鼓形、无阀杆、阀瓣绕固定轴旋转的为旋启式止回阀；阀体呈短管状、有圆杆、关闭件呈蝶形且绕固定轴旋转的为蝶阀。

通常，阀体通道呈直角，阀杆上有弹簧，并有铅封标志的是弹簧式安全阀；带有杠杆和重锤的是杠杆式安全阀；阀体形状与众不同、无阀杆、阀内结构特殊的是疏水阀。小口径的锻造阀门，其阀体外形区别不大，可以从有无阀杆和从通道中观察关闭件加以识别。

三通或四通阀门一般为球阀和旋塞阀，视其关闭件呈球形或圆锥形加以区别。根据化工阀门的外形和通道情况，可进一步识别各类化工阀门的结构形式。例如，安全阀的阀体上有两根定位螺杆，从通道中可观察到阀瓣上有反冲盘；阀座上有调节圈的是全启式，只有调节圈或无调节圈和无反冲盘的为微启式。又如闸阀，经手动开启，便可分辨此化工阀门是单阀板还是双闸板的，是楔形还是平行的。

思考与练习

一、单项选择题

1. 不锈钢材质化工阀门的阀体涂色为（　　）。

A. 黑色　　B. 银色　　C. 天蓝色　　D. 中灰色

2. 铸铁材质化工阀门的阀体涂色为（　　）。

A. 黑色　　B. 银色　　C. 天蓝色　　D. 中灰色

3. 密封面材质为铜合金的化工阀门，手轮手柄涂色为（　　）。

A. 天蓝色　　B. 大红色　　C. 黑色　　D. 中绿色

二、填空题

1. 如果化工阀门的手轮尺寸足够大，手轮上应设指示化工阀门关闭方向的箭头或附加“开”“关”（中英文都可）指示。箭头指示的方向为手轮旋转化工阀门________的方向。

2. 球阀、蝶阀阀杆和旋塞阀旋塞锥的方头端面上刻有一条沟槽，若沟槽指示方向与化工阀门进出口方向________，则表示化工阀门开启；若沟槽指示方向与化工阀门进出口方向垂直，则表示化工阀门________。

3. 化工阀门开度指示器有圆盘式和标尺式等形式，装配在手轮、阀杆、支架上。当开度指示为________时，表示化工阀门关闭。

项目七

化工动设备认知

化工生产中为了将原料加工成一定规格的成品，往往需要经过原料预处理、化学反应以及反应产物的分离和精制等一系列过程。这些过程要通过各种单元操作来实现，实现这些过程所用的运转机械常常被划归为化工动设备。化工工艺操作人员要熟知化工动设备在化工企业中的应用及分类，掌握化工动设备的原理、结构及在生产运行中的注意事项。

任务一　了解化工动设备基础知识

学习目标

1. 了解化工动设备在化工企业中的应用。
2. 熟悉化工动设备的分类。
3. 能在化工生产中正确区分各种类型的化工动设备。

任务引入

一套化工生产装置由若干化工管路和设备组成，如果把化工管路比作人体的血管，那么化工动设备就好比是人体的心脏。化工工艺操作人员进入生产岗位后要熟知化工动设备的类型和工作原理，以及会熟练操作各种化工动设备。

任务分析

为了保证化工生产的正常运行，化工工艺操作人员必须能正确操作各种化工动设备且能维持其正常的运行。要正确操作各种化工动设备，需要从了解化工动设备的基础知识入手。

相关知识

一、化工动设备的定义和作用

1. 化工动设备的定义

化工动设备是指主要作用部件为运动部件的机械，如流体输送机械中的离心泵、活塞泵、离心式压缩机以及活塞压缩机等。这些设备因具有运动部件而被称为动设备。

2. 化工动设备的作用

各类化工动设备在化工工艺流程中的作用就如同人的心脏一样，通过转动使各种生产原料、半成品及成品（气体或液体）等源源不断地流经化工管路，输送到化工设备中。这些设备运转的好坏，直接影响到整个装置、系统能否平稳运行。

二、化工动设备的分类

1. 按工作原理分类

（1）离心类设备依靠机械运动、高速转动转子在离心力的作用下，使吸入叶轮内的物料达到一个很高的速度，高速物料进入扩压器中逐渐降速，使动能转化为静压能，从而提高物料的压力。广泛应用于石油、化工、石化装置中的离心类设备有离心泵、旋涡泵、离心式压缩机、离心式风机以及轴流式风机。

（2）往复类设备依靠曲轴、连杆、活塞等部件的往复运动，直接使物料在缸体内的体积发生变化，实现提高输送物料的压力。石油、化工、石化装置中的往复类设备有往复泵、柱塞泵、计量泵以及往复式压缩机。

2. 按用途分类

（1）用来输送液体或气体的设备，如各类泵和压缩机等。

（2）起重类设备，如桥式吊车、电动葫芦等。

（3）安装在容器和反应器上，用于搅拌、混合物料的搅拌类设备，如各种搅拌机。

（4）输送固体物料的输送类设备，如带式输送机。

（5）纺织行业用纺织设备，如卷曲机、牵伸机、织机等。

（6）油田采油用的采油设备，如抽油机、泥浆泵、长输管道输油泵等。

（7）其他用途的设备，如过滤机、离心分离机等。

【知识拓展】

化工生产对化工设备的基本要求

一、工艺性能要求

由于化工设备是为化工工艺服务的，所以化工设备的结构形式和性能特点应能实现在指定的生产条件（如压力、温度、介质特性等的要求）下完成指定的生产任务。首先应达到工艺指标，如反应设备的反应速度、换热设备的传热量、塔设备的传质效率、储存设备的储存量等；其次应有较高的生产效率和较低的资源消耗。

二、安全性能要求

化工生产的特点要求化工设备必须有足够的安全性。国内外生产实践表明，化工设备发生事故相当频繁，而且事故的危害性极大。为了保证安全可靠地运行，防止事故的发生，化工设备必须具有足够的强度和刚度，良好的韧性、耐腐蚀性和可靠的密封性。

三、使用和经济性能要求

在满足工艺性能要求和安全性能要求的前提下，要尽量做到适用和经济合理。要求设备结构合理、制造简单、成本低廉，运输与安装方便，操作、控制及维护简便，基本建设投资和日常维护、操作费用低，以获得较好的综合经济效益。

思考与练习

一、单项选择题

下列选项中的（　　）属于化工动设备。

A. 化工压力容器　　B. 计量槽　　C. 换热器　　D. 离心泵

二、填空题

化工动设备按工作原理分为________和________。

三、简答题

1. 简述化工动设备的定义。
2. 简述化工动设备的分类。

任务二　认识泵

学习目标

1. 了解泵在日常生活和化工企业中的应用。
2. 熟悉泵的分类。
3. 掌握离心泵的工作原理和性能参数。
4. 能在日常生活和生产中正确区分各种类型的泵。

任务引入

人们日常生活中的高楼供水、消防专用管路供水、冬季取暖锅炉供水，石油化工企业的液体输送等，都是通过泵来提高液体的扬程，使其具有一定的高度和压力。

任务分析

为了保证化工生产的稳定运行，化工工艺操作人员必须能正确操作各类泵设备并维持其高效运转。要掌握泵设备的规范操作，需要从系统学习泵的基础知识入手。

相关知识

一、泵的基础知识

1. 泵的应用

泵是用来输送液体并增加液体能量的一种机械。它能够将液体从低处送往高处，从低压升为高压，或者从一个地方送往另一个地方。通常，它以一定的方式将来自原动机的机械能传递给被送液体，使液体的能量（如位能、压力能或动能）增大，依靠泵内被送液体与液体接纳处之间的能量差，将被送液体压送到液体接纳处。

泵主要用来输送水、油、酸碱液、乳化液、悬浮液和液态金属等液体，也可输送液、气混合物及含悬浮固体物的液体。

2. 泵的分类

（1）按工作原理分类。

①离心式泵：利用高速旋转的叶轮使流体获得能量，包括离心泵、轴流泵和旋涡泵。

②容积式泵：利用活塞或转子的挤压使流体升压以获得能量，包括往复泵、旋转泵。

③流体作用式泵：利用另一种流体在运动中能量的变化来输送流体，如喷射泵等。

（2）按使用条件分类。

①大流量泵与微流量泵：流量分别为 300 000 L/min 和 0.01 L/h。

②高温泵与低温泵：高温达 500 ℃，低温至 −253 ℃。

③高压泵与低压泵：出口压力低于 2 MPa 的称为低压泵，在 2～6 MPa 之间的称为中压泵，高于 6 MPa 的称为高压泵。

④高速泵与低速泵：高速达 24 000 r/min，低速至 5～10 r/min。

（3）按输送液体分类。

①水泵：包括清水泵、锅炉给水泵、凝水泵、热水泵等。

②耐蚀泵：包括不锈钢泵、高硅铸铁泵、陶瓷耐酸泵、不透性石墨泵、衬硬氯乙烯泵、屏蔽泵、隔膜泵、钛泵等。

③杂质泵：包括液浆泵、砂泵、污水泵、煤粉泵、灰渣泵等。

二、离心泵

1. 离心泵的结构及各部件作用

离心泵的结构示意图如图 7-1 所示。离心泵主要由叶轮、泵壳和轴封装置三部分构成。

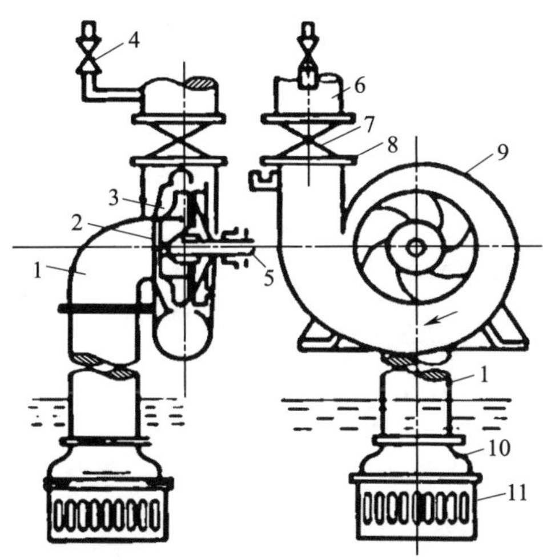

图 7-1　离心泵的结构示意图

1—吸入管；2—吸入口；3—叶轮；4—排液阀；5—泵轴；6—排出管；7—调节阀；8—排出口；9—泵壳；10—底阀；11—滤网

（1）叶轮。叶轮是离心泵的核心部分，它一般由 6～12 片后弯叶片组成。叶轮的作用是将原动机的机械能直接传给液体，以增加液体的静压能和动能（主要增加静压能）。

叶轮按其机械结构可分为开式（敞式）、半闭式和闭式三种，如图 7-2 所示。开式叶轮的叶片两侧无盖板，制造简单、清洗方便，适用于输送含有较大量悬浮物的液体，但效率较低，输送的液体压力不高；半闭式叶轮在吸入口一侧无盖板，而在另一侧有盖板，适用于输送易沉淀或含有颗粒的液体，效率也较低；闭式叶轮的叶片两侧都有盖板，由于效率较高，得到广泛应用，一般适用于输送不含颗粒杂质的清洁液体。

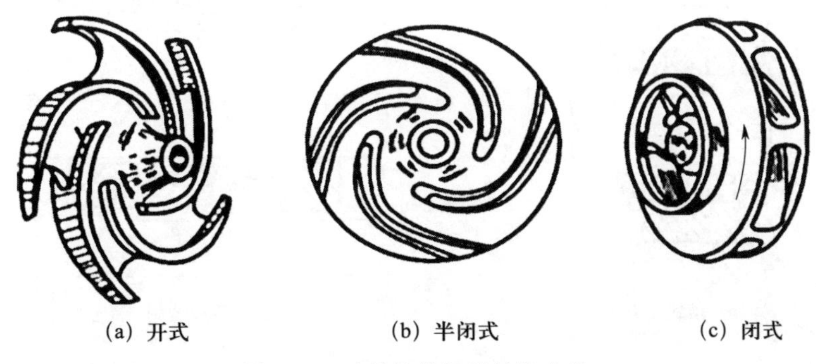

(a) 开式　(b) 半闭式　(c) 闭式

图 7-2　叶轮按其机械结构分类

叶轮按其吸液方式可分为单吸式和双吸式两种，如图 7-3 所示。单吸式结构简单，液体仅从一侧吸入；双吸式结构较为复杂，液体从两侧吸入，具有较强的吸液能力。

（2）泵壳。离心泵的泵壳多做成蜗壳形，故又称蜗壳。泵壳的作用是将叶轮封闭在一定的空间，以便由叶轮的作用吸入和压出液体。由于流道截面积逐渐扩大，故从叶轮四周甩出的高速液体逐渐降低流速，使部分动能有效地转换为静压能。泵壳不仅汇集由叶轮甩出的液体，同时是一个能量转换装置。泵壳及泵壳内液体的流动状况如图 7-4 所示。

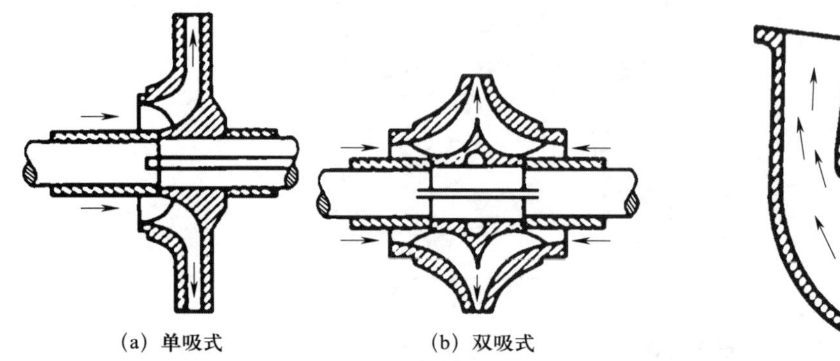

图 7-3　叶轮按吸液方式分类

图 7-4　泵壳及泵壳内液体的流动状况

（3）轴封装置。由于泵轴转动而泵壳固定不动，在泵轴和泵壳的接触处必然有一定间隙。为避免泵内高压液体沿间隙漏出，或防止外界空气从相反方向进入泵内，必须设置轴封装置。离心泵的轴封装置有填料密封和机械密封两种。填料密封是将泵轴穿过泵壳的环隙做成密封圈，于其中装入软填料（如浸油或涂石墨的石棉绳等），如图 7-5（a）所示。机械密封是由一个装在泵轴上的动环和一个固定在泵壳上的静环构成。两环的端面借弹簧力互相贴紧而做相对转动，起到密封的作用，如图 7-5（b）所示。机械密封适用于密封较高的场合，如输送酸、碱，易燃、易爆及有毒的液体。

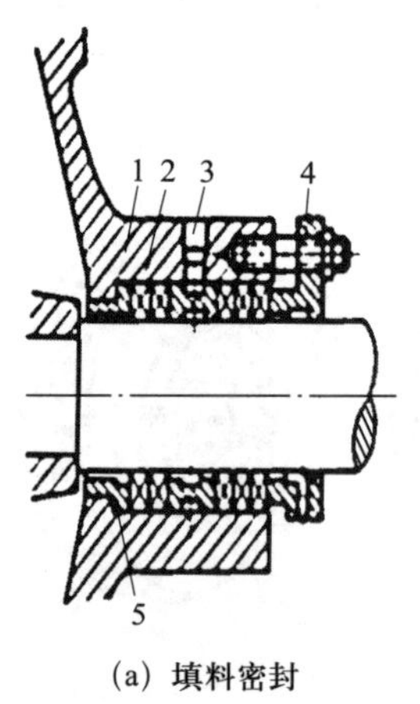

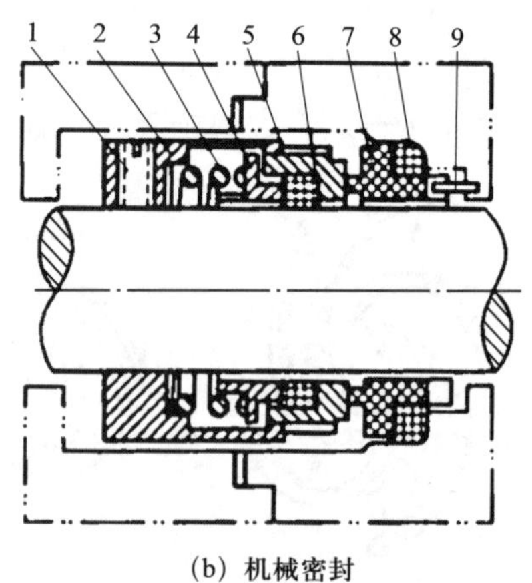

图 7-5　轴封装置

1—填料函壳；2—软填料；3—液封圈；4—填料压盖；5—内衬套

1—螺钉；2—传动座；3—弹簧；4—推环；5—动环密封圈；6—动环；7—静环；8—静环密封圈；9—防转销

2. 离心泵的工作原理

离心泵主要是利用叶轮旋转而使液体产生的离心力来工作的，当离心泵充满液体时，由于叶轮的高速旋转，叶道内的液体在叶片的作用下随叶轮作圆周旋转；在离心力的作用下，液体先沿叶道不断从中心流向四周，并进入蜗壳中，然后通过排出管排出；当液体先从中心高速流向四周时，在叶轮的中心部位便形成低压，低于大气压力；在大气压力的作用下，液体便从吸入管进入泵内以补充被排出的液体；叶轮不断地旋转，离心泵便连续不断地吸入和排出液体。

3. 离心泵的性能参数与性能曲线

（1）离心泵的性能参数。离心泵的性能参数主要包括流量、扬程、功率、效率等，这些参数反映了离心泵的综合性能，一般在离心泵的铭牌上会标出这些性能参数的数值。

①流量：表示离心泵的送液能力，是指离心泵在单位时间内排到管路系统的液体体积，用符号 Q 表示，单位为 m^3/h 或 m^3/s。

②扬程：又称泵的压头，是指离心泵对单位质量流体所能提供的有效能量，用符号 H 表示。在国际单位制中，扬程 H 的单位为 J/kg，但习惯上常以液柱高度（m）来表示。

③功率：是指单位时间内液体从离心泵所获得的能量，称为有效功率，用符号 N_e 表示，单位为 W 或 J/s。

离心泵轴功率是指单位时间内泵从电动机所获得的能量，符号用 N 表示，单位为 W 或 J/s。

④效率：是指有效功率和轴功率之比，用符号 η 表示。由于离心泵在运转时必定有能量损失，由电动机提供给泵轴的能量不能全部被液体所获得，故电动机传给泵的功率总要大于泵传给液体的有效功率。

离心泵的效率反映了泵对外加能量的利用程度。泵的效率与泵的类型、尺寸、结构、制造精度和输送液体的性质等有关。一般小型离心泵的效率为 50%～70%，大型泵的效率可高达 90%。

（2）离心泵的特性曲线。流量、扬程、功率和效率是离心泵的主要性能参数。这些参数之间的关系可通过试验测定。生产厂家把扬程 H、功率 N、效率 η 随流量 Q 的变化关系画在同一张坐标纸上，得出一组曲线，称为离心泵的特性曲线，并把它附于泵样本或说明书中，以供用户操作时参考。其测定条件一般是 20 ℃清水，转速固定，故特性曲线图上都注明转速 n 的值。图 7－6 所示为国产 4B20 型离心泵在 n=2 900 r/min 时的特性曲线。

①$H-Q$ 曲线：表示泵的扬程 H 与流量 Q 的变化关系，离心泵的扬程一般随流量的增大而降低。

②$N-Q$ 曲线：表示泵的轴功率 N 与流量 Q 的变化关系，离心泵的轴功率随流量增大而增大，流量为零时轴功率最小。所以离心泵启动时，应关闭泵的出口阀门，使启动电流减小，来保护电动机。

③$\eta-Q$ 曲线：表示泵的效率 η 与流量 Q 的变化关系。开始 η 随 Q 的增大而增大，达到最大值后，又随 Q 的增大而减小。实际生产中应尽可能让泵接近最高效率运行。一般把不低于最高效率 90% 的区域称为泵的高效率区，此时比较经济合理。泵的铭牌上所标明的都是最高效率下的流量、扬程和功率。

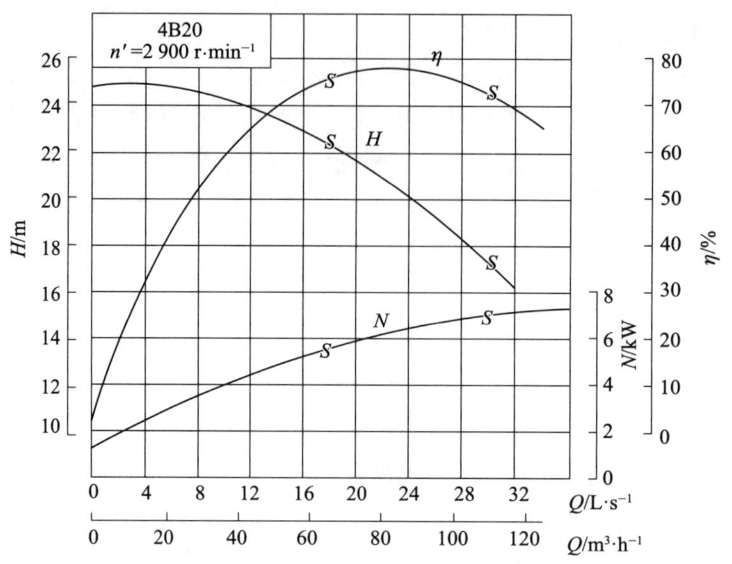

图 7-6　国产 4B20 型离心泵在 n=2 900 r/min 时的特性曲线

4. 离心泵的类型

离心泵的分类方法很多，按输送液体的性质不同，可分为清水泵、耐蚀泵、油泵、污水泵、杂质泵；按叶轮的吸液方式不同，可分为单吸泵、双吸泵；按叶轮的数目不同，可分为单级泵和多级泵。下面介绍几种化工工艺流程中主要用到的离心泵。

（1）清水泵。清水泵是化工生产中使用较多的一种泵，用于输送水及与水相近的其他液体，包括 IS 型泵（单级单吸离心泵）、D 型泵（多级离心泵）和 Sh 型泵（双吸离心泵），其中以 IS 型泵用得最多。

IS 是单级单吸离心泵的代号，具有结构可靠、振动小、噪声小、效率高等显著特点。其结构如图 7-7 所示，只有一个叶轮，从泵的一侧吸液，叶轮装在伸出轴承的轴端处，好像是伸出的手臂一样，故又称为单级单吸悬臂式离心泵。

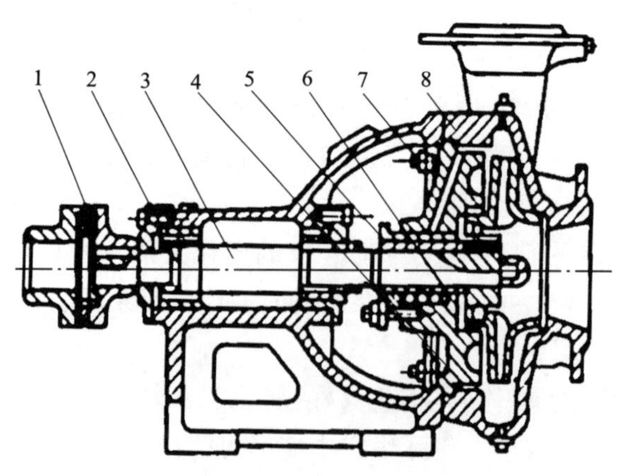

图 7-7　IS 型泵的结构

1—联轴器部件；2—托架；3—轴；4—后盖；5—护轴套；6—密封环；7—叶轮；8—泵体

D 是多级离心泵的代号。其结构如图 7-8 所示，是将多个叶轮安装在同一个泵轴构成的，工作时液体依次通过每个叶轮，多次接受离心力的作用，从而获得更高的能量，主要用于流量较小但扬程较大的场合，其级数有 2～12 级。

Sh 是双吸离心泵的代号。其结构如图 7-9 所示，特点是从叶轮两侧同时吸液，相当于在同一根轴上并联有两个叶轮一同工作，故其流量较大。当生产需要流量较大而扬程不太高时，可采用 Sh 泵。

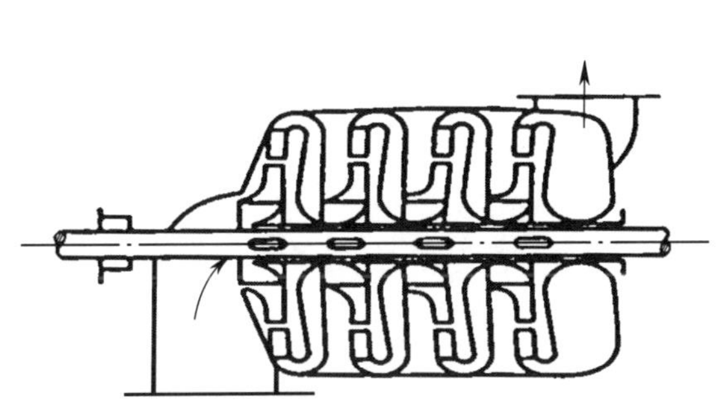

图 7-8　D 型泵的结构

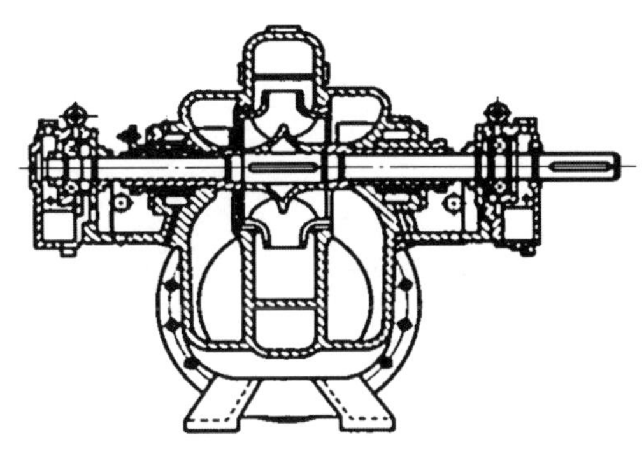

图 7-9　Sh 型泵的结构

（2）耐蚀泵。耐蚀泵是用来输送酸、碱等腐蚀性液体的泵的总称，代号为 F。在耐蚀泵中，所有与液体接触的部件均用防腐蚀材料制造，其轴封装置多采用机械密封。

（3）油泵。油泵用来输送油类及石油产品，代号为 Y。由于这些液体多数易燃、易爆，因此油泵必须有良好的密封性，而且当温度超过 473 K 时还要通过冷却夹套冷却。一般其流量为 5～1 270 m^3/h，扬程为 5～1 740 m。

5. 离心泵的运行

（1）启动离心泵前，要进行盘车，检查泵轴有无摩擦卡死现象；向离心泵内灌注液体，将离心泵内空气排净，以防发生气缚现象，使离心泵无法运转。

（2）启动离心泵前，应先关闭出口阀门，使离心泵在无负荷情况下启动，功率消耗最小，避免因启动功率过大而烧坏电动机，待运转正常后，缓慢打开出口阀门，调节至生产需要量；经常检查离心泵的流量和出口压力；定期检查轴承是否过热；注意有无异常的噪声。

（3）停离心泵时，先慢慢关闭出口阀门，然后切断电源，以免高压液体倒流，叶轮反转造成事故。无论短期、长期停车，在严寒季节都必须将离心泵内液体排放干净，防止冻结胀坏泵壳或叶轮。

三、其他类型泵

1. 往复泵

往复泵是容积泵的一种，依靠活塞在泵缸内往复运动，使工作容积周期性地增大或减小来吸排液体，其结构如图 7-10 所示。

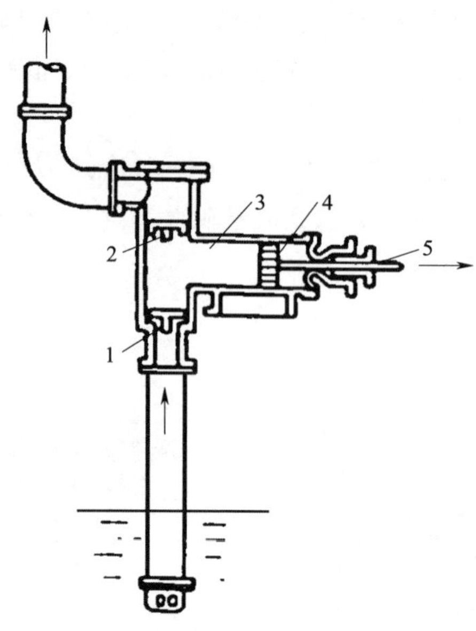

图 7－10 往复泵的结构

1—吸入阀；2—排出阀；3—泵缸；4—活塞；5—活塞杆

2. 计量泵

计量泵又称比例泵，其结构如图 7－11 所示，分为柱塞式和隔膜式。其特点是通过改变柱塞的冲程大小来调节流量，当要求精确输送流量恒定的液体时，可以方便而准确地通过调节偏心轮的偏心距离、改变柱塞的冲程来实现。有时还可通过用一台电动机带动几台计量泵的方法将几种液体按比例输送或混合。

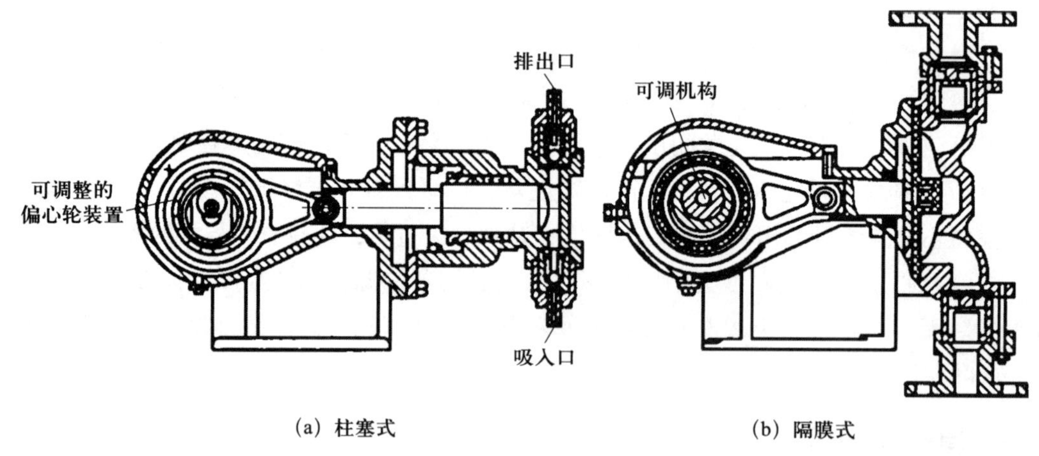

(a) 柱塞式　　(b) 隔膜式

图 7－11 计量泵的结构

3. 齿轮泵

齿轮泵是一种旋转泵，属于正位移泵，其结构如图 7－12 所示。泵壳内有两个齿轮，一个用电动机带动旋转，另一个被啮合着向相反方向旋转。吸入腔内两齿轮的齿相互拨开，容积

增大，于是形成低压而吸入液体；被吸入的液体被齿嵌住，随齿轮传动而到达排出腔。排出腔内两齿轮相互合拢，容积减小，于是形成高压而排出液体。齿轮泵的扬程较高而流量较小，可用于输送黏稠液体以及膏状物料，但不能用于输送含有固体颗粒的悬浮液。

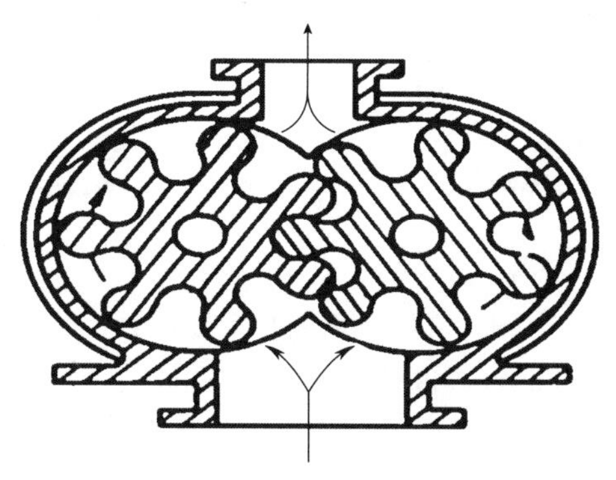

图 7-12　齿轮泵的结构

4. 螺杆泵

螺杆泵是旋转泵的另一种类型，其结构如图 7-13 所示，分为单螺杆泵、双螺杆泵及三螺杆泵等，也属正位移泵。螺杆在具有内螺旋的泵壳中偏心转动，使液体沿轴向推进，挤压到排出口。它与齿轮泵的工作原理相似，用两根互相啮合的螺杆，推动液体沿轴向运动。液体从螺杆两端进入，由中央排出。螺杆泵的螺杆越长，转速越高，则扬程越高。

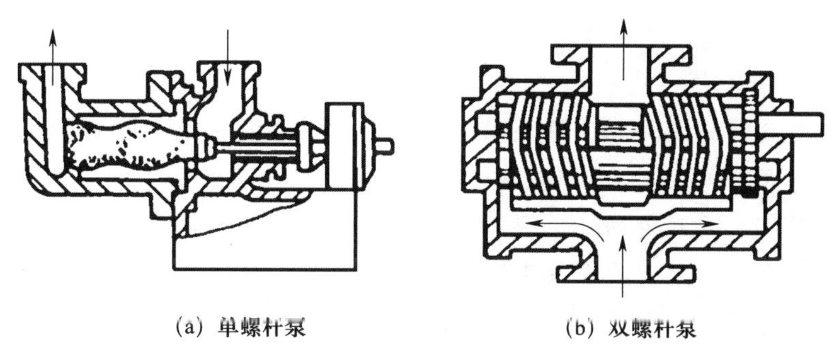

(a) 单螺杆泵　　(b) 双螺杆泵

图 7-13　螺杆泵的结构

螺杆泵效率高，噪声小，适用于在高压下输送黏稠性液体，并可以输送带固体颗粒的悬浮液。其结构虽然较齿轮泵复杂，但优点更多，有逐渐取代齿轮泵的趋势。

5. 旋涡泵

旋涡泵是一种特殊类型的离心泵，其外观和结构如图 7-14 所示。它的叶轮是一个圆盘，四周铣有凹槽，呈辐射状排列。叶轮在泵壳内转动，其间有引水道。泵内液体在随叶轮旋转的过程中，同时在引水道与各叶片间的流道中流动，因此受到叶片的多次推动作用，从而获得较多能量。

旋涡泵结构简单、加工容易，且可采用各种耐腐蚀的材料制造，适用于高扬程、小流量、输送清洁液体的场合，启动时应打开出口阀门，采用旁路调节流量。

(a) 外观

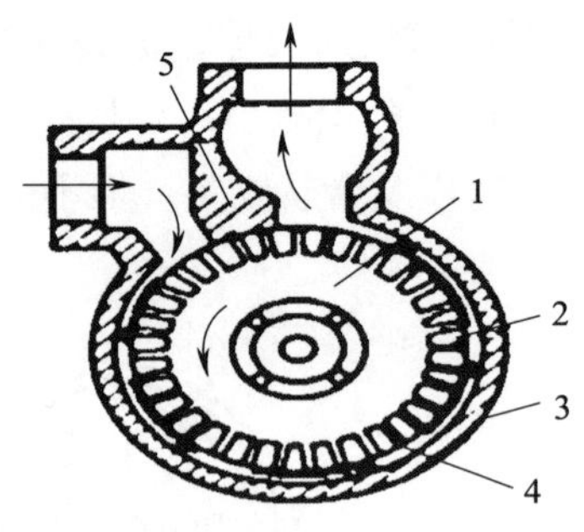

(b) 结构

图 7-14 旋涡泵的外观和结构

1—叶轮；2—叶片；3—泵壳；4—引液道；5—隔舌

【知识窗】

离心泵的操作

1. 灌泵

在启动前，应使泵体内充满被输送液体，避免发生气缚现象。

2. 预热

对输送高温液体的热油泵或高温水泵，在启动与备用时均需预热。因为该类泵如果在低温下工作，各构件间的间隙会因为热胀冷缩发生变化，造成泵的磨损与破坏。预热时应使泵各部分均匀受热，并一边预热一边盘车。

3. 盘车

用手使泵轴绕运转方向转动，每次以 180° 为宜，并不得反转。其目的是检查润滑情况、密封情况，是否有卡轴现象，是否有堵塞或冻结现象等。备用泵也要经常盘车。

4. 关闭出口阀门，启动电动机

为了防止启动电流过大，要在最小流量（此时功率最小）下启动，以免烧坏电动机。但对耐蚀泵，为了减少腐蚀，常采用打开出口阀门的办法启动。但要注意，关闭出口阀门的时间应尽可能短，以免泵内液体因摩擦发热而发生汽蚀。

5. 调节流量

缓慢打开出口阀门，调节到指定流量。

6. 检查

要经常检查泵的运转情况，如轴承温度、润滑情况，压力表及真空表读数等，发现问题应及时处理。任何情况下都要避免泵内无液体运转，以避免干摩擦造成零部件损坏。

7. 停车

先关闭出口阀门，再关闭电动机，避免高压液体倒灌，造成叶轮反转，引起事故。寒冷地区，短期停车要采取保温措施，长期停车必须排净泵内及冷却系统内的液体，以免冻结胀坏系统。

【知识拓展】

泵运行中的注意事项

1. 泵在运行中，要注意填料压盖部位的温度和渗漏。正常的填料渗漏应不超过10～20滴/分钟。

2. 泵在运行中，要注意检查泵的振动及声响状况。若泵从吸入管道吸入空气或固体杂质，通常会发出异常声响，并产生振动。此外，汽蚀、压力脉动等现象也会导致振动产生。当泵的零部件发生故障，如地脚螺栓出现松动、转子不平衡、泵与电动机轴不同心或不对中等情况时，同样会引发异常声响及泵体振动。

3. 泵在运行中，如果备用机的逆止阀泄漏，而切换阀一直开着，要注意逆流使备用机产生逆转。

4. 泵在正常运转中调节流量时，不能采用减小泵吸入化工管路阀门开度的方法来减小流量，否则会造成泵入口流量不足而使泵产生气蚀。

5. 泵在运行中，对于需要冷却水的轴承，要注意水的温度、流量，设法使轴承温度保持在规定范围内。

思考与练习

一、单项选择题

1. 叶轮的作用是（　　）。

A. 传递动能　　B. 传递位能　　C. 传递静压能　　D. 传递机械能

2. 启动离心泵前应（　　）。

A. 关闭出口阀门　　B. 打开出口阀门

C. 关闭入口阀门　　D. 同时打开入口阀门和出口阀门

3. 输送膏状物料应选用（　　）。

A. 离心泵　　B. 往复泵　　C. 齿轮泵　　D. 压缩机

二、填空题

1. 离心泵的主要部件主要有________、________、________三部分。

2. 离心泵的主要性能参数有________、________、________和________等。

3. 离心泵的特性曲线有________、________、________。

三、简答题

1. 简述泵的分类。

2. 简述离心泵的结构及各部分的作用。

任务三　认识压缩机

学习目标

1. 了解压缩机的分类及作用。
2. 掌握往复式、离心式压缩机的工作原理。
3. 熟悉各类压缩机的调节方式。

任务引入

在化工生产中，往往需要将气体从低压变为高压，或需要将气体从一处输送到另一处，因此气体的压缩和输送是化工生产常见的操作。输送和压缩气体的机械统称为气体输送机械，压缩机正是气体输送机械中用于提高气体压力的重要设备。按其结构和工作原理的不同，可分为往复式、离心式和轴流式等类型。往复式及离心式压缩机广泛应用于化工生产中，因此要求化工工艺操作人员在掌握理论知识的同时，能熟练掌握一定的操作技能。

任务分析

为了保证化工生产的正常运行，化工工艺操作人员必须能正确地操作各种气体输送机械并维持其正常的运行。要想正确地操作各种气体输送机械，需要从了解气体输送机械的基础知识入手。

相关知识

一、压缩机的基础知识

1. 压缩机的定义及应用

（1）压缩机的定义。压缩机是用来提高气体压力和输送气体的机械，有时也称为压气机和气泵。

（2）压缩机的应用。

①气体输送。为了克服化工管路的阻力，需要提高气体的压力。纯粹为了输送的目的而对气体加压时，压力一般不高。但气体输送量往往很大，需要的动力也就相当大。

②产生高压气体。化学工业中一些化学反应过程需要在高压下进行，如合成氨反应、乙烯的本体聚合；一些分离过程也需要在高压下进行，如气体的液化与分离。这些在高压下进行的过程对相关气体的输送机械出口压力提出了相当高的要求。

③生产真空。相当多的单元操作是在低于常压的情况下进行的，这时就需要用真空泵从设备中抽出气体以产生真空。

2. 压缩机的分类

压缩机按工作原理主要分为容积式和动力式两大类。容积式压缩机通过机械方式直接压缩气体，包括往复式（如活塞压缩机）和回转式（如螺杆、滑片压缩机），适用于中小流量高压工况，如氢气压缩和氨合成；动力式压缩机则通过高速旋转叶轮将动能转化为压力能，包括离心式和轴流式，适合大流量低压场景，如空气分离和石油裂解气压缩。压缩机按结构可分为水平剖分型（便于维护）和垂直剖分型（密封性强），按密封形式分为全封闭式（防爆）、半封闭式和开启式。此外，压缩机按介质特性可分为工艺气体压缩机（如耐腐蚀的氯气压缩机）和制冷压缩机。

二、离心式压缩机

1. 离心式压缩机的结构

离心式压缩机包含众多零件，这些零件根据其功能组成各种部件。在离心式压缩机中，通常将能够旋转的组件统称为转子，不能旋转的组件称为静子。转子是离心式压缩机的主要部件，主要由主轴、叶轮、平衡盘等组成。静子中所有零件均不能转动，主要由气缸、扩压器、弯道、回流器、蜗壳和密封等组成。

2. 离心式压缩机的工作原理

离心式压缩机也称透平式压缩机，它的工作原理和多级离心泵相似，气体在叶轮带动下做旋转运动，离心力的作用使气体压力增高，经过一级一级的增压作用，最后可以得到相当高的排气压力。

图 7-15 所示是一台六级两段离心式压缩机的典型结构示意图，气体经吸气室进入一段第一级叶轮内，在叶轮高速旋转的带动下，气体获得很大的动能，气体从叶轮四周甩出后进入蜗壳形通道，部分动能转化为静压能，压力增大，由此依次进入二、三级，压力进一步增大。经三级压缩后，因气体压力增大、温度升高，需将高温气体由蜗壳引出机外，在中间冷却器冷却，气体被冷却后再由二段第四级气体进口处进入第四级叶轮继续进行升压，从第六级叶轮甩出来进入末级蜗壳进行最后增压，这样气体以较大的压力离开气缸进入输送气体管道。

3. 离心式压缩机的气量调节方法

离心式压缩机的气量调节方法包括改变压缩机转速法、进口节流调节法和出口节流调节法等。

（1）改变压缩机转速法。此法最经济，调节范围广泛，无节流损失，适用于驱动机为汽轮机和燃气机的离心式压缩机。

（2）进口节流调节法。即调节进口阀门的开启程度，此法简单、操作稳定，常用于转速固定的离心式压缩机的流量调节。

（3）出口节流调节法。即调节出口阀门的开启程度，此法操作简单，但由于气体节流带来的损失太大，整个机器的效率大大降低，不经济。

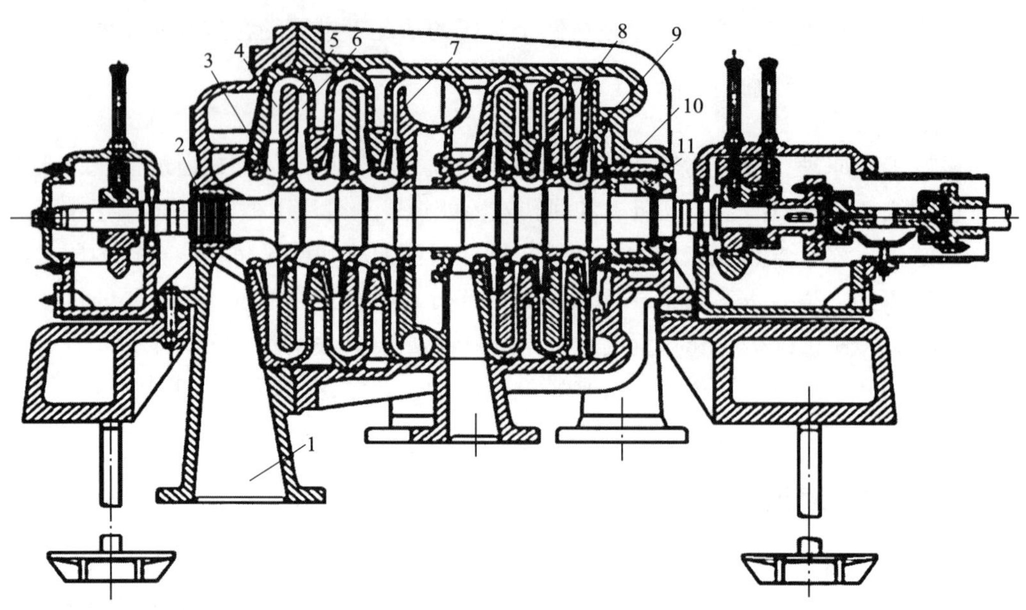

图 7-15　六级两段离心式压缩机的典型结构示意图

1—吸气室；2、10—轴端密封；3—叶轮；4—扩压器；5—弯道；6—回流器；7—蜗壳；8—轮盖密封；9—隔板密封；11—平衡盘

三、往复式压缩机

1. 往复式压缩机的结构

往复式压缩机主要由气缸、活塞、气阀等组成，依靠活塞在气缸内做往复运动来压缩和输送气体。

（1）气缸。气缸是压缩机的主要部件之一，气缸和活塞配合完成气体的压缩。根据压力的不同，一般分为低压缸和高压缸两类。压力小于 5×10^3 kPa 的低压缸和小于 8×10^3 kPa 且尺寸较小的气缸，用铸铁制造；压力小于 15×10^3 kPa 时，用铸钢制造；压力再大时，则用合金钢锻制。气缸外壁都装有冷却水套，以冷却气缸内的气体和部件。

（2）活塞。活塞是用来压缩气体的基本部件。活塞顶部与气缸内壁及气缸盖构成封闭的工作容积。为防止气体由高压侧泄漏到低压侧，在活塞上装有活塞环。活塞环在未压紧的自由状态下，其直径稍大于气缸直径。因此，在装入气缸后，依靠本身弹性紧紧压贴在气缸表面上，以保证良好的密封性能。一般在低压（小于 1 MPa）下，活塞上设有 2～3 个活塞环，开口处尽量错开，以减少气体外泄。

（3）气阀。气阀也叫活门，是往复式压缩机中一个很重要的部件。其结构如图 7-16 所示，由阀座、阀片、弹簧、升高限制器等零件组成。这种阀用作排气阀时，当气缸内压力稍大于出口管内的压力时，气体将阀片顶起，从阀座的孔隙中流出，并从阀片与底座之间的缝隙通过。当阀片两侧气体的压力相等时，阀片紧贴在阀座上，将孔隙关闭。这种阀用作吸气阀时，只要将整个气阀调换一下方向装入吸气孔端即可。气阀的质量直接影响压缩机的排气

量、功率消耗及运转的可靠性。为了保证压缩机能良好工作，气阀必须严密、阻力小、开启迅速、结构紧凑。

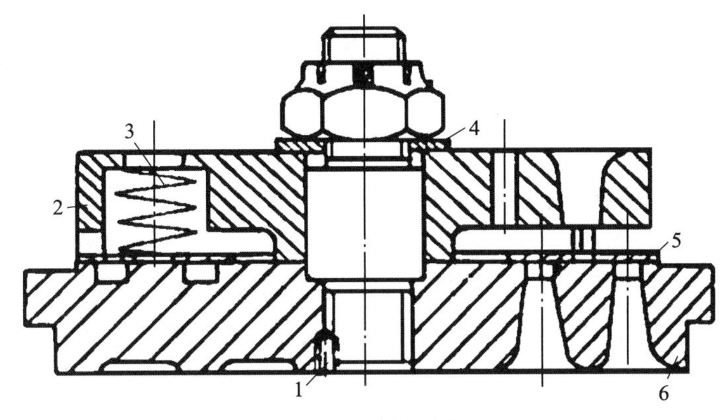

图 7-16 气阀的结构

1—制动螺钉；2—升高限制器；3—弹簧；4—垫片；5—阀片；6—阀座

2. 往复式压缩机的工作原理

当往复式压缩机的曲轴旋转时，通过连杆的传动，活塞便做往复运动，由气缸内壁、气缸盖和活塞顶面所构成的工作容积则会发生周期性变化。往复式压缩机的活塞从气缸盖处开始运动时，气缸内的工作容积逐渐增大。这时，气体沿着进气管推开进气阀而进入气缸，直到工作容积变到最大时为止，进气阀关闭。往复式压缩机的活塞反向运动时，气缸内工作容积逐渐缩小，气体压力升高，当气缸内压力达到并略高于排气压力时，排气阀打开，气体排出气缸，直到活塞运动到极限位置为止，排气阀关闭。当往复式压缩机的活塞再次反向运动时，上述过程重复出现。总之，往复式压缩机的曲轴旋转一周，活塞往复一次，气缸内相继实现吸气、压缩、排气、膨胀的过程，即完成一个工作循环，其工作原理如图 7-17 所示。

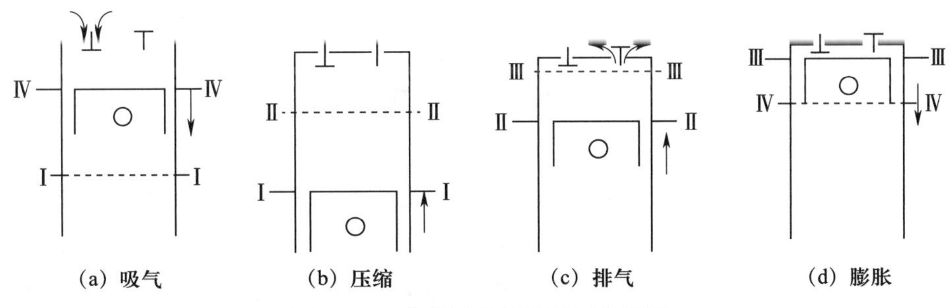

图 7-17 往复式压缩机的工作原理

3. 往复式压缩机的排气量调节

目前，化工生产中往复式压缩机的排气量调节方式主要包括以下几种。

（1）转速调节。转速调节即通过改变压缩机的转速来调节排气量。这种调节方式的优点是气量连续，功率消耗小，压缩机各级压力比保持不变，压缩机上不需设专门的调节机构等。

但它仅仅广泛使用在驱动机为内燃机和汽轮机的压缩机上，如果驱动机为电动机，则需要配置变频器，由于大功率高压变频器价格昂贵，而且需要大量的维护、维修工作，因此，目前在电动机驱动的压缩机上很少采用该方式。此外，转速调节可能会对压缩机的工作产生不良影响，如气阀颤振、部件磨损大、振动增加、润滑不充分等，也限制了该方式的广泛应用。

（2）余隙调节。余隙是指在排气行程终了时，气缸内活塞顶端与气缸端盖之间的间隙。处在余隙内的压缩后气体无法被排出，在气缸进气过程之前，余隙内气体膨胀，由于余隙内气体压力高于进气管道内气体压力，因此进气阀无法开启，当余隙内气体压力与进气管道内气体压力平衡后，气缸才开始进气。通过改变气缸余隙的大小，即可改变压缩机吸入气量的多少，从而实现排气量调节的目的。此种调节方式，压缩机的能耗几乎与排气量成正比，是一种经济节能的调节方式。

（3）旁通调节。旁通调节是目前运用最多的一种排气量调节方式，其原理是将压缩机排气管道通过旁通管道及阀门与压缩机进气管道相连，当生产所需气量小于压缩机额定排气量时，打开旁通管道上的阀门，让压缩后的气体回流至进气管道，通过控制回流阀门的开度，实现压缩机排气量大小的调节。这种调节方式具有操作简单、排气量调节范围广、设备运转稳定、初始投资相对较小等优点。若配置高精度的调节阀，还可实现无级调节。此方式最大的缺点是被压缩的气体又回到进气管路，压缩机做无用功，造成能源浪费，经济性差。此外，压缩后的气体温度较高，再次进入气缸压缩，会造成缸内气温升高，缩短气阀的使用寿命。

（4）压开进气阀调节。压开进气阀调节是在气体被压缩的过程中，保持进气阀强制顶开，使被吸入气缸内的气体又回到进气管路中，从而降低压缩机排气量的调节方式。由于压缩功几乎与排气量成正比例地减少，因此，该调节方式节省能耗，经济性很高。根据进气阀被顶开时间的长短，压开进气阀调节又可分为全行程压开进气阀调节和部分行程压开进气阀调节。

【知识窗】

离心式压缩机的喘振现象

1. 喘振

当离心式压缩机的负荷降低，排气量小于某一定值时，气体的正常输送遭到破坏，气体的排出量时多时少、气体忽进忽出，产生强烈的振荡，并发出如哮喘病人喘气般的噪声，此时可看到气体出口压力表、流量表的指示发生大幅度的波动。随之，机身也会发生剧烈的振动，并带动出口化工管路、厂房振动，压缩机将会发出周期性、间断的吼响声。如不及时采取措施，离心式压缩机会被严重破坏，这种现象就叫作离心式压缩机的喘振，也称飞动。

2. 危害

若离心式压缩机发生喘振后得不到及时的处理，会造成密封件、轴承、叶轮、主轴等零部件的损毁甚至整台压缩机报废。

3. 防喘振措施

（1）安装防喘振控制阀。

（2）开大回流阀，保证入口气体流量和压力。

（3）调节机组转速，严格遵循“降速先降压、升压先升速”的操作原则。

（4）检查入口冷却器，保证入口温度不超过允许值。

（5）检查入口滤网、流道，清理堵塞的异物。

（6）对无害气体，可打开出口放空阀。

【知识拓展】

其他类型的气体输送设备

化工生产中使用的鼓风机主要有离心式鼓风机和罗茨鼓风机，通常用在气体压力要求不高而流量较大的场合。

1. 离心式鼓风机

离心式鼓风机又称透平式鼓风机，其结构和工作原理与离心式压缩机相同。图 7－18 所示为一台五级离心式鼓风机。气体由吸气口进入后，先在第一级叶轮离心力的作用下使气体压力升高，由导轮将气体导入第二级叶轮，再依次通过以后各级的叶轮和导轮，最后由排出口排出。离心式鼓风机的外壳直径和宽度都比较大，叶轮叶片数目较多，转速较高，送气量大，但产生的风压不高，排出口表压力数值一般不超过 294×10^3 Pa。由于离心式鼓风机的压缩比不高（为 1.15～4），压缩过程中气体获得的能量不多，温度升高不明显，无须设置冷却装置，各级叶轮的直径大小相同。

2. 罗茨鼓风机

罗茨鼓风机的结构、工作原理和齿轮泵相似。其结构如图 7－19 所示，在一个跑道似的机壳内有两个“8”字形转子，两转子之间和转子与机壳之间留有很小的缝隙（0.2～0.5 mm），两转子的旋转方向相反，将机壳内分成低压区和高压区，气体从低压区吸入，在高压区排出。如果改变转子的旋转方向，则需将吸气口与排出口互换，因此在开车前应仔细检查转子的旋转方向。

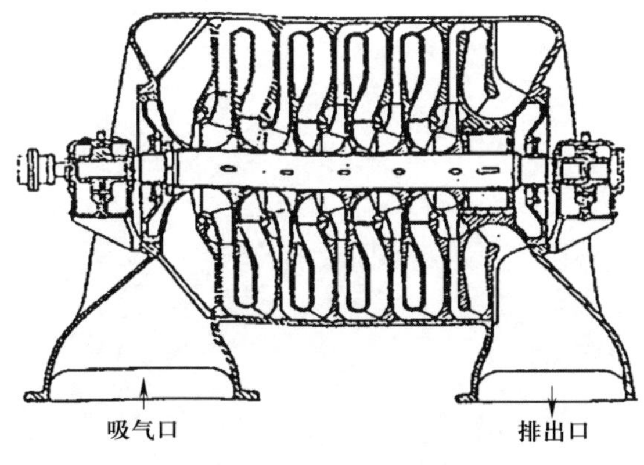

图 7－18　五级离心式鼓风机

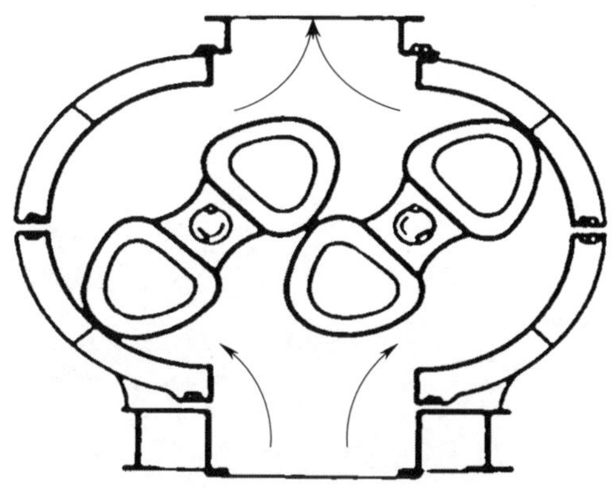

图 7－19　罗茨鼓风机的结构

思考与练习

一、单项选择题

1. 往复式压缩机中用来压缩气体的基本部件是（　　）。

A. 气缸　　B. 活塞　　C. 气阀　　D. 叶轮

2. 透平式压缩机属于（　　）压缩机。

A. 往复式　　B. 离心式　　C. 轴流式　　D. 流体作用式

二、填空题

1. 压缩机按工作原理及其结构分为________、________、________以及流体作用式等，其中________在中小型化工厂应用很广，________在大型化工厂应用较多。

2. 往复式压缩机的实际工作循环由________、________、________和________四个阶段组成。

3. 化工生产中往复式压缩机的气量调节方式主要包括________、________、________和压开进气阀调节。

三、简答题

1. 简述离心式压缩机的工作原理。

2. 简述往复式压缩机的工作原理。

项目八

化工静设备认知

化工生产的各种装置都是由不同类型的化工设备构成的，化工产品也都是按照一定的工艺过程，利用配套的化工设备生产出来的。化工静设备的种类繁多且数量庞大。化工静设备的投资占化工生产设备总投资的 50%～60%。

化工工艺操作人员必须熟知化工静设备在化工企业中的应用及分类，掌握化工静设备的原理、结构及在生产中运行的注意事项。

任务一　了解化工静设备基础知识

学习目标

1. 了解化工静设备在化工企业中的应用。
2. 掌握化工静设备在化工企业中的分类。
3. 能正确区分各种类型的化工静设备。

任务引入

在化工生产中，化工静设备的正常运行对于化工产品生产过程的正常运转，以及产品质量、产量等的控制和保证都起着重要的作用。化工工艺操作人员进入生产岗位后，要熟知化工静设备的类型和工作原理，以及会熟练操作各种化工静设备。

任务分析

为了保证化工生产的正常运行，化工工艺操作人员必须能正确地操作各种化工静设备且能维持其正常运行。要想正确地操作各种化工静设备，需要从了解化工静设备的基础知识入手。

相关知识

一、化工静设备的定义

化工静设备是指化工生产中静止的或配有少量传动机构的装置，主要用于完成传热、传质和化学反应等过程或用于储存物料。

二、化工静设备的分类

1. 按结构特征和用途分类

按结构特征和用途的不同，化工静设备分为压力容器、塔器、换热器、反应器（如各种反应釜、固定床或流化床等）和管式炉等。

2. 按结构材料分类

按结构材料的不同，化工静设备分为金属设备（如碳钢、合金钢、铸铁、铝、铜等）、非金属设备（如陶瓷、玻璃、塑料、木材等）和非金属材料衬里设备（如衬橡胶、塑料、耐火材料及搪瓷等）。其中，碳钢设备最为常用。

3. 按受力情况分类

按受力情况的不同，化工静设备分为外压设备（包括真空设备）和内压设备，内压设备又分为常压设备（设计压力 <0.1 MPa）、低压设备（0.1 MPa≤设计压力 <1.6 MPa）、中压设备（1.6 MPa≤设计压力 <10 MPa）、高压设备（10 MPa≤设计压力 <100 MPa）和超高压设备（设计压力≥100 MPa）。

三、化工静设备在化工生产中的应用

化工静设备不仅用于化工生产中，而且在轻工、医药、食品、冶金、能源、交通等行业也有广泛的应用。尤其以石油化工应用最为普遍，如石油化工企业中的塔、釜、槽、罐等。典型化工生产装置所需的化工静设备见表 8－1。

表 8－1　典型化工生产装置所需的化工静设备

化工生产装置名称	所需的主要化工静设备
常减压	加热炉、精馏塔、换热器
催化裂化	加热炉、反应器、沉降器、再生器、分馏塔、各类容器
合成氨	加热炉、反应器、氨合成塔、换热设备
丁烯氧化脱氢生产丁二烯	反应器、各种塔器、蒸发器、混合器、废热锅炉
乙烯催化水合生产乙醇	加热炉、反应器、分馏塔、洗涤塔

【知识窗】

重质油加氢裂化的工艺流程如图 8-1 所示。原料油经泵升压至 16 MPa 后，与新氢和循环氢混合后，随后与温度约为 420 ℃的加氢生成油进行换热，换热后温度升至 320～360 ℃，之后进入加热炉。原料在反应器内反应，反应产物先与原料换热，将温度降至 200 ℃后，再经冷却进入高压分离器、低压分离器，生成油加热后进入稳定塔，塔底液体送入分馏塔，得到轻汽油等产品。

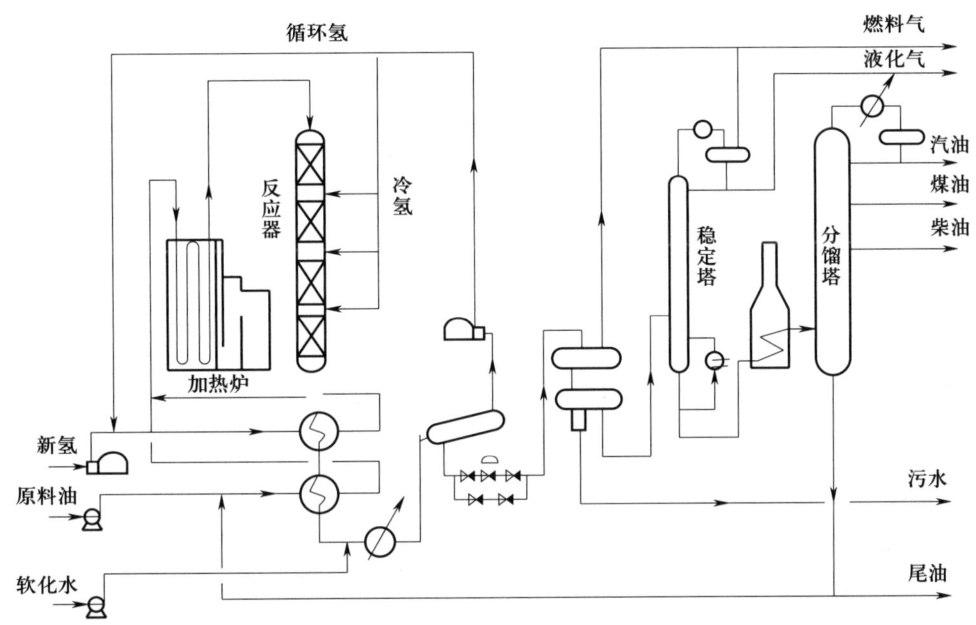

图 8-1　重质油加氢裂化的工艺流程

【知识拓展】

重质油加氢裂化工艺

加氢裂化是在催化剂及氢存在的条件下，使重质油发生催化裂化反应，同时伴有烃类加氢、异构化等反应，从而转化成质量较好的汽油、煤油和柴油等轻质油的过程。

加氢裂化按工艺流程可分为一段加氢裂化流程、二段加氢裂化流程、串联加氢裂化流程。

一段加氢裂化流程是指只有一个加氢反应器，原料的加氢精制和加氢裂化在一个反应器内进行。该流程的特点是工艺简单，但对原料的适应性及产品的分布有一定限制。

二段加氢裂化流程是指有两个加氢反应器，第一个加氢反应器装加氢精制催化剂，第二个加氢反应器装加氢裂化催化剂，形成两个独立的加氢体系。该流程的特点是对原料的适应性强，操作灵活性较大，产品分布可调节性较大，但是工艺复杂，投资及操作费用较高。

串联加氢裂化流程也是分为加氢精制和加氢裂化两个反应器，但两个反应器串联为一套加氢系统。串联加氢裂化流程既具有二段加氢裂化流程操作比较灵活的特点，又具有一段加氢裂化流程工艺比较简单的特点，具有明显优势，如今新建的加氢裂化装置多采用此流程。

思考与练习

一、单项选择题

1. 以下属于化工静设备的是（　　）。

A. 压力容器　　B. 压缩机

C. 安全附件仪器仪表　　D. 各种物料泵

2. 若某一化工压力容器的设计压力为 5 MPa，那么该容器属于（　　）。

A. 低压设备　　B. 中压设备　　C. 高压设备　　D. 超高压设备

二、填空题

1. 化工静设备按照受力情况分为________和________。

2. 内压设备按照设计压力分为________、________、________、________和超高压设备五个等级。

三、简答题

1. 简述化工静设备的定义。

2. 简述化工静设备在化工生产中的应用。

任务二　认识化工压力容器

学习目标

1. 了解化工压力容器在化工企业中的分类。

2. 掌握化工压力容器的结构。

3. 熟悉化工压力容器在化工企业中的应用。

4. 能正确区分各种类型的化工压力容器。

任务引入

在化工生产中，化工压力容器的正常运行对于化工产品生产过程的正常运转起着尤为突出的作用。化工工艺操作人员要熟知化工压力容器的类型和工作原理，以及会熟练操作各种化工压力容器。

任务分析

为了保证化工生产的正常运行，化工工艺操作人员必须正确地操作各种化工压力容器且能维持其正常的运行。要想正确地操作各种化工压力容器，需要从了解化工压力容器的基础知识入手。

相关知识

一、化工压力容器的结构与分类

1. 化工压力容器的结构

在化工厂使用的设备中，有的用来储存物料，如各种储罐、计量罐、高位槽；有的用来对物料进行物理处理，如换热器、精馏塔等；有的用来进行化学反应，如聚合釜、反应器、合成塔等。尽管这些设备的作用各不相同，形状结构差异很大，尺寸大小千差万别，内部构件更是多种多样，但它们都有一个外壳，这个外壳就是化工压力容器，所以化工压力容器是化工生产中所用设备外壳的总称。化工压力容器一般由筒体、封头、密封装置、开孔与接管、支座、安全装置等组成，其总体结构如图 8-2 所示。

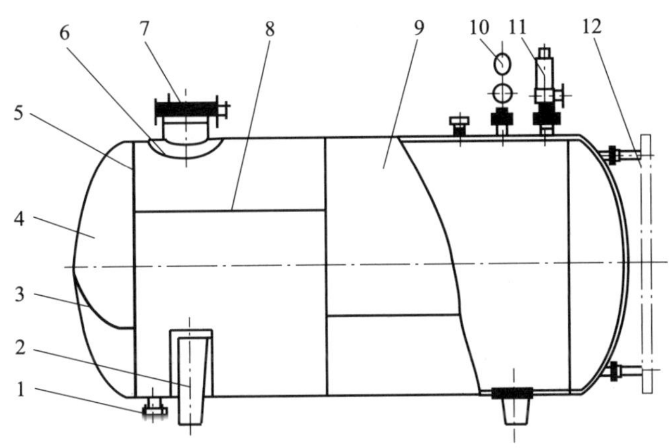

图 8-2　化工压力容器的总体结构

1—法兰；2—支座；3—封头拼接焊缝；4—封头；5—环焊缝；6—补强圈；7—人孔；8—纵焊缝；9—筒体；10—压力表；11—安全阀；12—液面计

（1）筒体。筒体是用以储存物料或完成传质、传热或化学反应所需要的工作空间，是化工压力容器最主要的受压元件之一，其内径和容积往往需由工艺计算确定。圆柱形筒体（圆筒）和球形筒体是工程中最常用的筒体结构。

（2）封头。根据几何形状的不同，封头可以分为球形、椭圆形、碟形、球冠形、锥壳和平盖等几种，其中以椭圆形封头应用最多。封头与筒体的连接方式有可拆连接与不可拆连接两种，可拆连接一般采用法兰连接方式。

（3）密封装置。化工压力容器上需要有许多密封装置，如封头和筒体间的可拆式连接、容器接管与外管道间的可拆连接，以及人孔、手孔盖的连接等，可以说化工压力容器能否正常安全地运行在很大程度上取决于密封装置的可靠性。

（4）开孔与接管。化工压力容器中，由于工艺要求和检修及监测的需要，常在筒体或封头上开设各种孔或安装接管，如人孔、手孔、视镜孔、物料进出口接管，以及安装压力表、液面计、安全阀、测温仪表等的接管和开孔。

（5）支座。化工压力容器靠支座支撑并固定在基础上。随安装位置不同，化工压力容器支座分立式容器支座和卧式容器支座两类。其中，立式容器支座又有腿式支座、支承式支座、耳式支座和裙式支座四种，大型容器一般采用裙式支座。卧式容器支座有支承式、鞍式和圈式支座三种，其中以鞍式支座应用得最多。

（6）安全装置。化工压力容器因其使用特点及其内部介质的化学工艺特性，往往需要设置一些安全装置来监控介质的参数，以保证压力容器的使用安全和工艺过程的正常进行。

化工压力容器的安全装置主要有安全阀、爆破片、紧急切断阀、安全联锁装置、压力表、液面计、测温仪表等。

2. 化工压力容器的分类

化工压力容器的种类很多，可从不同的角度加以分类。常用的分类方法有以下几种。

（1）按压力等级分类。按承压方式，化工压力容器可分为内压容器与外压容器。内压容器又可按设计压力大小分为四个压力等级，具体划分如下：

低压（代号 L）容器　　0.1 MPa≤p<1.6 MPa；

中压（代号 M）容器　　1.6 MPa≤p<10.0 MPa；

高压（代号 H）容器　　10.0 MPa≤p<100 MPa；

超高压（代号 U）容器　　p≥100 MPa。

（2）按原理与作用分类。根据化工压力容器在生产工艺过程中的作用，可分为反应压力容器、换热压力容器、分离压力容器和储存压力容器。

①反应压力容器（代号 R）：主要是用于完成介质的物理、化学反应的容器，如反应器、反应釜、聚合釜、合成塔、煤气发生炉等。

②换热压力容器（代号 E）：主要是用于完成介质热量交换的容器，如管壳式余热锅炉、换热器、冷却器、冷凝器、蒸发器、加热器等。

③分离压力容器（代号 S）：主要是用于完成介质压力平衡缓冲和净化分离的容器，如分离器、过滤器、蒸发器、集油器、缓冲器、干燥塔等。

④储存压力容器（代号 C，球罐代号为 B）：主要是用于储存、盛装气体、液体、液化气体等介质的容器，如液氨储罐、液化石油气储罐等。

二、反应压力容器

1. 反应压力容器的作用及类型

（1）反应压力容器的作用。反应压力容器广泛应用于物料混合、溶解、传热、制备悬浮液、聚合反应和制备催化剂等生产过程，是石油、化工生产中的重要设备之一。

（2）反应压力容器的类型。

①根据物料相态来分，反应压力容器可分为均相和非均相反应压力容器两大类。

在均相反应压力容器内，反应物均匀地混合为单一的气相或者液相，不存在相界面和相与相之间的传质，反应速率只与浓度（或压力）、反应温度有关。根据相态不同，这类压力容器也分为气相反应压力容器和液相反应压力容器。

在非均相反应压力容器内，反应物处于不同的相态中，存在相界面和相与相之间的传质，反应速率除与浓度（或气体压力）、反应温度有关外，还与相界面大小及相间传质速率有关。根据混合物的相态类别不同，非均相反应压力容器也分为气液非均相反应压力容器、液固非均相反应压力容器、不互溶液液非均相反应压力容器、气液固三相非均相反应压力容器。

②根据结构形式来分，反应压力容器可分为管式、釜式、塔式等。

管式反应压力容器是一种呈管状、长径比很大的连续操作反应压力容器，一般高径比大于 30，多数工况用于气体均相反应，如乙烷的热裂解反应。

釜式反应压力容器又称槽式反应压力容器或者锅式反应压力容器，外形呈圆柱状，高径比一般为 1～3，通常内置搅拌器，以使物料混合均匀。

塔式反应压力容器的外形也呈圆柱状，但是高径比较大，一般为 3～30，介于管式反应压力容器和釜式反应压力容器之间，内部设有各种器件，大多用于气液相反应，比如氯代类、氨水碳化反应等。

③根据操作方式来分，反应压力容器可分为间歇式、半间歇式和连续式三种。

间歇式反应压力容器是将反应物一次性加入反应压力容器，按一定条件进行反应，在反应期间不加入或取出反应物。当反应物达到所要求的转化率时停止反应，将产物全部放出，进行后续处理，清洗反应压力容器，进行下一批次生产。此类反应压力容器适用于小批量、多品种以及反应速率慢，不宜于采用连续操作的场合，在制药、染料和聚合物生产中应用广泛。间歇式反应压力容器的操作简单，但体力劳动量大、设备利用率低，不易实现自动控制。

半间歇式反应压力容器是先在反应压力容器中加入一种或几种反应物，其他反应物在反应过程中连续加入，反应结束后产物一次性全部排出。此类反应压力容器适用于反应激烈的场合或者要求一种反应物浓度高、另一种反应物浓度低的场合。另外，当用气体来处理液体时，也常采用此类反应压力容器。

连续式反应压力容器中反应连续地进入反应压力容器，产物连续排出，当达到稳定操作时，反应压力容器内各点的温度、压力及浓度均不随时间变化。此类反应压力容器设备利用率高、处理量大，产品质量均匀，需要较少的体力劳动，便于实现自动化操作，适用于大规模的生产场合，常用于气相、液相和气固相反应体系。

2. 常用反应压力容器

（1）釜式反应压力容器。

①釜式反应压力容器的结构。釜式反应压力容器有立式中心搅拌、偏心搅拌、倾斜搅

拌，卧式搅拌等类型。其中，立式中心搅拌釜式反应压力容器是最典型的一种，其结构如图 8-3 所示，主要包括釜体、搅拌装置、密封装置三大部分。

a. 釜体是提供反应所需空间。由壳体和上、下封头组成，其高径比一般为 1～3。在加压操作时，上、下封头多呈半球形或椭球形；而在常压操作时，上、下封头可做成平盖。为了放料方便，下底也可做成锥形的。

b. 搅拌装置由搅拌器、搅拌轴、传动装置组成，作用是使釜内反应物均匀混合，强化釜内的传热和传质过程。

c. 密封装置的作用是防止釜体内介质泄漏或外界空气进入釜体内。

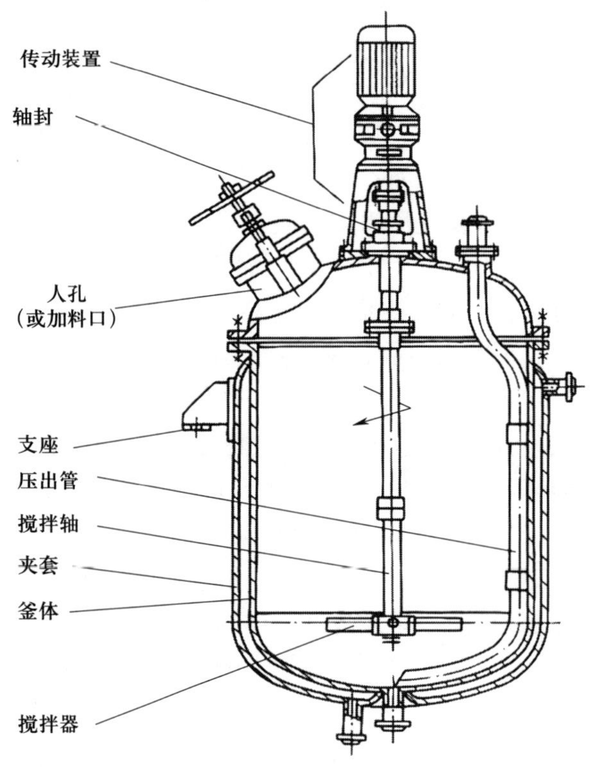

图 8-3　立式中心搅拌釜式反应压力容器的结构

②釜式反应压力容器的特点。釜式反应压力容器结构简单、加工方便，传质、传热效率高，温度浓度分布均匀，操作灵活性大，便于控制和改变反应条件，适用于小批量、多品种生产。

（2）固定床反应压力容器。

①固定床反应压力容器的结构。催化剂以固相装填在反应压力容器内，反应物以气相或液相通过催化剂床层，在催化剂表面进行化学反应的装置称为固定床反应压力容器。

固定床反应压力容器根据换热方式不同，可分为两种形式，即换热式固定床反应压力容器和绝热式固定床反应压力容器，分别如图 8-4 和图 8-5 所示。

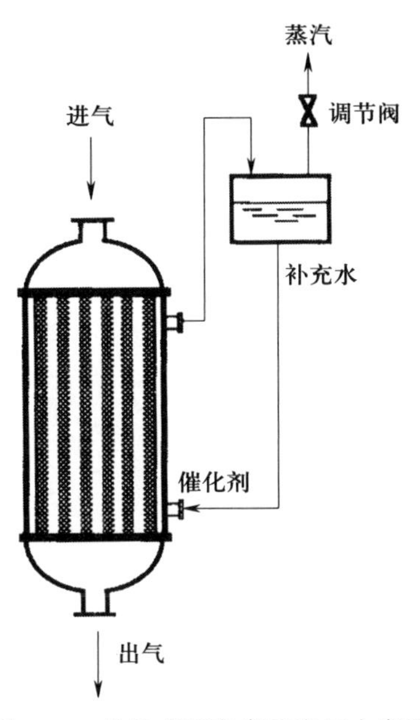

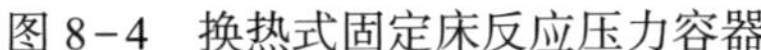
图 8-4　换热式固定床反应压力容器

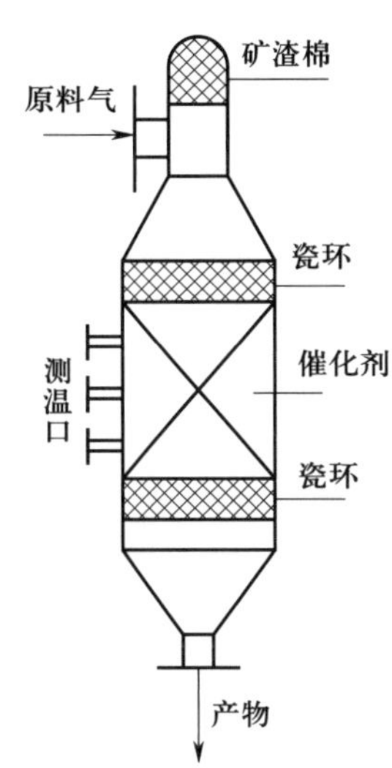

图 8-5　绝热式固定床反应压力容器

②固定床反应压力容器的特点。固定床反应压力容器的优点是返混小，流体同催化剂可进行有效接触，当反应伴有串联副反应时可得较高选择性，催化剂机械损耗小，且结构简单。

固定床反应压力容器的缺点是传热差，反应放热量很大时，易出现飞温（反应温度失去控制，急剧上升，超过允许范围），操作过程中催化剂不能更换，催化剂需要频繁再生的反应一般不宜使用。

（3）流化床反应压力容器。

①流化床反应压力容器的结构。流化床反应压力容器是一种利用气体或液体通过颗粒状固体层而使固体颗粒处于悬浮运动状态，并进行气固相反应过程或液固相反应过程的反应压力容器。在用于气固相反应体系时，又称沸腾床反应压力容器。

流化床反应压力容器由浓相段、稀相段和扩大段三部分组成，其结构如图 8-6 所示。流化床的下部称为浓相段或密相段，化学反应主要在此段进行。在浓相段部装有气体分布板，功能包括支撑床层催化剂或其他固体颗粒；均匀分流气体，使其穿过孔道遍布床层截面，形成良好起始流化床。稀相段装有冷却水管，目的是将反应温度降至规定的温度以下，以终止反应。稀相段之上为扩大段。扩大段内装有旋风分离器，以分离并回收被反应气体带走的催化剂细颗粒。

②流化床反应压力容器的特点。流化床反应压力容器的特点包括结构简单；传热效能高，床层温度均匀；气固相间传质速率较高；催化剂颗粒小，效能高；有助于催化剂循环再生；催化剂和设备磨损大；气流不均时气固相接触效率降低；返混大，影响产品质量均一性。

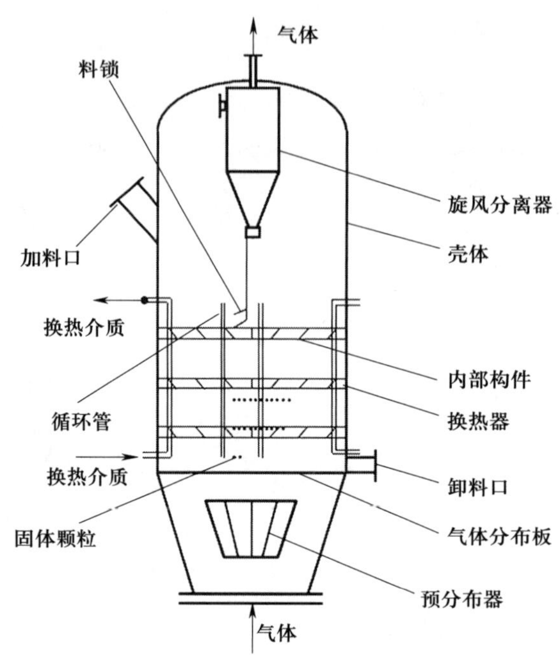

图 8-6　流化床反应压力容器的结构

三、储存压力容器

1. 储存压力容器的作用

储存压力容器（代号 C，球罐代号为 B）主要是用于储存、盛装气体、液体、液化气体等介质的压力容器，应用于石油、化工、轻工、能源、食品等行业，如液氨储罐、液化石油气储罐等。

2. 储存压力容器的类型

（1）按几何形状分为立式储罐、卧式储罐、球形储罐。

（2）按储存温度分为低温储罐（<−20 ℃）、常温储罐（<90 ℃）和高温储罐（90～250 ℃）。

（3）按制造材料分为非金属储罐、金属储罐和复合材料储罐。

（4）按工作压力分为常压储罐和高压储罐。

【知识窗】

化工压力容器的维护保养

1. 化工压力容器的安全装置（如安全阀、压力表、泄压孔、防爆膜等）应可靠、灵敏、准确，并应定期检查。

2. 应经常检查化工压力容器的防腐措施，确保其完好。同时，应采取措施防止化工压力容器及相关连接化工管路“跑、漏、滴、冒”。

3. 应经常检查化工压力容器的紧固件和密封情况，以确保完整性和可靠性；减少和消除化工压力容器的振动。

4. 检查化工压力容器的接地装置，确保接地装置完整、良好。

5. 停用与封存的化工压力容器也应定期进行维护和保养。

【知识拓展】

化工压力容器运行期间的安全检查

对于运行中的化工压力容器，主要检查以下三个方面。

1. 工艺条件方面

工艺条件方面主要检查操作条件，包括操作压力、操作温度、液位是否在安全规程规定的范围内；工作介质的化学成分、物料配比、投料数量等，特别是影响容器安全的成分是否符合要求。

2. 设备状况方面

设备状况方面主要检查化工压力容器各连接部位有无泄漏、渗漏现象，化工压力容器的部件和附件有无塑性变形、腐蚀及其他缺陷或可疑迹象，化工压力容器及其连接化工管路有无振动、磨损等现象。

3. 安全装置方面

安全装置方面主要检查安全装置以及与安全有关的计量器具（如温度计、投料或液化气体充装计量用的磅秤等）是否保持完好状态。例如，压力表的取压管有无泄漏或堵塞现象；弹簧式安全阀的弹簧是否有锈蚀、被油污黏结等情况；冬季装设在室外的露天安全阀有无冻结的迹象；这些装置和器具是否在规定的允许使用期限内。

对运行中的化工压力容器进行巡回检查要定时、定点、定路线、定人员，化工工艺操作人员在进行巡回检查时，应随身携带检查工具，沿着固定的检查线路和检查点认真检查。

思考与练习

一、单项选择题

1. 下列化工压力容器属于反应压力容器的是（　　）。

A. 换热器　　　　B. 回收塔

C. 洗涤器　　　　D. 流化床

2. 设计压力在 1.6 MPa 和 10 MPa 之间的化工压力容器属于（　　）。

A. 低压容器　　　　B. 高压容器

C. 中压容器　　　　D. 超高压容器

3. 下列不属于化工压力容器安全装置的是（　　）。

A. 安全阀　　　　B. 压力表

C. 爆破片　　　　D. 封头

二、填空题

1. 化工压力容器一般由________、________、________、________及安全装置构成。

2. 釜式反应压力容器主要由釜体、________、密封装置构成。

3. 化工压力容器根据在生产工艺过程中的作用，可分为________、________、________和________四种。

4. 流化床反应压力容器由________、________和________三部分组成。

三、简答题

1. 简述化工压力容器的主要结构。

2. 简述化工压力容器的分类。

任务三　认识换热器

学习目标

1. 了解换热器的作用及传热机理。
2. 掌握换热器的类型、结构特点、应用及发展。
3. 熟悉各类换热器的工作流程。

任务引入

在化工生产过程中，几乎所有的化学反应过程都需要控制在一定的温度下进行。为了达到和保持所要求的温度，反应物在进入反应器前常需加热或冷却到一定温度。在工业生产中如何实现这种操作？在怎样的设备中实现？这就是本任务讨论的问题。

任务分析

在生活中，我们会遇到许多传递热能的物体，如做饭用的铁锅、暖气管道及暖气片等。那么化工生产中热能的传递依靠什么装置呢？

相关知识

一、换热器的作用及分类

1. 换热器的作用

换热器是将热流体的部分热能传递给冷流体的设备，以实现不同温度流体间的热能传递，又称热交换器。换热器是实现化工生产过程中热能交换和传递不可缺少的设备。

换热器是化工、炼油、电力等工业部门广泛使用的一种通用设备。在化工厂建设中，换热器的投资占总投资的 10%～20%。

2. 换热器的分类

（1）按传热方式分类。

①混合式换热器是通过冷、热流体的直接接触并相互作用，在无须隔板的情况下实现热能交换的换热器，又称接触式换热器。由于两流体混合换热后必须及时分离，这类换热器适用于气、液两流体之间的换热，如化工厂和发电厂所用的凉水塔。

②蓄热式换热器是利用冷、热流体交替流经蓄热室中的蓄热体（填料）表面，从而进行热能交换的换热器，如炼焦炉下方预热空气的蓄热室。

③间壁式换热器是冷、热流体被固体间壁隔开并通过间壁进行热能交换的换热器，因此又称表面式换热器，这类换热器应用最广。

（2）按用途分类。

①冷却器用于把流体冷却到必要的温度，但冷却流体没有发生相的变化。

②加热器用于把流体加热到必要的温度，但加热流体没有发生相的变化。

③预热器用于预先加热流体，为工序操作提供标准的工艺参数。

④过热器用于把流体（工艺气或蒸汽）加热到过热状态。

⑤蒸发器用于加热流体达到沸点以上温度，使流体蒸发，一般有相的变化。

二、换热器的传热机理

基本的传热机理有热传导、热对流、热辐射。

（1）热传导。温度不同的接触物体间或同一物体各部分之间存在温度差时发生的热能传递过程，称为热传导。

微观上，物体的微观粒子不发生宏观的相对移动，只在其热振动和碰撞中发生能量传递；宏观上，表现为热能从物体的高温部分传到低温部分，即单向传热。

（2）热对流。流体在流动时，流体质点产生位移和相互混合而发生的热能传递，称为热对流。

在热对流的传热过程中，既有流体质点的导热作用，又有流体质点位移产生的对流作用，属于单向传热。

（3）热辐射。热辐射是一种以电磁波传递热能的形式。一切物体都能把热能以电磁波形式发射出去。热辐射的特点是不仅产生能量的转移，而且伴随着能量形式的转换。

三、列管式换热器

1. 列管式换热器的结构

列管式换热器又称管壳式换热器，是最典型的间壁式换热器，主要由壳体、管束、管板、折流板和封头等组成。一种流体在管内流动，其行程称为管程；另一种流体在管外流动，其行程称为壳程。管束的壁面即为传热面。列管式换热器的结构如图 8-7 所示。

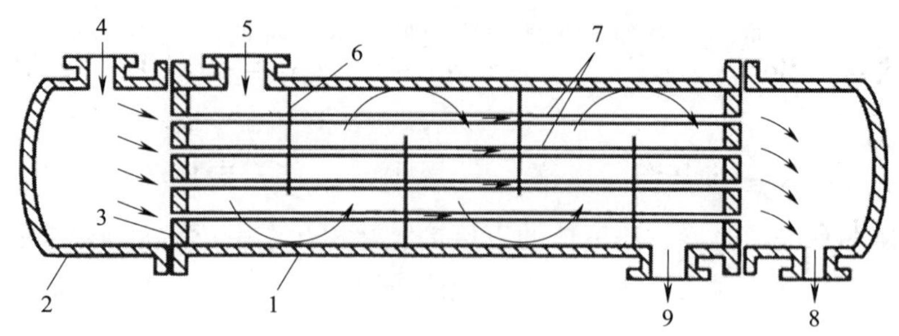

图 8-7　列管式换热器的结构

1—壳体；2—封头；3—管板；4—管程流体进口；5—壳程流体进口；6—折流板；7—管束；8—管程流体出口；9—壳程流体出口

2. 列管式换热器的分类

列管式换热器主要可分为以下几种类型。

（1）固定管板式换热器。该类换热器管束两端管板与壳体连接，构造简单，但仅适用于冷热流体温差不大、壳程不需要机械清洗的换热作业。当温差稍大、壳体侧压力不太大时，可在壳体上安装弹性补偿圈，以减小热应力，具有补偿圈的固定管板式换热器如图 8-8 所示。

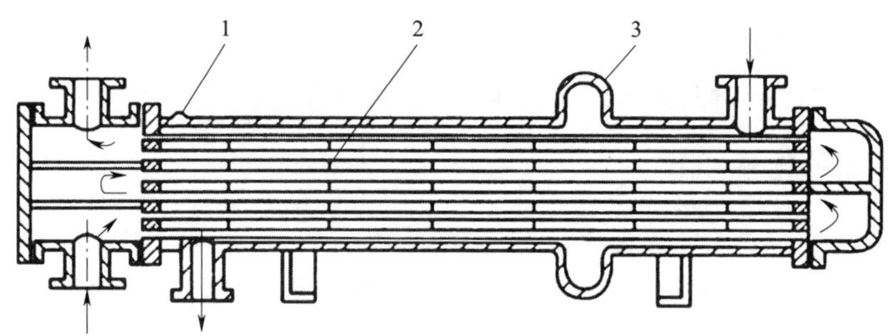

图 8-8　具有补偿圈的固定管板式换热器

1—放气口；2—折流板；3—补偿圈

（2）浮头式换热器。该类换热器管束一端管板可自由浮动，消除热应力；整个管束可从壳体中拉出，便于机械清洗和维修。浮头式换热器应用普遍，但构造繁杂，成本高。单壳程双管程浮头式换热器如图 8-9 所示。

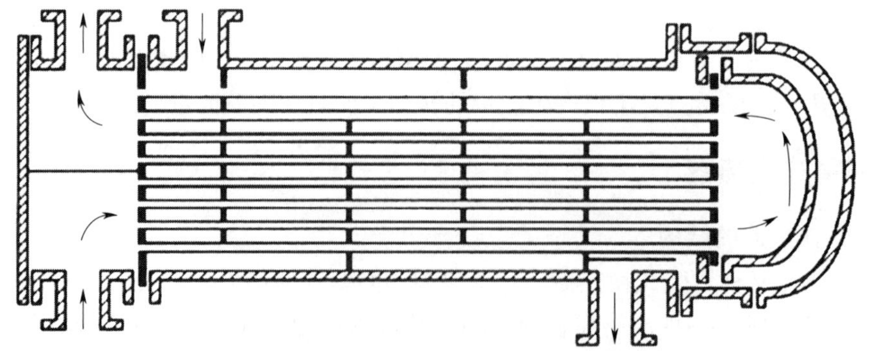
图 8-9　单壳程双管程浮头式换热器

（3）U 形管式换热器。该类换热器每根换热管弯成 U 形，两端分别固定在同一管板的上下两个区域。借助于管箱中的隔板，它被分为两个进出口室。U 形管式换热器的构造比浮头式换热器简略，但管程不易清洗。双管程双壳程 U 形管式换热器如图 8－10 所示。

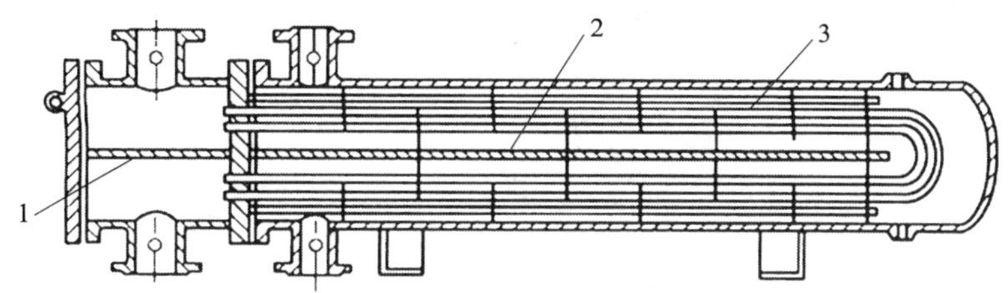

图 8－10　双管程双壳程 U 形管式换热器

1—管程隔板；2—壳程隔板；3—U 形管

四、其他类型换热器

1. 螺旋板式换热器

螺旋板式换热器是指冷热流体之间通过螺旋板壁进行换热的换热器，如图 8－11 所示。螺旋板式换热器主要由两张互相平行的钢板，卷制成互相隔开的螺旋形流道组成，两板之间焊有定距柱，以维持流道的间距。

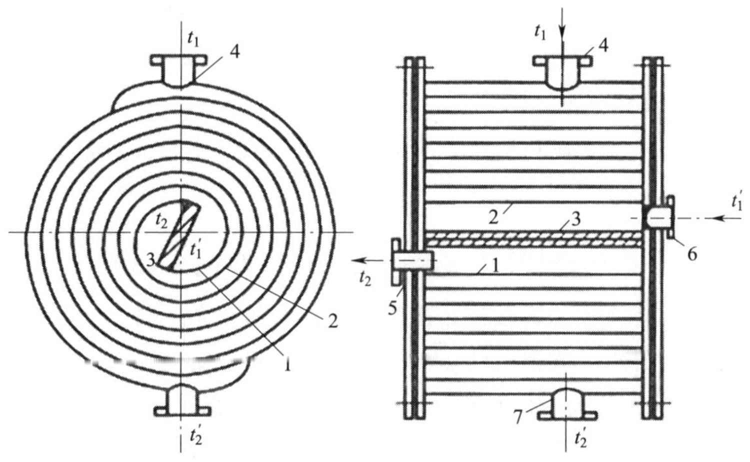

图 8－11　螺旋板式换热器

1、2—金属板；3—隔板；4、5、6、7—流体连接管

螺旋板式换热器的优点是结构紧凑，传热效率高，不易堵塞，成本较低；缺点是操作压力和温度不高，流动阻力大，维修困难。

2. 板式换热器

板式换热器由传热板片、垫片和压紧装置三部分组成，如图 8－12 所示。传热板片可被压制成多种形状的波纹，提高流体的湍流程度及增加传热面积，易于流体均匀分布。

板式换热器的优点是传热系数大，单位体积的传热面积大，操作灵活，可根据需要调节板片数，安装、检修和清洗方便；缺点是操作压力、温度不能太高，板间距小，处理流体量小。

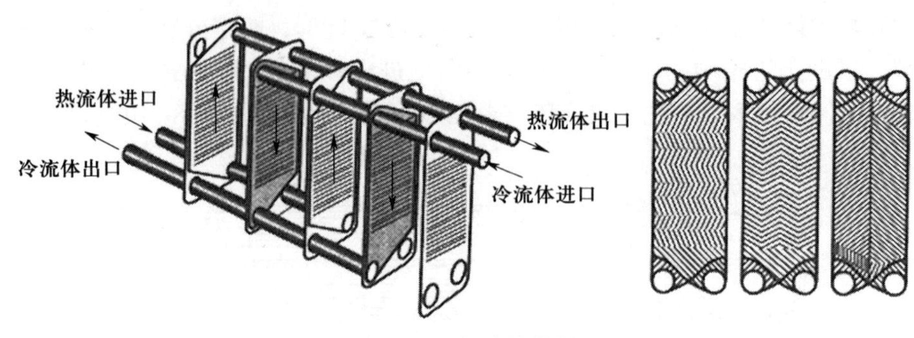

图 8－12　板式换热器

【知识窗】

列管式换热器中流体走管程、壳程的选择原则

1. 不洁净、易结垢、腐蚀性的流体宜走管程，以免管束和壳体同时受腐蚀，且清洗、检修方便。

2. 被冷却的流体宜走壳程，便于散热，增强冷却效果。

3. 压力高的流体宜走管程，以免壳体同时受压。

4. 有毒流体宜走管程，这样可以使泄漏机会和风险减小。

5. 饱和蒸汽宜走壳程，便于排出冷凝液和不凝气，且蒸气洁净不污染。

6. 流量小或黏度大的流体宜走壳程，因折流板的作用，其在低雷诺数（Re>100）时也可以达到湍流状态，提高换热效果。

7. 若两流体温差较大，宜使换热系数大的流体走壳程，使管壁和壳壁温差减小。

【知识拓展】

换热器中冷热流体的流动方向（见图 8–13）

1. 并流：参与换热的两种流体在传热面两侧以相同的方向流动。

2. 逆流：参与换热的两种流体在传热面两侧以相反的方向流动。

3. 错流：参与换热的两种流体垂直交叉流过传热面两侧。

4. 折流：一侧流体只沿一个方向流动，而另一侧流体来回做折流流动。

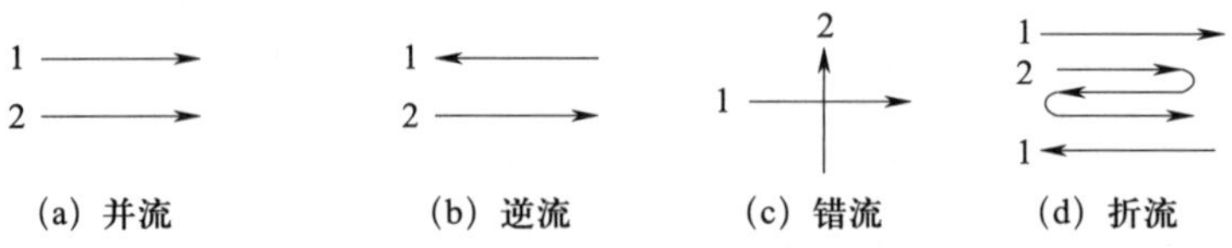

图 8－13　换热器中冷热流体的流动方向

思考与练习

一、单项选择题

1. 以下关于列管式换热器的说法，错误的是（　　）。

A. 是最典型的间壁式换热器

B. 一种流体在管内流动，其行程称为壳程；另一种流体在管外流动，其行程称为管程

C. 主要由壳体、管束、管板、折流板和封头等组成

D. 通过管束壁面实现热量传递

2. 根据传热方式的不同，以下换热器分类不正确的是（　　）。

A. 间壁式　　B. 混合式　　C. 蓄热式　　D. 冷凝式

3. 化工生产中应用最广的换热器是（　　）。

A. 间壁式　　B. 混合式　　C. 蓄热式　　D. 以上都是

4. 基本的传热机理有（　　）。

A. 热、热对流和热辐射　　B. 恒温传热和稳态变温传热

C. 导热给热和热交换　　D. 气化、冷凝与冷却

二、填空题

1. 列管式换热器主要由________、________、________、________和封头等组成。一种流体在管内流动，其行程称为________；另一种流体在管外流动，其行程称为________。

2. 流体在换热器中的流动方式有________、________、________和________。

3. 列管式换热器分为______________、______________、______________。

三、简答题

1. 换热器的传热机理有哪些？各自的特点是什么？

2. 简述列管式换热器的构造。

任务四　认识塔设备

学习目标

1. 了解塔设备的主要构件及作用。

2. 熟悉各类塔设备的工作原理。

3. 掌握板式塔、填料塔的类型。

任务引入

塔设备在化工生产中是仅次于换热器的常见设备。在化工生产过程中，常常需要将原料、中间产物或粗产品中的各个组分分离出来，作为化工产品或进一步生产的精制原料，如石油的分离、粗酒精的提纯。在化工生产中如何实现这类操作？在怎样的设备中实现？这就是本任务讨论的问题。

任务分析

为了保证化工生产的正常运行，化工工艺操作人员必须正确地操作各种塔设备且能维持其正常地运行。要想正确地操作各种塔设备，需要从了解塔设备的基础知识入手。

相关知识

一、塔设备的基础知识

1. 塔设备的作用

塔设备是石油、化工生产中广泛使用的重要生产设备，主要用于气、液两相直接接触进行传质传热的过程，如精馏、吸收、萃取、解吸等。塔设备可以为传质传热过程创造适宜的外界条件，除维持一定的压力，温度，气、液流量等工艺条件外，还可以从结构上保证气、液有充分的接触时间、接触空间和接触面积，以达到相际之间比较理想的传质和传热效果。塔设备的投资及质量在过程设备中所占的比重见表 8-2。

表 8-2　塔设备的投资及质量在过程设备中所占的比重

装置名称	投资的比重	质量的比重
石油及石油化工 （60 万 t、120 万 t/a 催化裂化装置）	25.4%	48.9%
炼油及煤化工 （30 万 t/a 乙烯装置）	34.85%	25.3%
化纤 （4.5 万 t/a 丁二烯装置）	44.9%	54%

2. 塔设备的分类

塔设备的种类很多，为了便于比较和选型，必须对塔设备进行分类，常见的分类方法有以下几种。

（1）按操作压力分为加压塔、常压塔和减压塔。

（2）按单元操作分为精馏塔、吸收塔、解吸塔、萃取塔、反应塔和干燥塔等。

（3）按内件结构分为板式塔和填料塔。

3. 塔设备的结构

塔设备包括塔体、端盖、支座、接管、人孔或手孔、物料进出口、塔内附件和塔外附件等。板式塔和填料塔分别如图 8－14 和图 8－15 所示。

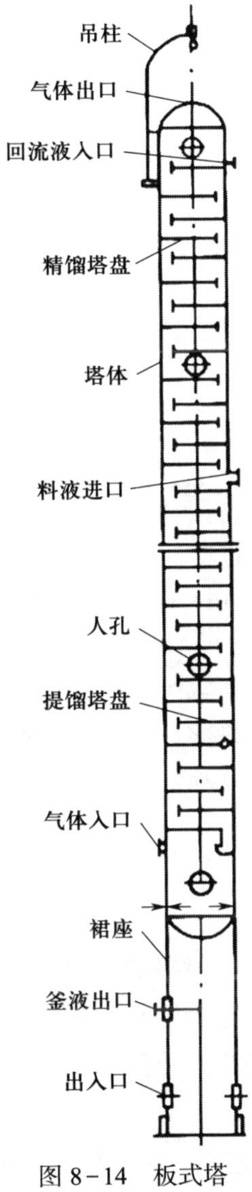

图 8－14　板式塔

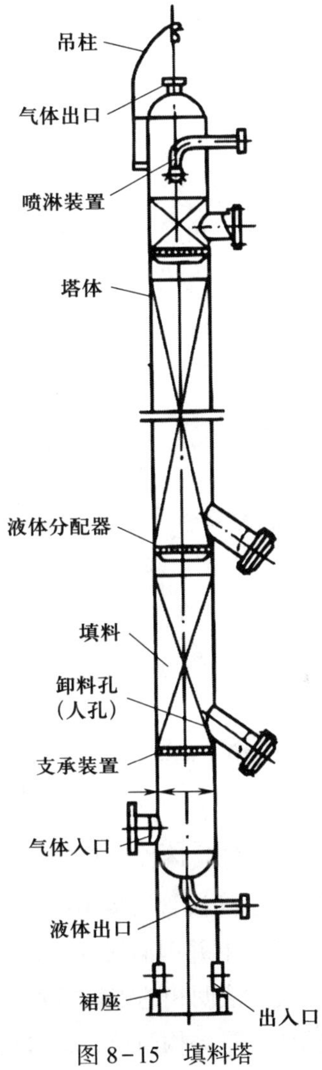

图 8－15　填料塔

由图 8－14 和图 8－15 可知，无论是板式塔还是填料塔，除了各种内件，均由塔体、裙座、人孔、吊柱等组成。

二、板式塔

1. 板式塔的工作原理

板式塔内沿塔高装有若干层塔板（塔盘），液体依靠重力作用由顶部逐板流向塔底，并在

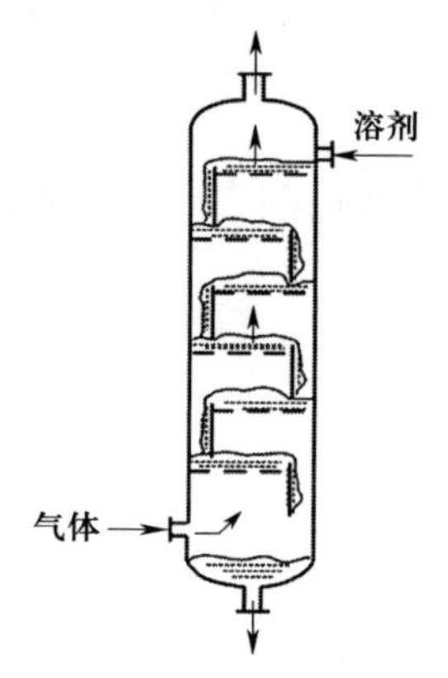

图 8-16　板式塔的工作原理

各块板面上形成流动的液层；气体则靠压力差推动，由塔底向上依次穿过各塔板上的液层而流向塔顶。气、液两相在塔内进行逐级接触，两相的组成沿塔高呈阶梯式变化。当处理量大时多采用板式塔。板式塔的工作原理如图 8-16 所示。

2. 板式塔的分类

板式塔类型的不同，在于其中的塔板结构不同，常见的类型有泡罩塔、筛板塔、浮阀塔等。

（1）泡罩塔。这是工业上最早使用的板式塔，其塔板结构如图 8-17 所示，主要由升气管和泡罩构成，泡罩安装在升气管的顶部，分为圆形和条形两种，前者居多。泡罩下部周边开有很多齿缝，齿缝一般呈三角形、矩形或者梯形。

泡罩塔的优点是操作弹性大，塔板不易堵塞；缺点是结构复杂，造价较高，压降较大，塔板效率及生产能力较低，已经逐渐被筛板塔、浮阀塔取代。

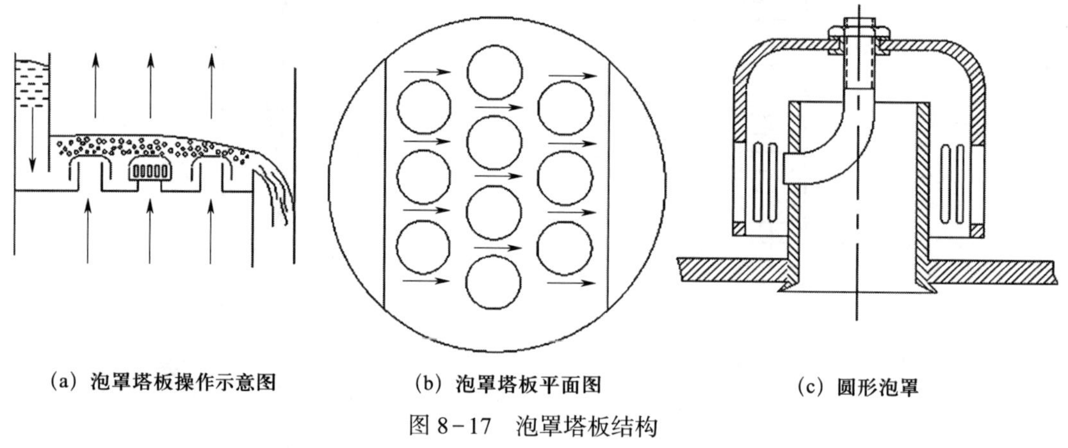
(a) 泡罩塔板操作示意图　(b) 泡罩塔板平面图　(c) 圆形泡罩

图 8-17　泡罩塔板结构

（2）筛板塔。筛板塔板也是较早出现的一种板型。筛板塔板的结构较为简单，如图 8-18 所示。塔板上设置降液管及溢流堰，并均匀地钻有若干小孔，称为筛孔。正常操作时，液体沿降液管流入塔板上并因溢流堰形成一定深度的液层，气体经筛孔分散成小股气流，鼓泡通过液层，造成气、液两相的密切接触。

筛板塔的优点是结构简单，造价低，生产能力大，液面落差小，压降低，塔板效率较高；缺点是操作弹性小，筛孔易堵塞，不宜处理易结焦、黏度大的物料。

（3）浮阀塔。其结构特点是在塔板上开若干个阀孔，每个阀孔都装有一个可上下浮动的阀片，操作时，由阀孔上升的气流经阀片与塔板间隙沿水平方向进入液层，增加了气、液接触时间，阀片开度随着气体负荷而变，低气量时，开度较小，气体仍能以足够的速度通过缝隙，避免过多的漏液；高气量时，阀片自动浮起，开度增大，使气体速度不致过快。几种浮阀形式如图 8-19 所示。

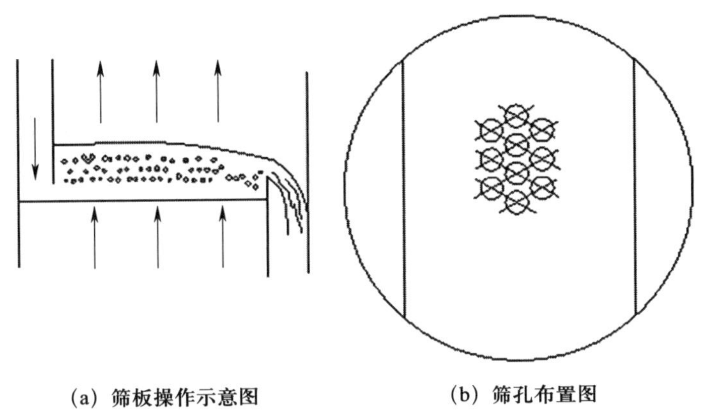

图 8-18　筛板塔板结构

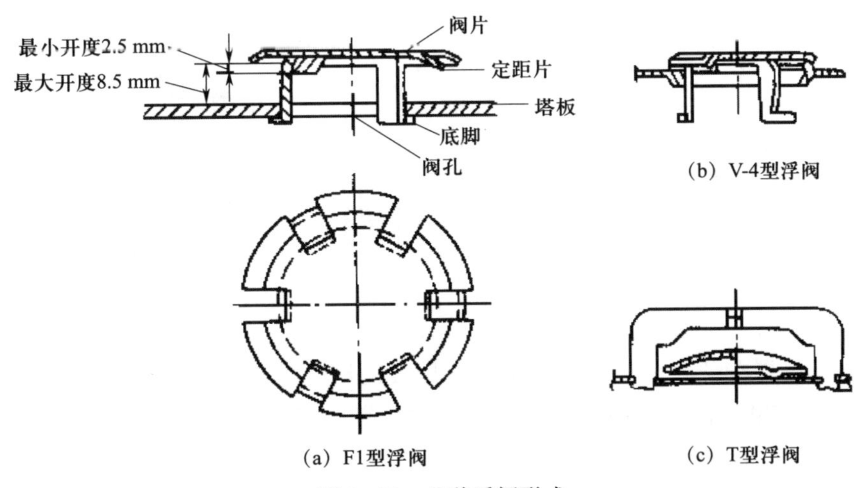

图 8-19　几种浮阀形式

浮阀塔的优点是结构简单、造价低，操作弹性大，生产能力大，塔板效率高；缺点是处理易结焦和高黏度的物料时，阀片易与塔板黏结，操作时阀片易磨损，可能脱落或卡死，液面梯度大，气体分布不均，液体返混程度大，弓形区存在滞留区。

三、填料塔

1. 填料塔的工作原理

填料塔内装有各种形式的固体填充物，即填料。液相由塔顶喷淋装置分布于填料层上，靠重力作用沿填料表面流下；气相则在压力差作用下穿过填料的间隙，由塔的一端流向另一端。气、液在填料的润湿表面上进行接触，其组成沿塔高连续性的变化。当处理量较小时多采用填料塔。填料塔的工作原理如图 8-20 所示。

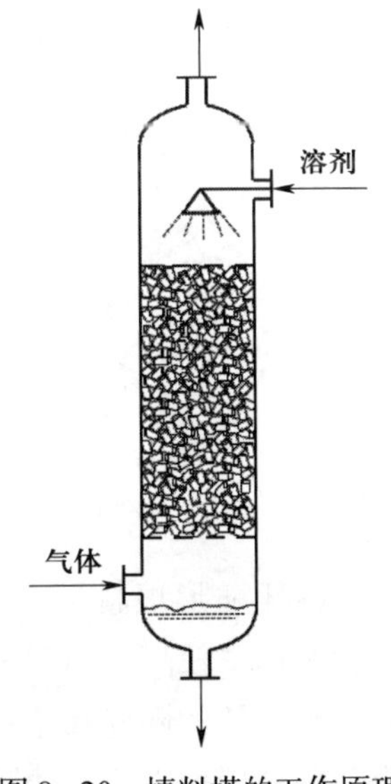

图 8-20　填料塔的工作原理

2. 填料的类型及性能

根据装填方式不同，填料可分为散装填料和规整填料两大类。

（1）散装填料。散装填料是指以乱堆为主的填料，这种填料是具有一定外形的颗粒体，又称颗粒填料。

（2）规整填料。规整填料是一种在塔内按均匀的几何图形规则、整齐堆砌的填料，这种填料人为规定了填料层中气液的流路，减少了沟流和壁流的现象，大大降低了压降，提高了传热传质的效果。

规整填料按照结构可分为丝网波纹填料和板波纹填料。

（3）常用的几种填料。

①拉西环填料是工业上最早使用的一种填料，呈外径与高度相等的圆环，通常由陶瓷或金属材料制成，如图 8-21 所示。

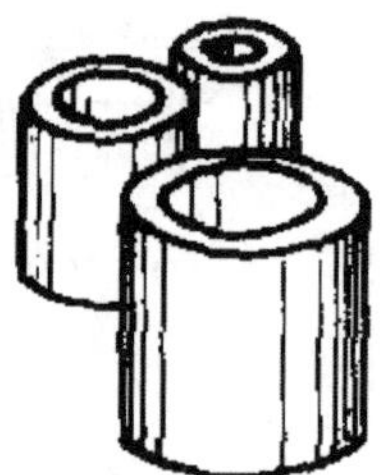
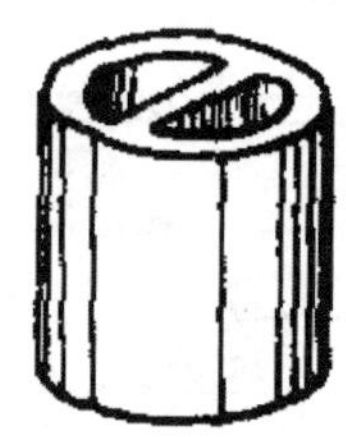

图 8-21　拉西环填料

②鲍尔环填料是在拉西环填料的壁上开一层或两层长方形窗孔，窗孔的母材两层交错地弯向环中心对接，如图 8-22 所示。这种结构使填料层内的气、液分布性能大为改善，尤其是环的内表面得到充分利用。

③阶梯环填料是在鲍尔环填料的基础上改造而来的，环壁上开有窗孔，其高度为直径的一半，如图 8-23 所示。高径比的减小，使得气体绕填料外壁的平均路径大大缩短，减小了阻力。

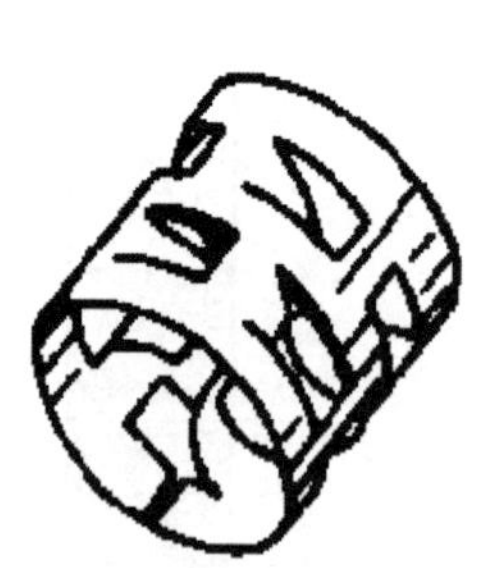

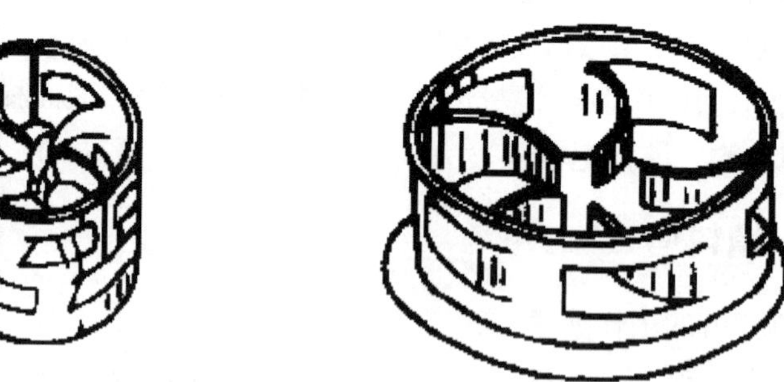

图 8-22　鲍尔环填料

图 8-23　阶梯环填料

④矩鞍形填料是一种敞开形填料，填装于塔内，互相处于套接状态，因而稳定性较好，表面利用率较高，如图 8-24 所示。因液体流道通畅，不易被固体悬浮物堵塞，并能用价格便宜又耐腐蚀的陶瓷和塑料制造。它比鲍尔环填料阻力小、通量大、效率高、强度和刚性更好，是目前应用最广的一种散堆填料。

⑤波纹填料由许多层波纹薄片组成，各片高度相同但长短不等，搭配组合成圆盘状，波纹与水平方向成 45° 倾角，相邻两片反向重叠使其波纹互相垂直，如图 8－25 所示。圆盘填料块水平放入塔内，相邻两圆盘的波纹薄片方向互成 90° 角。

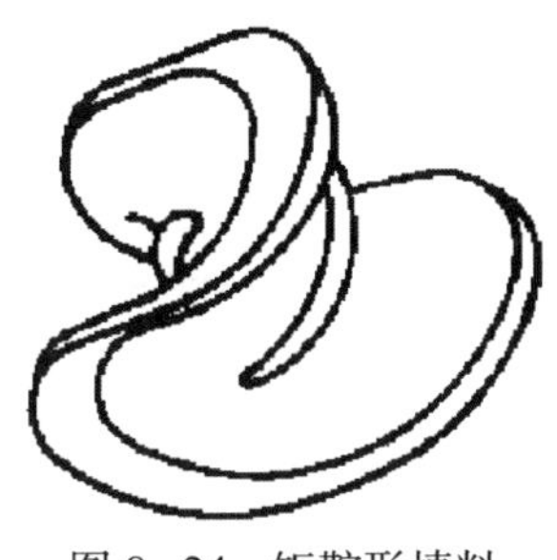

图 8－24　矩鞍形填料

图 8－25　波纹填料

四、板式塔与填料塔的比较

对于许多逆流接触的过程，填料塔和板式塔都可以使用。每种塔型各有优劣，应根据具体情况选用不同的塔。

（1）填料塔的操作范围较小，特别是对于液体负荷的变化更为敏感。

（2）填料塔不适宜处理易聚合或含有固体悬浮物的物料。

（3）当气、液接触过程中需要冷却，以移除反应热或溶解热时，不适宜用填料塔。另外，当有侧线出料时，填料塔也不如板式塔方便。

（4）填料塔的塔径可以很小，但板式塔的塔径一般不小于 0.6 m。

（5）板式塔的设计资料更容易得到而且更为可靠，安全系数可以取得更小。

（6）当塔径不很大时，填料塔的造价更便宜。

（7）对于易起泡的物系，填料塔更合适。

（8）对于腐蚀性物系，填料塔更合适。

（9）对于热敏性物系，采用填料塔较好。

（10）填料塔的压降比板式塔小，更适于真空操作。

【知识窗】

选择填料的原则

填料的选择，对填料塔的操作有很大的影响。为了使填料塔高效率地操作，所用填料一般应具备下列条件。

1. 单位体积填料的表面积（比表面积）必须大。

2. 单位体积填料层具有的空隙体积（空隙率）必须大。

3. 填料表面有较好的液体均匀分布性能，以避免液体的沟流及壁流现象。

4. 气流在填料层中均匀分布，以使压降均衡、无死角，对于填料层阻力较小的大塔应特别注意。

5. 制造容易，造价低廉。

6. 具有足够的机械强度。

7. 对于液体及气体均须具有化学稳定性。

【知识拓展】

填料塔的辅助设备

1. 支撑板

在填料塔中，支撑板的作用是支撑填料和填料上的持液量。因此，支撑板首先要有足够的强度和刚度；其次还要具有大于填料层空隙率的开孔率，保证气体和液体能自由通过，以免再次发生液泛。

常用的支撑板有栅板式、升气管式等，其结构如图 8-26 所示。选择哪种支撑板，主要根据塔径、使用的填料种类及型号、塔体及填料的材质、气液流量等而定。

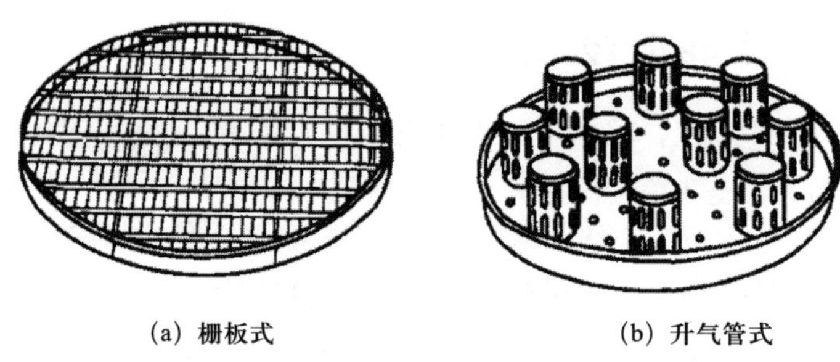

(a) 栅板式　　(b) 升气管式

图 8-26　支撑板结构

2. 液体分布器

液体分布器的作用是把液体均匀地分布在填料表面上。如果液体分布不均，会减少填料的有效传质面积，促使液体发生沟流，从而弱化吸收效果。常用液体分布器有莲蓬头式、筛孔式、溢流管式、槽式、排管式、环管式等多种形式，其结构如图 8-27 所示。

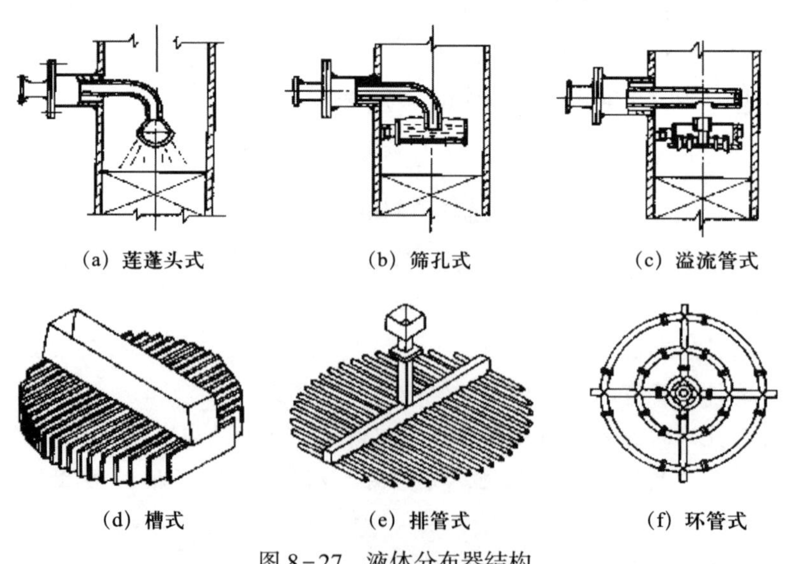

(a) 莲蓬头式　　(b) 筛孔式　　(c) 溢流管式

(d) 槽式　　(e) 排管式　　(f) 环管式

图 8-27　液体分布器结构

3. 液体再分布器

液体再分布器是用来改善液体在填料层中向塔壁流动的效应的，一般设置在填料的段与段之间。

4. 液体出口装置及气体进口装置

液体的出口装置既要便于塔内排液，又要防止夹带气体，可采用水封装置。气体的进口装置应具有防止塔内下流的液体进入管内的功能，同时又能使气体在塔截面上分布均匀。

5. 除沫装置

除沫装置用来除去由填料层顶部溢出的气体中的液滴。常用的除沫装置有折板除沫器、丝网除沫器、旋流板除沫器等。

思考与练习

一、单项选择题

1. 下列不属于板式塔类型的是（　　）。

A. 泡罩塔　　B. 填料塔　　C. 浮阀塔　　D. 筛板塔

2. 下述说法中错误的是（　　）。

A. 板式塔内气液逐级接触，填料塔内气液连续接触

B. 精馏用板式塔，吸收用填料塔

C. 精馏既可以用板式塔，也可以用填料塔

D. 吸收既可以用板式塔，也可以用填料塔

3. 下列不属于填料塔辅助设备的是（　　）。

A. 液体分布器　　B. 塔体　　C. 支撑板　　D. 除沫装置

4.（　　）是用来改善液体在填料层中向塔壁流动的效应的，一般设置在填料的段与段之间。

A. 液体再分布装置　　B. 塔体　　C. 支撑板　　D. 除沫装置

二、填空题

1. 常见的板式塔有________、________和________。

2. 按内件结构分，塔设备可分为填料塔和________。

3. 根据装填方式不同，填料可分为________和________两大类。

三、简答题

1. 填料塔主要由哪几部分组成?

2. 简述板式塔的类型。

项目九

化工检测仪表认知

在化工生产过程中，单元操作以及化学反应往往是在密闭的化工管路和设备中连续地进行着物理或化学变化，常常有高温、高压、有毒、有害、易燃、易爆等特点，这就要求借助化工检测仪表进行监控与自动化生产。化工工艺操作人员需要认识压力检测仪表、流量检测仪表、物位检测仪表、温度检测仪表等。

任务一　了解化工检测仪表基础知识

学习目标

1. 了解化工生产中测量的意义。
2. 了解化工检测仪表的测量误差。
3. 掌握常见仪表的分类。

任务引入

为了保障化工生产过程稳定有序地进行，首先要应用一些自动检测仪表来监视生产，了解生产中工艺参数的情况；进一步应用自动控制仪表及一些控制机构代替部分人工操作，按工艺要求自动控制生产过程的进行。为了实现压力、流量、温度及物位等参数的监控，化工工艺操作人员需要了解并认识化工检测仪表。

任务分析

化工检测仪表是化工工艺操作人员的“眼睛”和“手臂”，化工工艺操作人员通过化工检

测仪表获得设备、工艺的特定信号，观察、分析、判断设备内的运行状况，并通过控制和执行机构来调整工艺参数，将设备运行调控到最佳状况。为了实现参数监视与自动化生产，化工工艺操作人员要了解化工检测仪表基础知识。

相关知识

一、测量

人们用试验的方法，借助于一定的仪器或设备，将被测量与同性质的单位标准量进行比较，并确定被测量相对于标准量的倍数，从而获得关于被测量的定量信息的过程叫测量。标准量又称测量单位，通常是国际或国内公认的性能稳定的量。测量结果由数值和标准量两部分组成，数值的大小可以用数字表示，也可以是曲线或者图形。无论用哪种表现形式，测量结果都必须注明单位，否则测量结果没有意义。

在过程自动化中要通过检测元件获取生产工艺变量，常见的变量是温度、压力、流量、物位。检测元件又称敏感元件、传感器，它直接响应工艺变量，并将被测信息转化成一个与之成对应关系的输出信号，包括位移、电压、电流、电阻、频率、气压等。参数检测的基本过程如图 9-1 所示。例如，测量炉温时，利用热电偶的热效应，变送器先把被测温度转换成电气信号，然后转变为测量仪表上的指针位移，并与温度标尺相比较而显示出被测温度的数值。

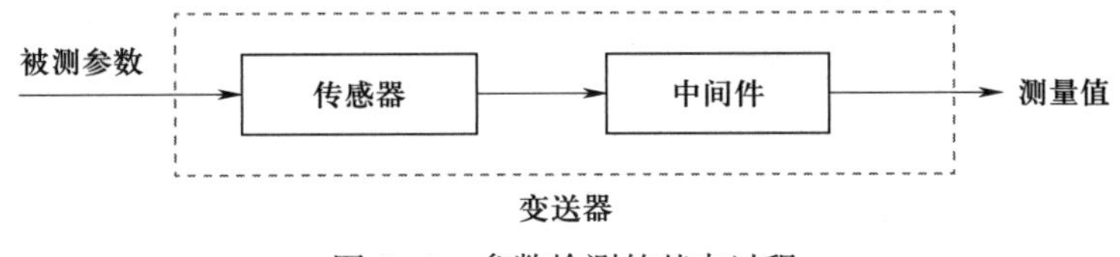

图 9-1　参数检测的基本过程

二、测量误差

测量的目的是得到被测物理量所具有的客观真实数据。但在测量过程中，受测量方法、测量仪器、测量条件以及观测者水平等多种因素的限制，只能获得该物理量的近似值。检测仪表获得的测量值与实际被测量真实值之间的差值，称为测量误差。误差存在于一切测量之中，测量与误差形影不离。根据不同的分类方法，测量误差可以分为不同的种类。

1. 按照表示方式分类

（1）绝对误差。绝对误差是被测量的测量值与被测量真实值之间的差值，它直接说明了仪表显示值偏离真实值的大小。在测量中，测量工具不完善、测量人员操作不当、测量中客观条件的变化等种种原因，都会使真实值难以得到，故在实践应用中常用实际值来代替真实值。

绝对误差不能确切地反映测量结果的准确程度，为此实际测量中引入相对误差，而绝对误差一般只适用于标准器具的标准，它是相对误差的基础。

（2）相对误差。相对误差为绝对误差与实际值之比，常用百分数表示。其公式为

$$相对误差=\frac{测量值-实际值}{实际值}\times 100\% \tag{9-1}$$

对于不同的测量值，相对误差更能比较出测量的准确度，即相对误差越小，测量的准确度就越高。

（3）引用误差。引用误差为绝对误差与所用仪表的量程之比，也以百分数表示。其公式为

$$引用误差=\frac{绝对误差}{测量上限值-测量下限值}\times 100\% \tag{9-2}$$

2. 按照产生原因分类

（1）系统误差。在相同测量条件下多次重复测量同一量时，如果每次测量值的误差基本恒定不变，或者按某一规律变化，这种误差称为系统误差。系统误差主要源于测量仪器和测量系统不够完善，仪表使用不当，温度、湿度、电磁场等外界环境条件无法满足仪表使用要求等。

但系统误差一般具有一定的规律性，其产生的原因基本可控。因此，在仪表的安装、使用、维修中应采取有效措施消除其影响；对无法确定而未能消除的系统误差加以修正，可以提高测量数据的准确度。

（2）偶然误差。当消除系统误差后，在同一条件下反复测量同一量时，每次测量仍会出现或大或小、或正或负的微小误差，这种误差称为偶然误差，也称随机误差。一些随机的偶然原因会引起这些误差，因此很难被发觉和修正，其大小直接反映了测量仪器的准确度。

（3）粗大误差。测量结果显著偏离被测量的实际值，与事实不符的误差，称为粗大误差。粗大误差常表现为与正常数据相差较大（过大或过小），且没有什么规律，比较容易被发觉。因此，在测量过程中，化工工艺操作人员要有高度的责任心，严格遵守操作规程，并熟练掌握操作技术，避免出现粗大误差。

【知识窗】

系统误差与偶然误差

前述三种误差的不同可以以打靶为例进行说明。图9-2（a）中的弹着点均匀分布在靶心周围，说明没有系统误差，但分布分散说明偶然误差较大。图9-2（b）中的弹着点偏离靶心，说明系统误差较大。图9-2（c）中的弹着点密集于靶心，说明只有偶然误差，没有系统误差。

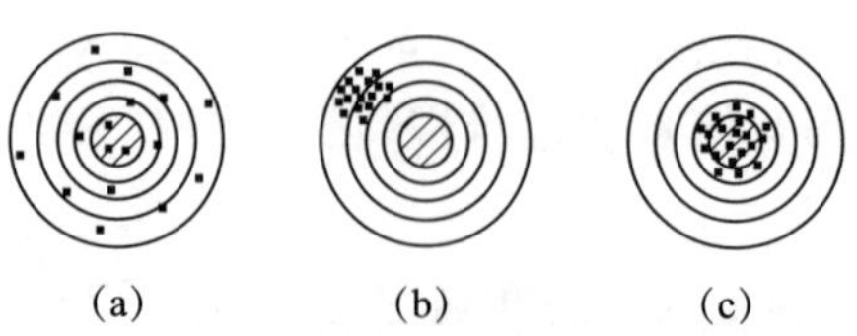

图9-2　弹着点与靶心关系图

三、常见化工仪表的分类

化工仪表的种类繁多，结构形式各异。因此，分类方式也不少，常见的分类方式有以下几种。

1. 按化工仪表使用的能源分类，有气动仪表、电动仪表和液动仪表等。

2. 按化工仪表功能分类，有检测仪表、显示仪表、调节仪表等。

3. 按表示示数方式分类，有指示型、记录型、信号型、远传指示型、累积型等。

4. 按精度及使用场合分类，有实用仪表、范型仪表和标准仪表等。

5. 按检测参数分类，有压力检测仪表、流量检测仪表、物位检测仪表、温度检测仪表、物质成分分析仪表及物性检测仪表等。

【知识拓展】

检测仪表性能指标

1. 测量范围及量程

每台检测仪表都有测量范围，它是该仪表按规定的精度进行检测的被测量的范围。测量范围的最低值和最高值分别为测量范围的下限和上限。量程是指测量范围的上限值和下限值的代数差。例如，一个温度检测仪表的下限值是 −30 ℃，上限值是 270 ℃，则其测量范围为 −30～270 ℃，量程为 300 ℃。

2. 精度

精度又称精确度，表示检测仪表检测结果的可靠程度，是指检测仪表在规定的工作条件下允许的最大相对百分误差。精度等级是以它的允许误差占表盘刻度值的百分比来划分的，其精度等级越大，允许误差占表盘刻度的极限值越大。

目前，我国生产的检测仪表的精度等级有 0.005、0.02、0.05、0.1、0.2、0.4、0.5、1.0、1.5、2.5、4.0 等。工业现场用的检测仪表，精度等级大多在 0.5 以下，一般用一定的符号形式表示在仪表面板上。例如，精度等级为 0.5，说明该检测仪表允许误差为 0.5%。检测仪表精度等级越小，说明准确度越高。

3. 变差

检测仪表的恒定度常用变差来表示。在外界条件不变的情况下，被测量由小到大变化和被测量由大到小变化不一致的程度，两者之差就是仪表的变差。

$$\text{变差}=\frac{\text{最大绝对误差}}{\text{标尺上限值}-\text{标尺下限值}}\times 100\% \tag{9-3}$$

检测仪表的变差不能超出其允许误差，否则应及时修正。

4. 灵敏度和灵敏限

灵敏度是检测仪表指针的线位移或角位移，与引起这个位移的被测量变化量的比值。灵敏度反映了检测仪表对被测量变化的灵敏程度。

灵敏限是指能引起检测仪表指针发生动作的被测量的最小变化量。通常，检测仪表灵敏限应不大于其允许绝对误差的一半。值得注意的是，上述指标仅适用于指针式检测仪表。在数字式检测仪表中，往往用分辨率来表示灵敏度（或灵敏限）的大小。

思考与练习

一、填空题

1. 测量误差是______________与______________之间的差值。
2. ________是指测量结果显著偏离被测量的实际值，与事实不符的误差。

二、简答题

简要说明化工仪表的分类。

任务二　认识压力检测仪表

学习目标

1. 了解压力检测仪表的主要类型及结构。
2. 了解压力检测仪表的特点。
3. 了解压力检测仪表的选用与安装。

任务引入

在化工生产过程中，经常要进行压力和真空度的测量。例如，高压聚乙烯要在 150 MPa 或更高压力下进行聚合；氢气和氮气合成氨气时，要在 15 MPa 或 32 MPa 的压力下进行反应；而炼油厂减压蒸馏，则要在比大气压低很多的真空中进行。如果压力不符合要求，不仅会影响生产效率，降低产品质量，有时还会造成严重的生产事故。此外，压力测量的意义不局限于自身，有些其他参数的测量（如物位、流量等）往往是通过测量压力或差压来进行的，即测出了压力或差压，便可确定物位或流量。为了实现压力的监测与控制，化工工艺操作人员需要了解压力检测仪表。

任务分析

压力是工业生产中的重要参数之一，为了保证生产正常运行，必须对压力进行监测和控制。如果压力不符合要求，不仅会影响生产效率，降低产品质量，有时还会造成严重的生产事故。因此，用压力检测仪表监测和控制压力尤为重要，正确测量和控制压力对保证生产工

艺过程的安全性和经济性有重要意义。

》相关知识

一、压力

工程技术上所称的“压力”，实质上就是物理学里的“压强”，定义为均匀而垂直作用于单位面积上的力。其表达式为

$$p=\frac{F}{A} \tag{9-4}$$

式中，p 为压力（Pa）；F 为作用力（N）；A 为作用面积（m^2）。

根据国际单位制（SI），1 N 力垂直均匀地作用在 1 m^2 面积上形成的压力为 1 Pa。

【知识窗】

压力的换算关系和表示方法

1. 压力的换算关系

过去使用的压力单位较多，根据 1984 年 2 月 27 日《国务院关于在我国统一实行法定计量单位的命令》中的规定，有些单位不再使用，但为了便于在实际生产中的换算，表 9-1 给出压力的换算关系。

表 9-1　压力的换算关系

单位	帕 /Pa	兆帕 /MPa	工程大气压 /（kgf/cm^2）	物理大气压 / atm	毫米汞柱 / mmHg	毫米水柱 / mmH_2O	巴 /bar
帕 /Pa	1	1×10^{-6}	1.0197×10^{-5}	9.869×10^{-6}	7.501×10^{-3}	1.0197×10^{-4}	1×10^{-5}
兆帕 /MPa	1×10^{6}	1	10.197	9.869	7.501×10^{3}	1.0197×10^{2}	10
工程大气压 /（kgf/cm^2）	9.807×10^{4}	9.807×10^{2}	1	0.967 8	735.6	10.00	0.980 7
物理大气压 / atm	1.0133×10^{5}	0.101 33	1.033 2	1	760	10.33	1.013 3
毫米汞柱 / mmHg	1.3332×10^{2}	1.332×10^{2}	1.3595×10^{-3}	1.3158×10^{-3}	1	0.013 6	1.333×10^{-3}
毫米水柱 / mmH_2O	9.806×10^{3}	9.806×10^{-3}	0.100	0.096 78	73.55	1	0.098 06
巴 /bar	1×10^{5}	0.1	1.019 7	0.986 9	750.1	10.197	1

2. 压力的表示方法

（1）绝对压力是指作用于物体表面的单位面积上的全部压力，以绝对真空作为基准零点，又称总压力或全压力，一般用符号 $p_{绝}$ 表示。大气压力是指地球表面上的空气柱所产生的压力，以 p_0 表示。

（2）表压力是指绝对压力与大气压力之差，一般用 $p_{表}$ 表示。压力检测仪表指示的压力一般是表压力，表压力又称相对压力。当绝对压力小于大气压力时，则表压力为负压，负压的绝对值称为真空度，一般用 $p_{真}$ 表示。

绝对压力、表压力、负压的关系如图 9-3 所示，可以表示为

$$p_{表}=p_{绝}-p_0 \tag{9-5}$$

$$p_{真}=p_0-p_{绝} \tag{9-6}$$

由于各种工艺设备和检测仪表通常在大气之中，本身就承受着大气压力，因此，工程上通常采用表压力或者真空度来表示压力，一般的压力检测仪表所指示的压力也是表压力或真空度。

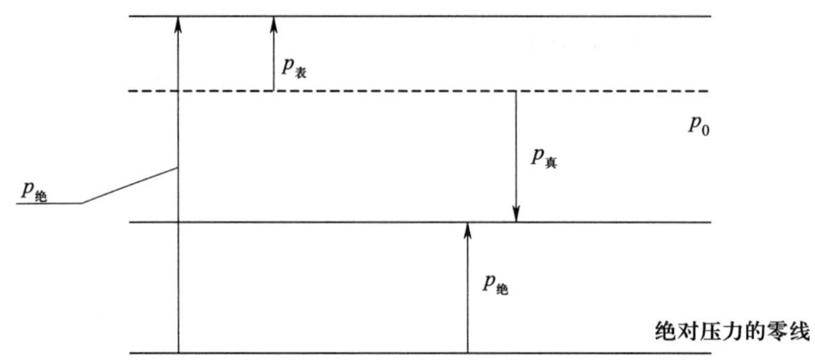

图 9-3　绝对压力、表压力、负压的关系

二、常用压力检测仪表

目前工业上常用的压力检测仪表有很多，根据敏感元件和转换原理的不同，一般分为液柱式压力计、弹簧管压力计、电气式压力计。

1. 液柱式压力计

液柱式压力计是利用流体静力学原理，将被测压力大小转换成液柱高度进行测量的，所用的液体称为封液，常用的封液有水、酒精、水银等。液柱式压力计有 U 形管压力计、单管压力计和斜管压力计，其结构如图 9-4 所示。

液柱式压力计一般用来测量较低压力、真空度或压力差。在实际中，很多因素都会影响液柱式压力计的精度：当环境温度与规定不符时，封液密度、标尺长度都会发生变化；毛细现象使封液表面形成弯月面，可能会引起读数误差，也可能会引起液柱的升高或降低；如果不能垂直安装，则会引起安装误差。

2. 弹簧管压力计

弹簧管压力计用弹簧管作为压力敏感元件，把压力转换成弹簧管的位移，位移的大小与被测压力大小成正比，经适当的机械传动和放大机构，通过指针指示被测压力大小。

弹簧管压力计是最常用的一种指示式压力检测仪表，其结构如图 9-5 所示，由弹簧管、齿轮传动机构、指针、刻度盘等组成。弹簧管压力计结构简单，使用方便，价格低廉，测量范围宽，可以测量负压、微压、低压、中压和高压（可达 1 000 MPa），因此应用十分广泛。

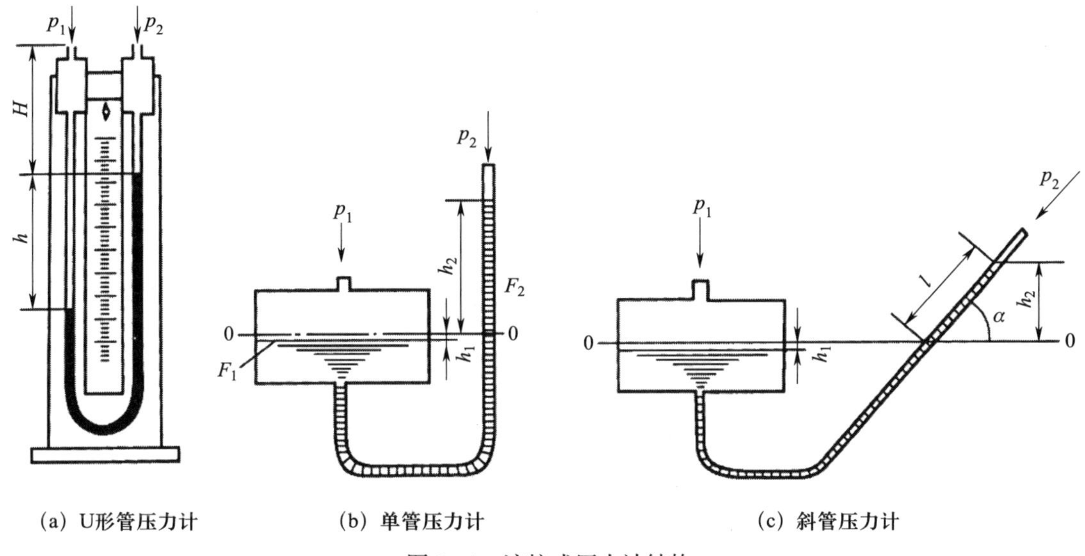

图 9-4　液柱式压力计结构

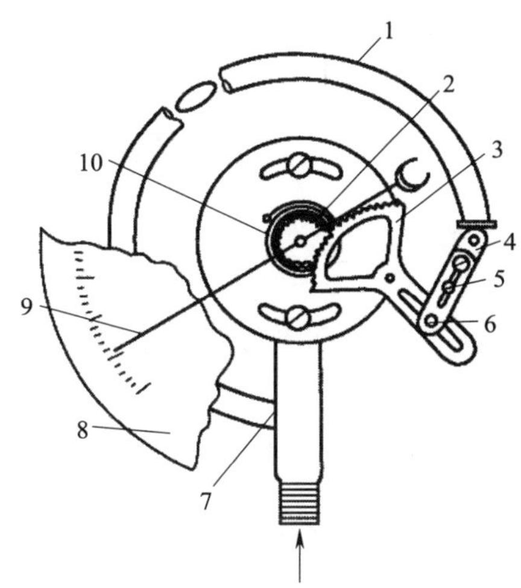

图 9-5　弹簧管压力计结构

1—弹簧管；2—小齿；3—扇形齿轮；4—拉杆；5—连杆调节螺钉；6—放大调节螺钉；
7—接头；8—刻度盘；9—指针；10—游丝

3. 电气式压力计

弹簧管压力计虽然应用十分广泛，但一般只能现场安装，就地指示。电气式压力计也利用弹性元件作为敏感元件，但在仪表中增加了转换元件（或装置）和转换电路，能将弹性元件的位移转换为电信号输出，实现信号的远距离传送。这种仪表的测量范围较大，可测 7×10^{-5} Pa～5×10^{2} MPa 的压力，允许误差可至 0.2%。由于可以远距离传送信号，所以在工业生产过程中可以实现压力自动控制和报警，并可与工业控制机联用。

电气式压力计一般由压力传感器、测量电路、信号处理装置和辅助电源组成。电气式压力计的组成框图如图 9-6 所示。

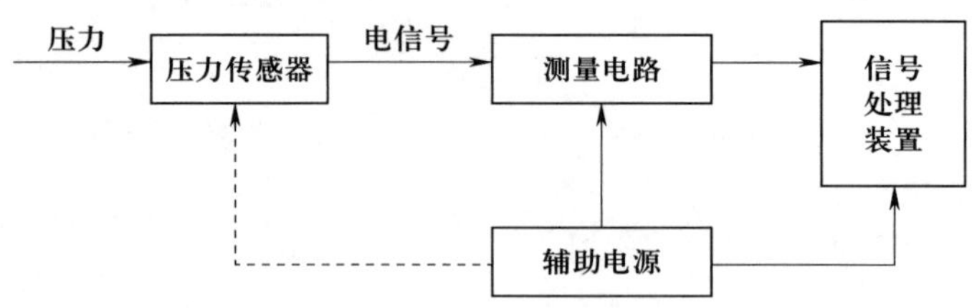

图 9-6　电气式压力计的组成框图

（1）霍尔片式压力传感器。霍尔片式压力传感器结构如图 9-7 所示，它主要由弹簧管、霍尔元件和磁极组成，根据霍尔效应的原理工作。

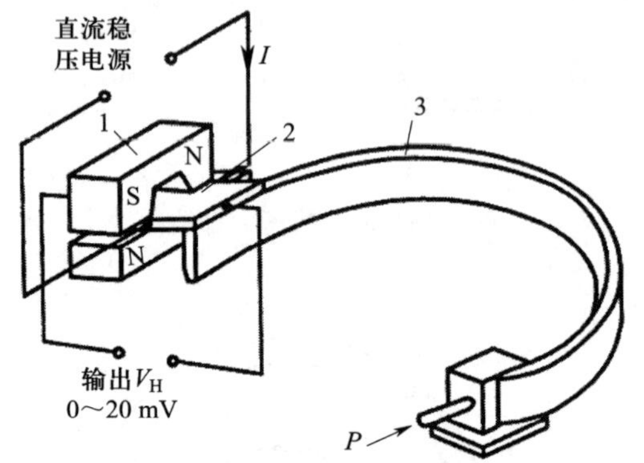

图 9-7　霍尔片式压力传感器结构

1—磁极；2—霍尔元件；3—弹簧管

（2）应变片式压力传感器。应变片式压力传感器是利用电阻应变原理工作的，其原理示意图如图 9-8 所示。应变片式压力传感器具有较大的量程，被测压力可达几百兆帕，并且具有良好的动态性能，适用于快速变化的压力测量。

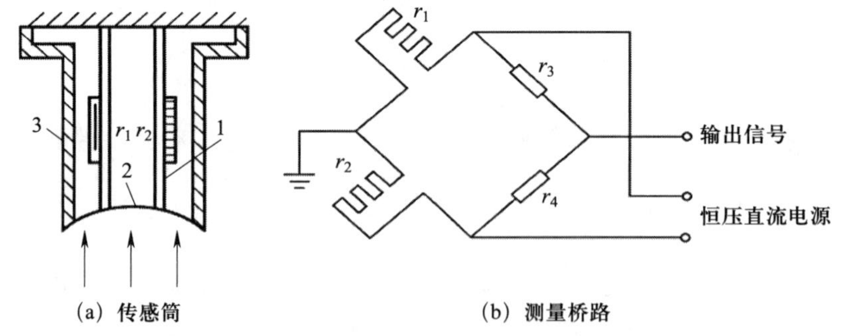

图 9-8　应变片式压力传感器原理示意图

1—应变筒；2—密封膜片；3—外壳

（3）压阻式压力传感器。压阻式压力传感器是利用压阻效应进行测量的，其结构如图 9-9 所示。压阻式压力传感器具有精度高、工作可靠、频率响应高、迟滞小、尺寸小、质量轻、结构简单等特点，可以在恶劣的环境条件下工作，便于实现显示数字化。

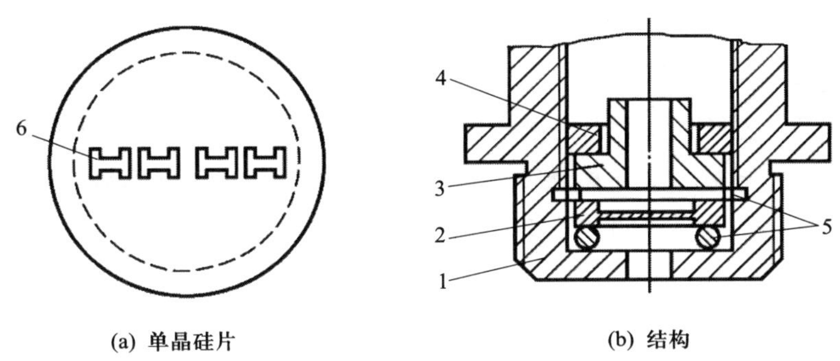

图 9-9　压阻式压力传感器结构

1—基座；2—单晶硅片；3—导环；4—螺母；5—密封垫圈；6—等效电阻

（4）电容式压力变送器。电容式压力变送器结构如图 9-10 所示。电容式压力变送器的精度较高，由于它的结构能经受冲击和振动，因此可靠性、稳定性高，当测量膜片两侧通以不同压力时，便可以用来测量差压、液位等参数。

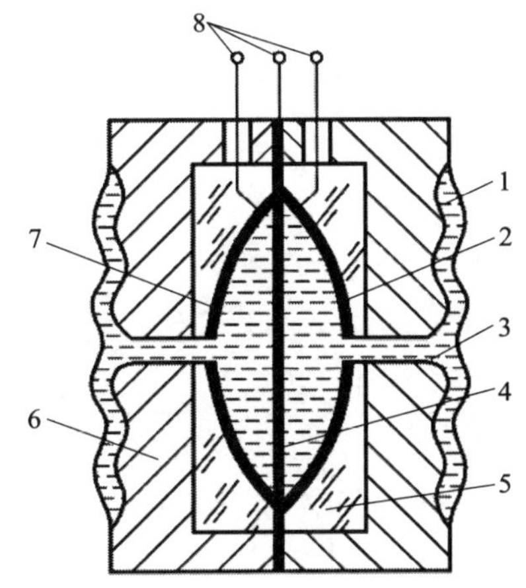

图 9-10　电容式压力变送器结构

1—隔离膜片；2、7—固定电极；3—硅油；4—测量膜片；5—玻璃层；6—底座；8—引线

【知识拓展】

压力计的选用与安装

一、压力计的选用

选用压力计时，应根据工艺要求，合理地选择压力计的量程、精度等级和类型等。

1. 量程的选择

一般在被测压力稳定的情况下，最大工作压力不应超过满量程的 2/3；测量脉动压力时，最大工作压力不应超过满量程的 1/2；测量高压时，最大工作压力不应超过满量程的 3/5。为了保证测量的准确性，一般被测压力的最小值应不低于满量程的 1/3。

2. 精度等级的选择

压力计的精度等级应根据生产所允许的最大测量误差来确定。选择时，应在满足生产要求的情况下尽可能选用精度等级较低、经济实用的压力计。

3. 类型的选择

选择压力计的类型时，应考虑被测介质的性质，如温度的高低，黏度的大小，是否易燃、易爆、有腐蚀性等。同时，要考虑现场环境条件，如高温、潮湿、振动和电磁干扰等。除此之外，还必须满足工艺生产提出的要求，如是否需要远距离传送信号、是否需要自动报警或记录等。

二、压力计的安装

1. 取压口的选择

（1）取压口要选在被测介质直线流动的管段上，不要选在化工管路拐弯、分岔、有死角及流束形成涡流的地方。

（2）就地安装在水平化工管路上的压力计，其取压口通常应位于化工管路的底部或侧面。

（3）测量液体压力时，取压口应在化工管路横截面的下部；测量气体压力时，取压口应在化工管路横截面的上部；测量水蒸气压力时，取压口可在化工管路的上半部或下半部。

（4）取压口在化工管路阀门、挡板前后时，与阀门、挡板的距离应大于（2～3）D（D为化工管路直径）。

2. 导压管的安装

（1）在取压口附近的导压管应与取压口垂直，管口应与管壁平齐，不应有凸物或毛刺。

（2）导压管粗细要合适，防止产生过大的测量滞后，一般内径应为6～10 mm，长度一般不超过50 m，如超过50 m，应选用能远距离传送信号的压力计。

（3）水平安装的导压管应有1∶10～1∶20的坡度，坡向应有利于排液（测量气体压力时）或排气（测量液体压力时）。

（4）当被测介质易冷凝或易冻结时，应加装保温伴热管。

（5）为了检修方便，在取压口与压力计之间应装切断阀，并应靠近取压口。

3. 压力计的安装

（1）压力计应安装在能满足其使用环境条件，并确保易观察和检修的地方。

（2）安装地点应尽量避免振动和高温影响，对于其他可凝性热气体，应安装冷凝管。

（3）测量有腐蚀性、高黏度、易结晶、易沉淀的介质时，应选取隔膜压力计。

（4）在80 ℃及2 MPa以下时，压力计连接密封垫片用橡胶或四氟垫片；在450 ℃及5 MPa以下时，用石棉垫片或铝垫片；温度及压力更高（50 MPa以下）时，用退火紫铜或铅垫。测量氧气压力时，不得使用浸油垫片、有机化合物垫片；测量乙炔压力时，不得使用铜制垫片，因它们均有发生爆炸的危险。

（5）压力计必须垂直安装，若装在室外，还应加装保护箱。压力计安装示意图如图9-11所示。

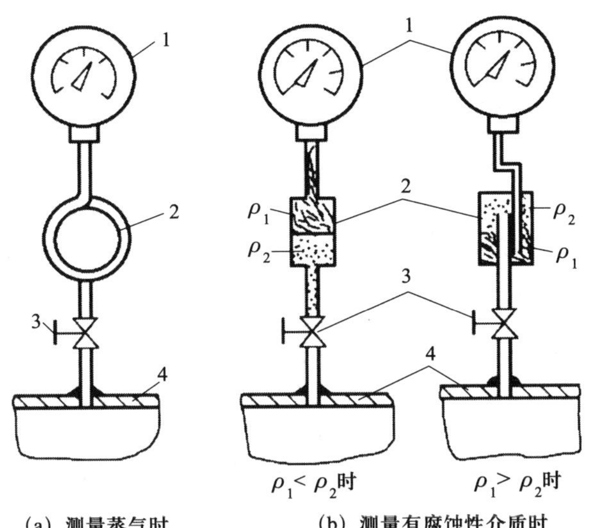

注：ρ 表示密度。

图 9-11　压力计安装示意图

1—压力计；2—凝液管；3—切断阀门；4—取压容器

思考与练习

一、填空题

1. 压力是指________________________________。
2. 弹簧管压力计由________、________、________、________等组成。

二、简答题

1. 表压力、绝对压力、真空度之间有什么关系？
2. 弹簧管压力计的基本组成有哪些？它的测压原理是什么？
3. 常见的压力检测仪表有哪些？

任务三　认识流量检测仪表

学习目标

1. 了解流量检测仪表的主要类型及结构。

2. 了解流量检测仪表的特点。

3. 了解流量检测仪表的选用与安装。

任务引入

在化工生产中，为了高效地进行生产操作和控制，需要测量生产过程中的介质（如液体、气体等）的流量。同时，为了进行经济核算，经常需要知道在一段时间（如一班、一天等）内流过的介质总量。所以，介质流量是控制生产过程，实现优质高产和安全生产，以及进行经济核算所必需的重要参数。为了实现流量的监测与控制，化工工艺操作人员需要了解流量检测仪表。

任务分析

流量是工业生产过程操作与管理的重要依据。在具有流动介质的工艺过程中，物料通过工艺管道在设备之间来往输送和配比，生产过程中的物料平衡和能量平衡等都与流量有着密切的关系。因此，通过对生产过程中各种物料的流量测量，可以进行整个生产过程的物料和能量衡算，实现最优控制。

相关知识

一、流量测量方法

流量是指流体在单位时间内流经管道某一有效截面的体积或质量，前者称体积流量（单位：m^3/s），后者称质量流量（单位：kg/s）。常用的流量单位还有吨每小时（t/h）、千克每小时（kg/h）、千克每秒（kg/s）、立方米每小时（m^3/h）、升每小时（L/h）、升每分（L/min）等。

用来测量流量的仪表统称为流量计，它能指示和记录某瞬时流体的流量值。测量流量总量的仪表称为流体计量表，它能累计某段时间间隔内流体的总量，即各瞬时流量的累加和，如水表、煤气表等。

按照被测量的不同，流量检测方法可以分为体积流量检测法和质量流量检测法。按照检测原理不同，流量检测方法又可分为速度法、容积法和质量法。

1. 速度法

速度法是以流体在管道内的流速作为依据来测量流量的方法。利用速度法进行测量的流量计有差压流量计、转子流量计、电磁流量计和超声波流量计等。

2. 容积法

容积法是以单位时间内所排出的流体的固定容积作为依据来测量流量的方法。利用容积法进行测量的流量计有椭圆齿轮流量计、活塞式流量计和刮板流量计等。

3. 质量法

质量法是以流体流过的质量为依据测量流量的方法。采用这种方法的流量计分为直接式

和间接式两种。直接式质量流量计直接测量质量流量，如角动量式、量热式和科氏力（科里奥利力）式等；间接式质量流量计同时测出体积流量和流体的密度并自动计算质量流量。质量流量计测量精度不受流体的温度、压力和黏度等的影响，是一种新型的流量检测仪表。

二、常用流量检测仪表

1. 差压流量计

差压流量计是基于流体的节流原理，利用流体流经节流装置时产生的压力差实现流量测量的。它通常由节流装置、差压计和显示仪表组成，在单元组合仪表中，由节流装置产生差压信号，通过差压变送器转换成相应的标准信号，以供显示、记录或控制用，其实物图如图 9－12 所示。

图 9－12　差压流量计实物图

流体在管道中流动时，在节流装置前后的管壁处，流体的静压力产生差异的现象称为节流现象。节流装置包括节流件和取压装置。节流件是能使管道中的流体产生局部收缩的元件，应用最广泛的是孔板，其次是喷嘴、文丘里管，如图 9－13 所示。

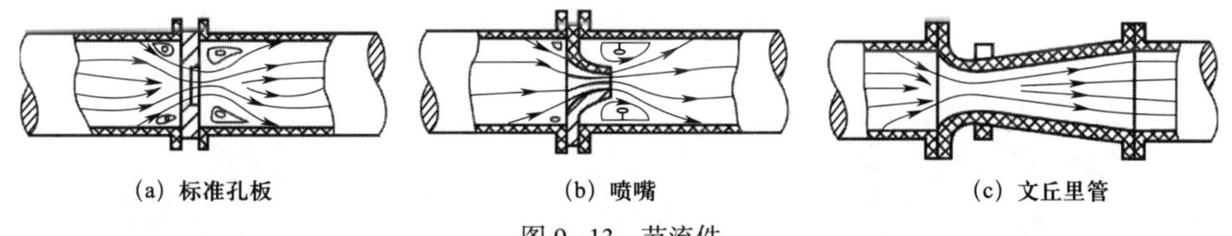

图 9－13　节流件

标准孔板应用广泛，结构简单、安装方便，适用于大流量的测量。但它最大的缺点是流体压力损失大，当工艺管道上不允许有较大的压力损失时，便不宜采用。

喷嘴和文丘里管的流体压力损失小，但结构比较复杂。

2. 转子流量计

转子流量计是目前工业生产和实验室中广泛应用的一种流量计，适用于测量气体、蒸汽以及部分液体的流量，其特点是适用范围广泛。该流量计主要适用于测量中小管径和低流速条件下的流量。转子流量计的测量精度易受被测介质密度、黏度、温度、压力、纯净度及安装质量等的影响。

转子流量计利用流体流经锥形管或类似形状的节流装置时，产生的差压变化导致转子受力平衡位置变化，进而测量流量的大小。这是一种基于变节流面积和浮力平衡原理的流量测量方法。转子流量计主要由一根自下向上扩大的垂直锥管和一只可以沿着锥管的轴向自由移动的浮子组成。其工作原理示意图如图 9－14 所示，常见的转子流量计如图 9－15 所示。

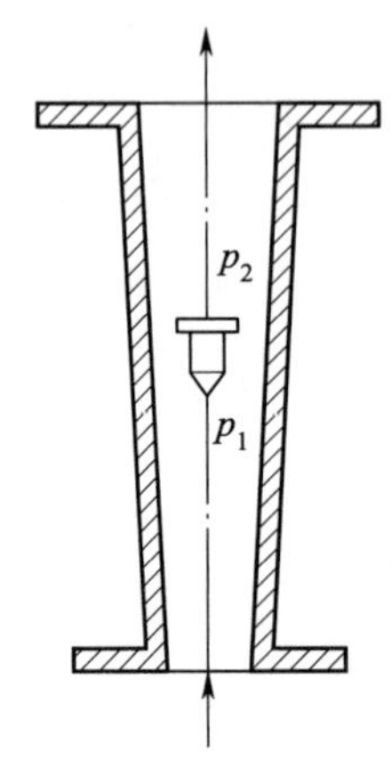

图 9－14　转子流量计的工作原理示意图

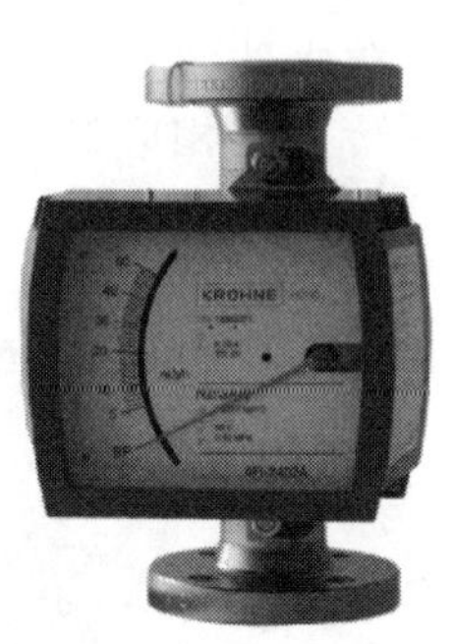

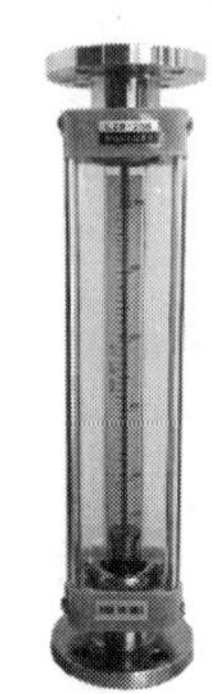

(a) 金属管转子流量计　　(b) 玻璃管转子流量计

图 9－15　常见的转子流量计

3. 椭圆齿轮流量计

椭圆齿轮流量计属于容积式流量计，用于连续或间断地精密测量管道中液体的流量或瞬时流量。它特别适用于重油、聚乙烯醇、树脂等黏度较高介质的流量测量，但不适用于含有固体颗粒的流体（固体颗粒会将齿轮卡死，以致无法测量流量）。被测液体介质中夹有气体时，也会引起测量误差。椭圆齿轮流量计的测量部分主要由两个相互啮合的齿轮 A 和 B、轴及外壳组成，椭圆齿轮与壳体之间形成测量室，其结构如图 9－16 所示。常见的椭圆齿轮流量计实物图如图 9－17 所示。

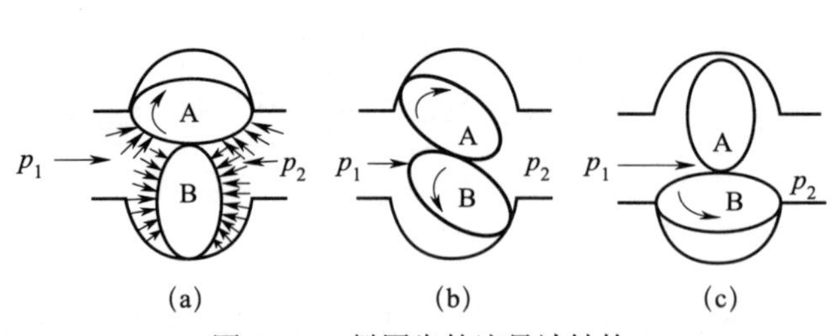

图 9－16　椭圆齿轮流量计结构

图 9－17　常见的椭圆齿轮流量计实物图

4. 涡轮流量计

涡轮流量计是利用流体振荡原理来测量流量或流速的新型仪表。它是利用流体流过阻碍物时产生稳定的旋涡，通过测量旋涡的频率实现流量测量的。涡轮流量计由流量传感器和流量显示仪表两部分构成，具有使用范围广、测量精度高、磨损小、输出信号线呈线性并可远距离传送、便于安装及维护等优点。常见的涡轮流量计实物图如图 9-18 所示。

5. 电磁流量计

利用导电流体在磁场中流动所产生的感应电动势来推算并显示流量的装置，称为电磁流量计。电磁流量计应用范围广，可以测量酸、碱、盐溶液等腐蚀性介质，也可以测量那些带有悬浮颗粒的导电浆液。电磁流量计无机械惯性，反应灵敏，而且线性较好，可以测量瞬时脉动流量。电磁流量计只能测量导电液体，因此不能测量气体、蒸汽以及含大量气泡的液体或者电导率很低的液体。由于测量管内衬材料一般不宜在高温下工作，所以目前一般的电磁流量计不能用于测量高温介质。常见的电磁流量计实物图如图 9-19 所示。

6. 质量流量计

在化工生产过程中，有时需要测量流体的质量流量，如化学反应的物料平衡、热量平衡、配料等。用来测量质量流量的仪表统称为质量流量计。质量流量计直接测量通过流量计的介质的质量流量，还可测量介质的密度及间接测量介质的温度。目前应用较广泛的是科氏质量流量计。科氏质量流量计是利用流体在振动管中流动时，产生与质量流量成正比的科氏力而制成的一种直接式质量流量计。常见的质量流量计实物图如图 9-20 所示。

图 9-18　常见的涡轮流量计实物图

图 9-19　常见的电磁流量计实物图

图 9-20　常见的质量流量计实物图

【知识拓展】

流量检测仪表的选用和安装

流量检测仪表多种多样，每种流量计都有其独特的特点和适用场合。表 9-2 给出了常见流量检测仪表的特点及其安装要求。

表 9-2　常见流量检测仪表的特点及其安装要求

仪表名称		可测量流体种类	适用管径 /mm	测量精度 /%	安装要求、特点
差压流量计	节流件为孔板	液、气、蒸汽	50～1 000	±（1～2）	需直管段，压损大
	节流件为喷嘴		50～100		需直管段，压损中等
	节流件为文丘里管		100～1 200		需直管段，压损小

续表

仪表名称	可测量流体种类	适用管径 /mm	测量精度 /%	安装要求、特点
转子流量计	液、气	4～150	±2	垂直安装
椭圆齿轮流量计	液	10～400	±（0.2～0.5）	无直管段要求，需装过滤器，压损中等
涡轮流量计	液、气	4～600	±（0.1～0.5）	需直管段，装过滤器
电磁流量计	导电液体	6～2 000	±（0.5～1.5）	直管段要求不高，无压损
涡街流量计	液、气	150～1 000	±（0.5～1）	需直管段

思考与练习

一、填空题

1. 差压流量计由________、________和________组成。

2. 电磁流量计是利用________________在磁场中流动所产生的________来推算并显示流量的流量计。

二、简答题

1. 体积流量、质量流量的含义是什么？

2. 电磁流量计的工作原理是什么？在使用时需要注意哪些问题？

3. 简述涡轮流量计的工作原理及特点。

任务四　认识物位检测仪表

学习目标

1. 了解物位检测仪表的主要类型及结构。
2. 了解物位检测仪表的特点。
3. 简单了解物位检测仪表的选用与安装。

任务引入

物位检测与安全生产关系十分密切。例如，合成氨生产中铜洗塔塔底的液位控制，如果

塔底液位过高，精炼气就会带液，导致合成塔触媒中毒；反之，如果液位过低，则会失去液封作用，发生高压气冲入再生系统，造成严重事故。物位检测在现代工业生产自动化中具有重要的地位。随着现代化工业设备规模的扩大和集中管理，特别是计算机投入运行以后，物位检测和远距离传送显得更重要了。

任务分析

物位检测的主要目的有两个，一是确定容器中的原料、产品或半成品的量，以保证连续供应生产中各个环节所需的物料或进行经济核算；二是了解物位是否在规定的范围内，以便使生产过程正常进行，保证产品的质量、产量和生产安全。实现物位的自动调节与控制是保障安全生产的重要措施，为了实现物位的监控与控制，化工工艺操作人员需要了解物位检测仪表。

相关知识

一、物位检测的主要方法及分类

1. 物位

液体的高度或自由表面的位置称为液位。固体块料、颗粒、粉料等堆积的高度或表面位置称为料位。在同一容器中，两种密度不同但互不相溶的液体之间或液体与固体之间的分界面位置高度称为界位。一般将液位、料位、界位统称为物位。对物位进行测量、显示和控制的仪表称为物位检测仪表。

2. 物位检测的主要方法及分类

物位检测按照测量的方式可以分为连续测量和定点测量，按其工作原理又可分为直读式、浮力式、差压式（静压式）、电气式、核辐射式、声学式等。

二、常用的物位检测仪表

1. 直读式物位检测仪表

直读式物位检测仪表采用在设备容器侧壁开窗口或旁通管的方式，可以直接显示物位的高度。直读式物位仪表的一种主要类型是玻璃液位计，它基于连通器原理和液柱静压平衡原理工作。玻璃液位计根据结构形式，可以分为玻璃管式和玻璃板式两种，如图 9-21 所示。

玻璃液位计结构简单、价廉、直观，适用于就地液体指示，但易破损，不适宜测量深色、黏稠及与管壁有沾染作用的物质，因为当内表面沾污后，读数困难，不便于远距离传输和调节。

2. 浮力式物位检测仪表

基于阿基米德定理，漂浮于液面上的浮子或浸没在液体中的浮筒在液位发生变化时，其浮力发生相应的变化。这类浮力式物位检测仪表有翻板式和浮筒式，如图 9-22 所示。

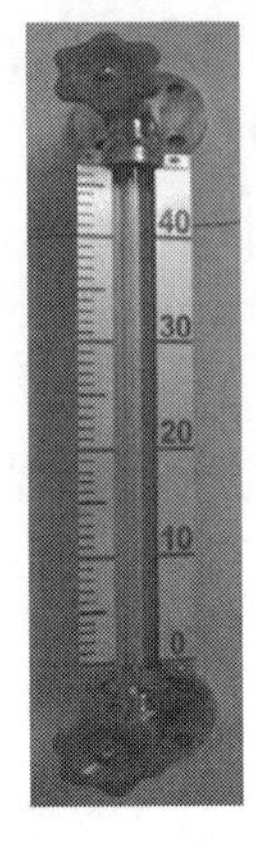

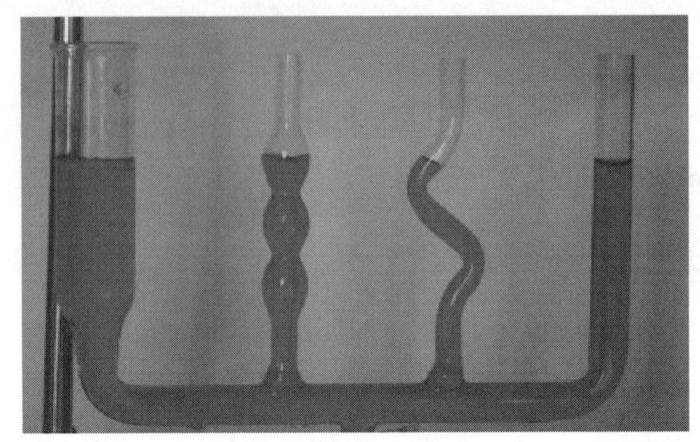

(a) 玻璃管式液位计　　(b) 玻璃板式液位计

图 9－21　常见玻璃液位计

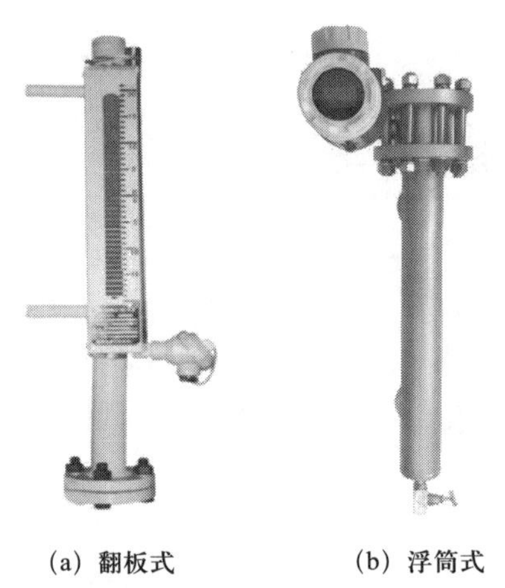

(a) 翻板式　　(b) 浮筒式

图 9－22　浮力式物位检测仪表

（1）翻板式液位计。翻板式液位计的翻板由极薄的导磁金属制成，两面涂以显著不同的颜色。当磁性浮子随液面升降时，带动翻板绕小轴翻转，两种颜色的分界点即为液位。

（2）浮筒式液位计。浮筒式液位计的检测元件是浸没于液体中的浮筒（或沉筒）。浮筒所受浮力随液位发生变化。此浮力变化再以力或位移的形式，带动电动或气动元件发出信号给显示仪表以显示液位，可以实现液位的报警和调节。

3. 静压式物位检测仪表

基于流体静力学原理，容器内的液面高度与液柱质量形成的静压力成正比，当被测介质密度不变时，通过测量参考点的压力可测量液位。

静压式物位检测仪表将液位高度的测量转变为对液柱重力形成的静压力的测量，如图 9－23 所示。

根据流体力学的原理：$\Delta P=P_B-P_A=H\rho g$

式中，ΔP 为静压力差（Pa）；H 为液体深度（m）；ρ 为被测液体密度（kg/m^3）；g 为当

地重力加速度，一般取 9.8 m/s^2。

由于液体密度 ρ 一定，所以 ΔP 与液位 H 成正比例关系，测得差压 ΔP 就可以得知液位 H 的大小。

在封闭容器中，容器下部的液体压力除与液位有关外，还与液面上方的气体压力有关。在这种情况下，可以采用测量差压的方法来测量液位，如图 9-24 所示。这种测量方法在测量过程中需消除液面上方气压及气压波动对测量值的影响。差压式液位计采用差压式变送器，将容器底部反映液位高度的液体压力引入变压器的正压室，而将容器上方的气体压力引入变送器的负压室，通过测量两者之间的差压来间接实现液位测量。

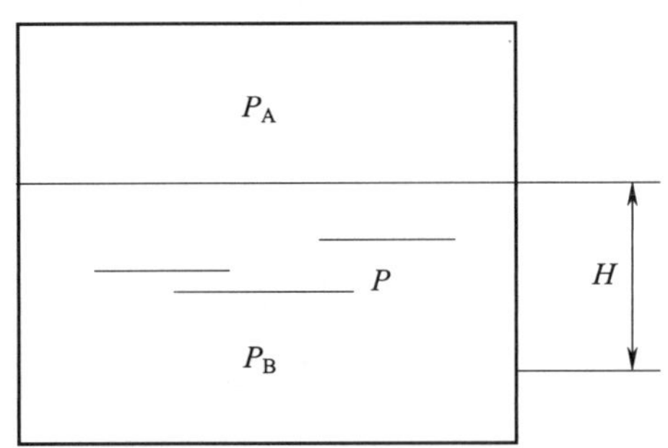

图 9-23　静压式物位检测仪表测量原理

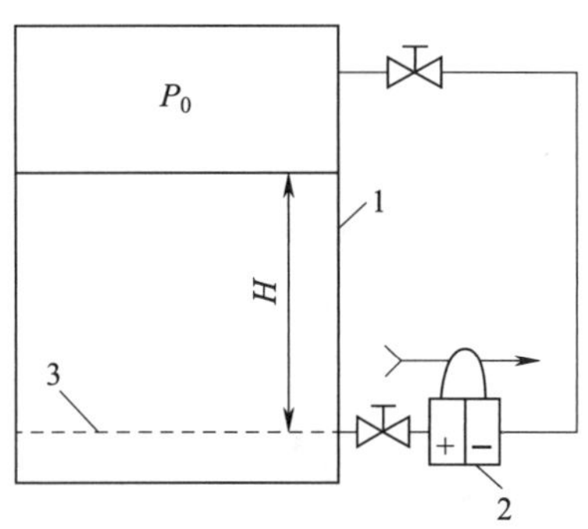

图 9-24　差压式液位计原理示意图

1—容器；2—差压计；3—液位零面

4. 电容式液位计

电容式液位计是利用敏感元件直接将物位的变化转换为电容量的变化。电容式液位计的结构形式多样，适用范围较广。它对被测介质本身性质的要求不像其他方法那样严格，既能测量导电介质，也能测量非导电介质，还能测量倾斜晃动及高速运动的容器中的液位；不仅可以进行液位控制，还可以用于连续测量。因此，电容式液位计在液位测量中的地位比较重要。常见电容式液位计实物图如图 9-25 所示。

图 9-25　常见电容式液位计实物图

5. 声波式物位仪表

声波式物位仪表一般分为利用声波阻断原理和利用声波反射原理两类。声波阻断式物位仪表在物位升高而阻断从发射换能器到接收换能器的声束时，接收换能器接收到的声能会产生突变，并发出突变的开关信号；声波反射物位仪表是根据声波先从发射换能器到液面或料面，再从这一表面反射回到接收换能器的时间间隔来测出物位的。超声波式液位计是声波式物位仪表的一种，专门用于液体的液位测量，它通过超声波的发射和接收来测量液体高度。超声波式液位计如图 9-26 所示。

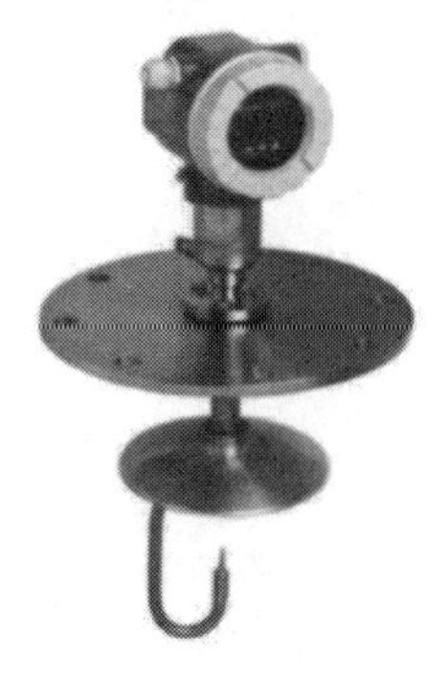

图 9-26　超声波式液位计

【知识拓展】

物位检测仪表的选型

一、物位检测仪表的选型原则

1. 在液位检测中，静压式和浮力式物位检测仪表是最常用的。当不满足要求时，可选用电容式、称重式、声波式等。

2. 仪表的结构形式及材质，应根据被测介质的特性来选择。

3. 仪表的显示方式和功能，应根据工艺操作及系统组成的要求确定。当要求信号传输时，可选择具有模拟信号输出功能或数字信号输出功能的仪表。

4. 仪表量程应根据工艺对象实际需要显示的范围或实际变化范围确定。除了供容积计量用的物位检测仪表，一般应使正常物位处于仪表量程的 50% 左右。

5. 仪表精度应根据工艺要求选择。但供容积计量用的物位仪表的精度应不大于 ±1 mm。

6. 用于可燃性气体、可燃性粉尘等爆炸危险场所的电子式物位仪表，应根据所确定的危险场所类别以及被测介质的危险程度，选择合适的防爆结构形式或采取其他的防爆措施。

二、物位检测仪表的安装

1. 玻璃液位计应安装在便于观察、检修、拆卸的位置；安装应垂直，其垂直允许偏差为液位计长度的 5/1 000；安装时应用扳手轻轻拧紧，防止碎裂。

2. 差压式液位计应安装在温度和湿度波动小、无冲击和无振动的地方。导压管要尽可能短，两边导压管内的液柱扬程应保持平衡。

3. 浮筒式液位计的安装应使浮筒呈垂直状态，并处于正常液位或分界液位的高度。浮筒式液位计安装时，浮筒内浮杆必须能自由上下，不能有卡涩现象。

思考与练习

填空题

1. 一般将________、________、________统称为物位。
2. 差压式流量计测量液位是通过检测________实现的。

任务五　认识温度检测仪表

学习目标

1. 了解温度检测仪表的主要类型及结构。
2. 了解温度检测仪表的特点。
3. 了解温度检测仪表的选用与安装。

任务引入

在化工生产过程中，往往伴随着物质的转变，并且这些过程几乎总是涉及能量的交换与转化。其中，热交换是最为普遍的一种能量交换形式。因此，化工生产的各种工艺过程都要控制在一定的温度下。例如，聚合反应温度是保证聚氯乙烯产品质量的重要指标。氯乙烯聚合反应是剧烈的放热反应，倘若聚合温度急剧升高，则会造成聚合度下降、分子结构变差，甚至引发爆聚。因此，反应温度的测量与控制是保证化学反应过程正常进行与安全运行的重要环节。

任务分析

为了保证化工生产的正常运行，化工工艺操作人员必须能维持操作的正常温度。为了实现温度的监测与控制，化工工艺操作人员需要了解温度的基础知识及温度检测仪表。

相关知识

一、温度与温标

1. 温度

温度是表征物体冷热程度的物理量。在各种工业生产和科学试验中，温度是最普遍且重要的参数。除此之外，在现代化的农业和医学中也是不可缺少的。

温度的本质是热交换，当两个冷热程度不同的物体接触后，会产生导热、换热，导热、换热结束后两物体处于热平衡状态，则它们具有相同的温度，因此温度不能直接测量。通常利用热交换原理，通过测量物体的某一物理量（如酒精的体积、铂的阻值等），得出被测物体的温度数值；也可利用热辐射原理或光学原理等来进行非接触测量。

2. 温标

用来度量物体温度数值的标尺叫温标。温标规定了温度的读数起点（零点）和测量温度的基本单位。目前，国际上用得较多的温标是经验温标和热力学温标。

经验温标的基础是物体膨胀与温度的关系。两个易于实现且稳定的温度之间所选定的测温物体体积的变化与温度呈线性关系。把在两温度之间体积的总变化分为若干等份，并把引起体积变化 1 等份的温度定义为 1 度。经验温标与测温介质有关，有多少种测温介质就有多少个温标。按照这个原则建立的温标有摄氏温标、华氏温标。

（1）摄氏温标（℃）规定，在标准大气压下，冰的熔点为 0 ℃，水的沸点为 100 ℃，中间划分 100 等份，每等份为 1 ℃。

（2）华氏温标（℉）规定，在标准大气压下，冰的熔点为 32 ℉，水的沸点为 212 ℉，中间划分 180 等份，每等份为 1 ℉。摄氏温标 t 和华氏温标 t_F 有如下关系：

$$t=\frac{5}{9}(t_F-32)\ ℃ \tag{9-7}$$

（3）热力学温标（K）又称开尔文温标，或称绝对温标，它规定分子运动停止时的温度为绝对零度。摄氏温标 t 和热力学温标 T 有如下关系：

$$t = T-273.15 \tag{9-8}$$

二、温度测量方法

测量温度的方法很多，按照测量体是否与被测介质接触，可分为接触式测温法和非接触式测温法两大类。

接触式测温法的特点是感温元件直接与被测对象相接触，两者进行充分的热交换，达到热平衡，这时感温元件的某一物理参数的值就代表了被测对象的温度值。接触式测温仪表测温比较简单、可靠，测量精度较高；但感温元件与被测介质需要进行充分的热交换，故需要一定的时间才能达到热平衡，所以存在测温的延迟现象，同时受耐高温材料的限制，不能应用于高温度测量。

非接触式测温法的特点是感温元件不与被测对象直接接触，而是通过接收被测物体的热辐射能实现热交换，据此测出被测对象的温度。因此，非接触式测温法具有不改变被测物体的温度分布、热惯性小、测温上限可设计得很高、便于测量运动物体的温度和快速变化的温度等优点。

对应于上述两种测温方法，温度计也分为接触式测温仪表和非接触式测温仪表两大类。常见温度计的比较与适用范围见表 9-3。

表 9-3　　常见温度计的比较及适用范围

<table>
<tr><th>测温方式</th><th colspan="2">温度计种类</th><th>优点</th><th>缺点</th><th>适用范围/℃</th></tr>
<tr><td rowspan="10">接触式</td><td rowspan="2">膨胀式</td><td>玻璃液体</td><td>结构简单，使用方便，测量准确，价格低廉</td><td>测量上限和精度受玻璃质量的限制，易碎，不能记录远传</td><td>−50~600</td></tr>
<tr><td>双金属</td><td>结构紧凑，牢固可靠</td><td>精度低，量程和使用范围有限</td><td>−80~600</td></tr>
<tr><td colspan="2" rowspan="3">压力式</td><td rowspan="3">结构简单，耐震，防爆，价格低廉，能记录、报警与自控</td><td rowspan="3">精度低；测量距离较远时，仪表的滞后性较大</td><td>液体 −30~600</td></tr>
<tr><td>气体 −20~600</td></tr>
<tr><td>蒸汽 0~250</td></tr>
<tr><td colspan="2" rowspan="3">热电偶式</td><td rowspan="3">测温范围广，精度高，便于远距离、多点、集中测量和自动控制</td><td rowspan="3">需冷端温度补偿，在低温段测量精度较低</td><td>铂铑－铂 0~1 600</td></tr>
<tr><td>镍铬－镍硅 −50~1 000</td></tr>
<tr><td>镍铬－考铜 −50~600</td></tr>
<tr><td colspan="2" rowspan="2">热电阻式</td><td rowspan="2">测量精度高，便于远距离、多点、集中测量和自动控制</td><td rowspan="2">不能测量高温，需注意环境温度的影响</td><td>铂 −200~600</td></tr>
<tr><td>铜 −50~150</td></tr>
<tr><td rowspan="3">非接触式</td><td colspan="2">光学式</td><td>便于携带，可测量高温，测温时不破坏被测物体温度场</td><td>测量时必须经过人工调整，有人为误差，不能远距离测量、记录和自控</td><td>900~2 000</td></tr>
<tr><td colspan="2">辐射式</td><td>感温元件不破坏被测物体温度场</td><td>低温段测量不准，环境条件会影响测量精度</td><td>100~3 000</td></tr>
<tr><td colspan="2">红外线</td><td>测温范围大，适于测温度分布，不破坏被测温度场，响应快</td><td>易受外界干扰，标定困难</td><td>0~2 000</td></tr>
</table>

三、常用温度测量仪表

1. 膨胀式温度计

膨胀式温度计利用测温液体受热时体积膨胀的特性，通过测量由此引起的机械位移（如液柱高度变化、波纹管变形或双金属片弯曲等）来间接反映温度的变化。这种位移可以通过刻度盘、指针或其他转换机构转换为可读的温度值。这种温度计主要有液体膨胀式温度计和固体膨胀式温度计两种。

玻璃管温度计属于液体膨胀式温度计，它是利用玻璃管内液体的体积随温度升高而膨胀的原理而制成的，玻璃管内的液体可以为水银、酒精、甲苯等，主要结构包括液体存储器、毛细管、标尺、安全泡四部分，其实物图如图 9－27 所示。

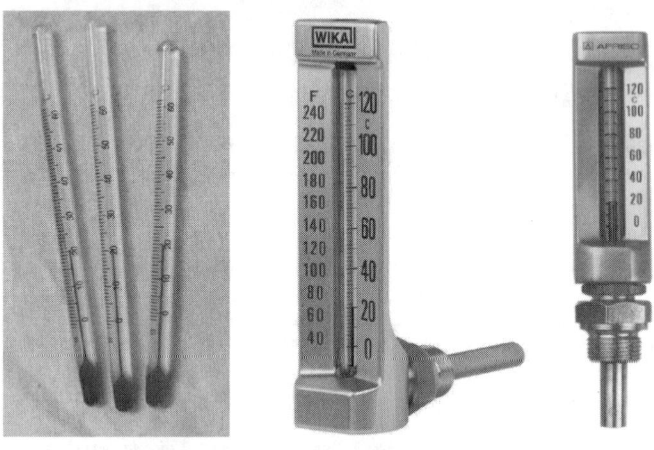

图 9－27　玻璃管温度计实物图

双金属温度计属于固体膨胀式温度计，它的感温元件是由膨胀系数不同的两种金属片牢固地结合在一起制成的，其测温原理和实物图分别如图 9－28 和图 9－29 所示。双金属温度计可将温度变化转换成机械量变化，不仅可用于测量温度，而且还可用于温度控制装置，应用相当广泛。

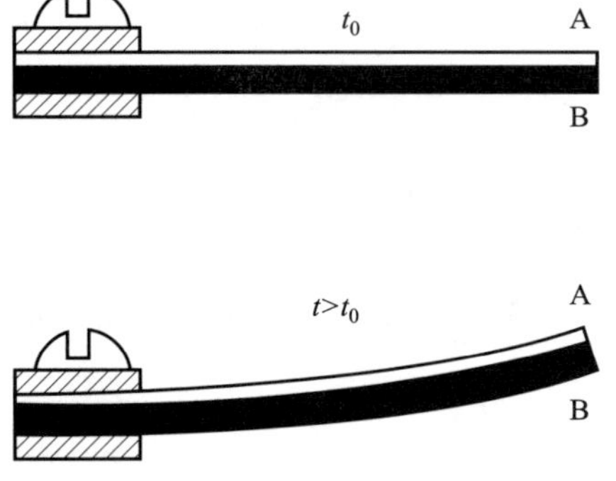

图 9－28　双金属温度计的测温原理

图 9－29　双金属温度计实物图

2. 压力式温度计

应用压力随温度的变化来测温的仪表叫压力式温度计，其实物图如图 9－30 所示。它是根据在封闭系统中的液体、气体或某些特定液体的蒸气受热后体积膨胀或压力变化这一原理制成的，并用压力表来测量这种变化，从而测得温度。

3. 热电偶温度计

热电偶是目前世界上科研和生产中应用最普遍、最广泛的温度测量元件。它将温度信号转换成电势（单位：mV）信号，配以测量毫伏信号的仪表或变送器，可以实现温度的测量或

温度信号的转换。这种温度计具有结构简单、制作方便、测量范围宽、准确度高、性能稳定、复现性好、体积小、响应时间短等优点。它既可以用于液体温度测量，也可以用于固体温度测量；既可以测量静态温度，也能测量动态温度；并且直接输出直流电压信号，便于测量、信号传输、自动记录和控制等。热电偶温度计实物图如图 9-31 所示。

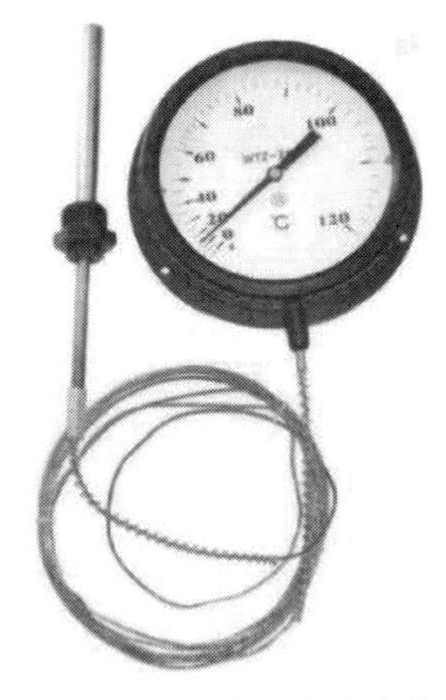

图 9-30　压力式温度计实物图

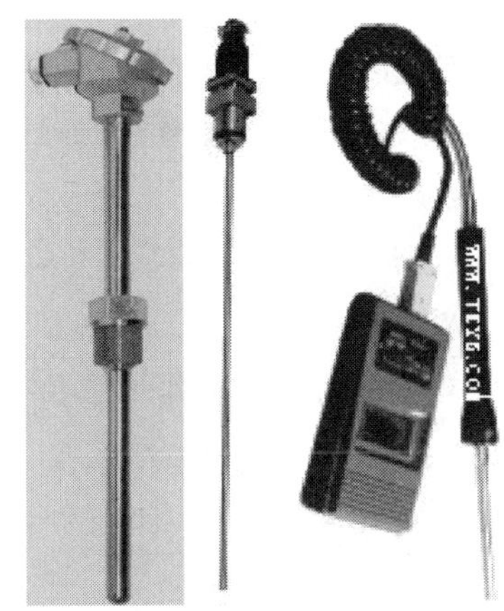

图 9-31　热电偶温度计实物图

4. 热电阻温度计

热电阻温度计是测量中低温最常用的一种温度检测仪表。它的外形与热电偶相似，使用时要注意避免用错。热电阻温度计具有信号灵敏度高、易于连续测量、可以远距离传送（与热电偶相比）、无须参考温度的特点。金属热电阻稳定性高、互换性好、准确度高，可以用作基准仪表。

热电阻温度计由热电阻（感温元件）、显示仪表（不平衡电桥或平衡电桥）以及连接导线组成，如图 9-32 所示。

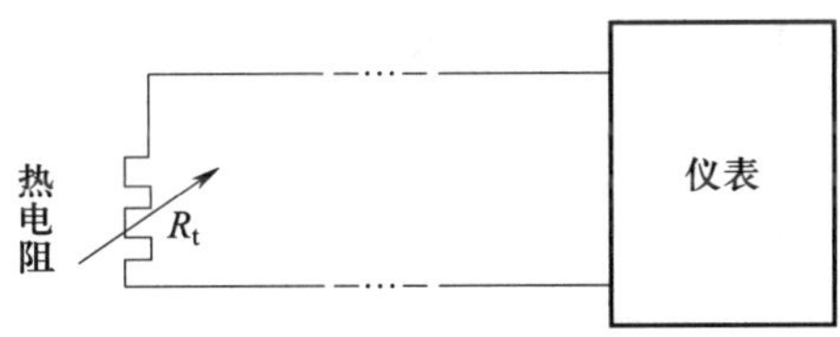

图 9-32　热电阻温度计

【知识拓展】

温度检测仪表的选用和安装

一、温度检测仪表的选用

应根据每种仪表的特点和适用范围来选用温度检测仪表，这是确保温度测量精度的关键环节。

目前，工业上常见的温度检测仪表主要有双金属温度计、热电偶温度计、热电阻温度计和辐射式温度计等。双金属温度计一般用于温度信号的就地检测和指示，测量精度不高。热电阻温度计、热电偶温度计和辐射式温度计可用于温度信号的在线测量。

另外，在选用温度检测仪表时，除要综合考虑测量精度、稳定性等技术要求外，还应该注意工作环境的影响，如环境温度、介质特性（氧化性、还原性、腐蚀性）等，并选择适当的保护套管、连接导线等附件。

二、温度检测仪表的安装

温度检测仪表的正确安装是保证仪表正常使用的重要环节。一般来说，温度检测仪表的安装需要遵循以下原则。

1. 检测元件的安装应确保测量的准确性，选择有代表性的安装位置。对于接触式检测元件，应该有足够的插入深度，而不应插入介质的死角，确保进行充分的热交换。测量管道中的介质温度时，检测元件工作端应位于管道中心流速最大之处，并应迎着流体流动方向安装，万不得已时，切勿与被测介质顺流安装，否则容易产生测量误差，如图 9-33 所示。测量负压管道（或设备）上的温度时，必须保证密封性，以免因外界空气的吸入而降低精度。

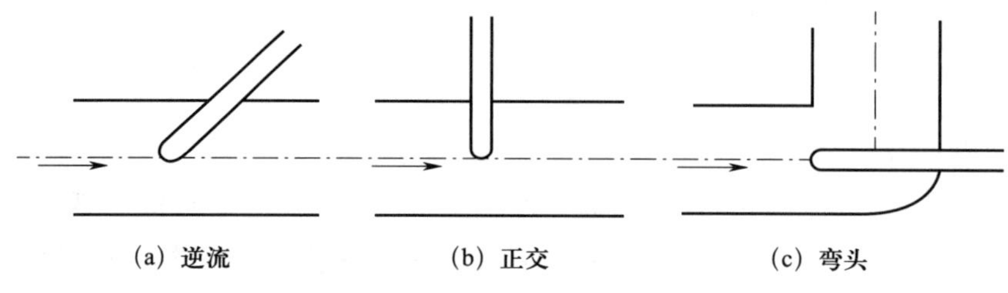

图 9-33　检测元件的安装示意

2. 检测元件的安装应确保安全、可靠。为避免检测元件的损坏，接触式检测仪表的保护套管应该具有足够的机械强度；当介质压力超过 10 MPa 时，必须安装保护外套，确保安全；为了减少测量的滞后，可在保护套管内部加装传热良好的填充物，如硅油、石英砂等；接线盒出线孔应该朝下，以免因密封不良使水汽、灰尘等进入而降低测量精度。

3. 检测元件的安装应综合考虑仪表维修、校验的方便。

思考与练习

一、单项选择题

1. 绝对温度 273.15 K 相当于（　　）℃。

A. 0　　B. 100　　C. 273.15　　D. 25

2. 下列关于双金属温度计的描述中，不正确的是（　　）。

A. 由两个膨胀系数不同的金属片牢固地粘在一起

B. 可将温度变化转换成机械量变化

C. 是一种固体膨胀式温度计

D. 长期使用后其精度更高

二、填空题

100 ℃相当于________℉。

三、简答题

1. 简述接触式温度检测仪表的优缺点。
2. 简述非接触式温度检测仪表的优缺点。

项目十

化工工艺流程认知

化工工艺操作人员必须具备的技能之一是能够识读工艺方面的图样。化工工艺流程图识读是化工工艺操作人员进入生产岗位首先要学习的一项重要内容，只有识读化工工艺流程图后才能进一步了解化工生产过程并进行操作。化工工艺操作人员要理解化工工艺流程图的作用及分类，熟知工艺流程图中设备、化工管路、阀门、仪表等的表示方法，正确识读工艺框图、物料流程图、带控制点工艺流程图。

任务一　识读工艺框图

学习目标

1. 理解工艺框图的组成及作用。
2. 掌握工艺框图中的主要设备及物料流向。
3. 能对化工工艺框图进行正确识读。

任务引入

一套化工企业生产装置有哪几部分组成，各生产装置的主要作用是什么，物料由原料变成产品的主要工艺流程是什么？化工工艺操作人员进入生产岗位后，要了解原料、产品及生产工艺路线，识读本岗位的化工工艺流程图。

任务分析

一种化工产品的生产过程，从原料到成品往往需要几个或几十个加工工序。化工产品的

生产工序多，过程复杂。想要认识生产原料、产品及生产工艺，识读岗位的化工工艺流程图，需要从最简单的工艺框图入手。

相关知识

一、化工生产简介

化工生产过程如图 10-1 所示。

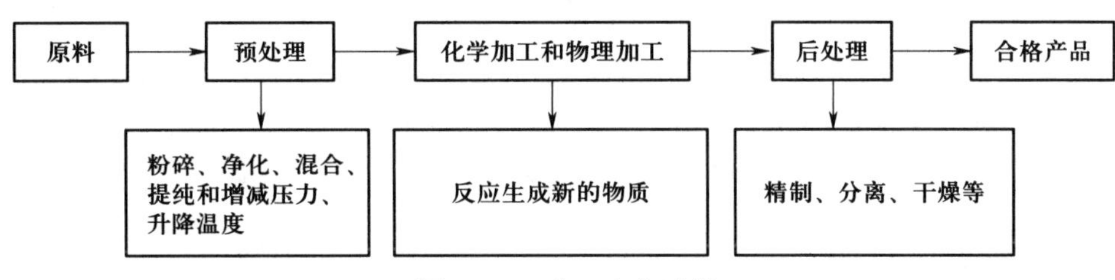

图 10-1　化工生产过程

1. 预处理

不同的原料需要经过粉碎、净化、混合、提纯和增减压力、升降温度等预处理，使原料符合生产所要求的规格和状态。

2. 化学加工和物理加工

经过预处理的原料，在一定的温度、压力等条件下进行化学加工和物理加工（如氧化、还原、复分解、磺化、异构化、聚合、提取、结晶等），每一步都需在特定的设备中和一定的操作条件下完成化学反应和物理转变，以达到所要求的反应转化率和收率，获得目的产物或其混合物。

3. 后处理

将目的产物与其混合物分离，除去副产物或杂质（如精制、分离、干燥等），获得符合规格的合格产品。

二、化工工艺流程图的内容

化工工艺流程图是工艺安装和指导生产的重要技术文件，化工工艺流程图的设计及绘制是设计人员进行工艺设计的主要内容。

化工工艺流程图是表示由原料到成品的过程中物料和能量发生的变化及其流向的流程图，是按工艺过程顺序将设备和工艺流程管线自左至右地展示在同一平面上的示意图，一般包括设备的简单图形，化工管路、阀门、管件、仪表控制点等图形符号，设备位号及名称，管道编号，物料走向，仪表控制点代号，图例说明和标题栏等。化工工艺流程图一般以工艺装置的主项（工段或工序）为单元绘制，也可以车间为单元绘制。

化工工艺流程图的质量直接影响到产品的质量、产量、成本、生产能力、操作条件等。因此，化工工艺流程的确定是工艺设计中最主要的一个环节。化工工艺流程图是工艺设计的关键文件，它是化工管路、仪表、设备设计和装置布置等专业设计的基础，是设备布置图和管道布置图的设计依据，也是施工、操作、运行及检修、拟定操作规程和培训工人的指南。阅读图样后，可对该工艺设计的总体有一个大致的印象。

三、化工工艺流程图的分类

根据工艺设计的阶段不同，化工工艺流程图可分为工艺框图、物料流程图和带控制点工艺流程图。

这几种图的要求不同，其内容和表达的重点也不同，但它们之间有着密不可分的联系。它们之间的差别，主要反映在化工工艺流程图上的内容详细与否。初步设计阶段绘制的流程图称为工艺框图或方案流程图；工艺计算阶段绘制的流程图称为物料流程图；施工设计阶段绘制的流程图称为带控制点工艺流程图，又称安装流程图或施工流程图。

四、工艺框图的作用

工艺框图是化工工艺流程图中最简单、最粗略的一种表述方式，是用矩形方框及文字表示工艺过程及设备，用箭头表示物料流动方向，把从原料到产品（或中间产物）所经过的生产过程以图示的方式表达出来的图样。工艺框图概括反映了设计人员的设计意图，是进行工艺流程交流的重要工具，也是进行设备安装、了解工艺过程和指导生产所依据的技术文件之一。一线生产者掌握识读与绘制工艺框图的方法，就可以了解整个化工生产的工艺流程。

任何化工产品生产流程或其他各类产品生产流程，都可以通过工艺框图进行描述。它是生产工艺的示意图，通常在生产设计的初期绘制，只能定性地描绘出由原料到产品所经过的化工过程或生产设备的主要流程路线。由于不同的化学工业所用的原料与所得的产品不同，所以各种化工生产过程的差别很大，工艺流程各有不同。生产路线确定后，在物料衡算工作之前，为了表示生产工艺过程，需绘制工艺框图，以便于方案比较和物料衡算，选择最优的生产方案。对于可以通过多种方案制取的化工产品，通过对流程示意图进行比较，选择较优的生产方案，非常方便。

工艺框图中的一个方框可以是一个设备或工段，也可以是一个操作单元、一个车间或系统。方框之间用带箭头的直线表示车间或设备之间的管线连接。因工艺框图绘制方便快捷，表述流程既简单明了，又直观清晰，所以它是设计人员表述流程的常用方法之一。无论是化工生产、企业管理、产品研发或技术革新，都能用工艺框图进行各种衡算，因此，学会识读与绘制工艺框图具有重要意义。

五、工艺框图的主要内容

1. 反映单元操作、反应过程或车间、设备的矩形方块。
2. 物料由原料变成半成品或成品的运行路线（带箭头的工艺流程线）。
3. 物料在流程中的某些参数（如温度、压力、流量等）也可在工艺流程线旁标注出来。

六、识读工艺框图的主要步骤

1. 了解主要工艺线，了解原料、产品的名称或其来源、去向。
2. 按工艺流程顺序，了解从原料到最终产品所经过的生产步骤。
3. 大致了解各生产步骤（或设备、装置）的主要作用。
4. 了解从原料到产品的生产过程中，物料状态参数的变化情况。

七、识读工艺框图示例

固体原料制气工艺框图如图 10-2 所示。固体原料制气过程是以煤或者焦炭为原料，富氧空气 - 水蒸气混合气为气化剂，在煤气发生炉内经过一系列反应生成一氧化碳、二氧化碳、氢气、氨气及甲烷等混合气体的过程。在合成氨生产中，这一过程称为造气。

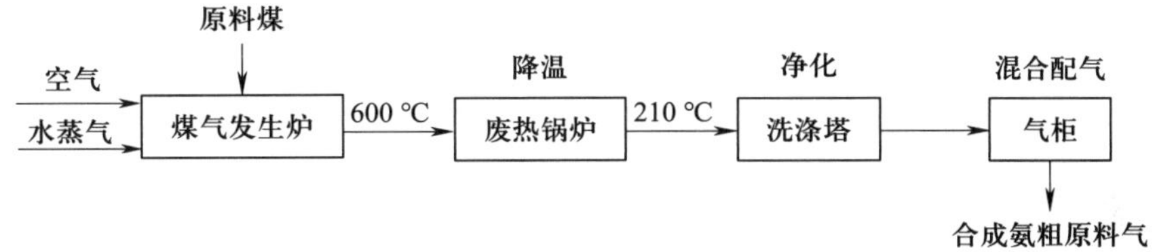

图 10-2　固体原料制气工艺框图

【知识窗】

煤气的分类

上述气化过程中所产生的煤气组分，随气化时所用固体原料的性质、气化剂的类别、气化过程的条件和煤气发生炉的结构不同而有所不同。根据所用气化剂的不同，工业煤气可分为如下四种。

1. 空气煤气

以空气为气化剂所制得的煤气称为空气煤气，其主要成分为一氧化碳和氮气，在合成氨生产中也称吹风气。

2. 水煤气

以水蒸气为气化剂所制得的煤气称为水煤气，其主要成分为一氧化碳和氢气。

3. 混合煤气

以空气和适量的水蒸气为气化剂所制得的煤气称为混合煤气，其主要成分为一氧化碳、氢气和氮气，这种煤气一般用作燃料。

4. 半水煤气

气体组成符合（一氧化碳 + 氢气）与氮气体积之比为 3.1～3.2 的混合煤气称为半水煤气，通常作为合成氨原料气。半水煤气可用水煤气与部分吹风气混合配制而成，也可用水蒸气加适量空气（或富氧空气）同时作为气化剂而制得。

【知识拓展】

工艺框图的绘制

1. 根据原料转化为产品的顺序，从左到右或从上到下用细实线绘制反映单元操作、反应过程或车间、设备的方框（次要车间或设备可以忽略）。要保持它们的相对大小，以在方框内能标注该单元操作、反应过程或车间、设备的名称为宜，同时各方框间应保持适当的距离，以便布置工艺流程线。

2. 用带箭头的细实线在各方框间绘出物料的工艺流程线，箭头的指向要与物料的流向一致，先绘制主流程线，再绘制副流程线。

3. 若两条工艺流程线在图上相交而实际并不相交，则应在相交处将其中一条工艺流程线断开绘制。

4. 工艺流程线可加注必要文字说明，如原料来源、产品、中间产品、废物去向等。

5. 工艺框图绘制时要注意图的整体布置合理，分布均匀，一般按工艺流程次序，依次从左向右（或从上至下）布置方框，先原料、后产品。

思考与练习

一、单项选择题

1. 定性地描绘出由原料到产品所经过的（　　）或生产设备的主要流程路线可以用工艺框图。

A. 反应　　B. 化工过程　　C. 图形　　D. 文本

2. 工艺框图用（　　）及文字表示工艺过程及设备，用箭头表示物料流动方向。

A. 圆圈　　B. 矩形方块　　C. 菱形　　D. 椭圆

3. 初步设计阶段绘制的流程图称为（　　）。

A. 物料流程图　　B. 工艺框图

C. 带控制点工艺流程图　　D. 施工流程图

二、填空题

1. 工艺框图中的一个方框可以是一个设备或工段，也可以是一个________、一个________。

2. 工艺框图中的方框之间用________表示车间或设备之间的管线连接。

三、简答题

1. 工艺框图有哪些作用?

2. 工艺框图主要包括哪些内容?

3. 简述工艺框图的识读步骤。

任务二　识读物料流程图

学习目标

1. 理解物料流程图的组成及作用。
2. 能正确描述物料流程图中的主要设备及生产主要步骤。
3. 能对物料流程图进行正确识读。

任务引入

在化工生产过程中，为了保证生产线的正常运行和生产优质产品，化工工艺操作人员要严格控制工艺操作指标，配合相关人员准时、准确地整理并分析数据，以完成生产过程，这是化学工艺转化为生产力的重要一环。化工工艺操作人员要熟悉生产的工艺流程和工艺操作指标，应该具备识读物料流程图的知识。

任务分析

一种化工产品的生产过程，从工艺框图可以知道生产过程中的主要设备及主要物料流向，想要进一步分析生产过程中的物料状态参数及性能参数，就需识读物料流程图。

相关知识

一、物料流程图的作用

物料流程图，即 PFD 图，是在工艺框图的基础上，采用图形和表格相结合的形式反映物料衡算和热量衡算结果的工艺流程图。它标明了化工生产装置物料的来源和去向、主要设备的位号，以及物料在设备和化工管路中的流向。它是在初步设计阶段完成物料衡算和热量衡算后绘制的，为设计审查提供资料，也是进一步设计的依据，为生产操作提供参考。

二、物料流程图的内容

这里以图 10－3 所示的空压站物料流程图为例进行说明。

1. 物料流程图主要由若干主要生产设备的外形轮廓图、装置的名称及位号、带流向的流程线、物料说明表、物料状态参数及标题栏构成。

2. 在设备的外形图下方，除注明设备名称、位号外，还注明了一些设备的特性参数，如干燥器的换热面积（设备 E0602A－B 换热面积 F=58 m^2）、后冷却器的高度（E0601 塔高 H=9 860 mm）、储气罐的容积（设备 V0603 容积 V=100 m^3）、空压机的型号（L－15/50）等。

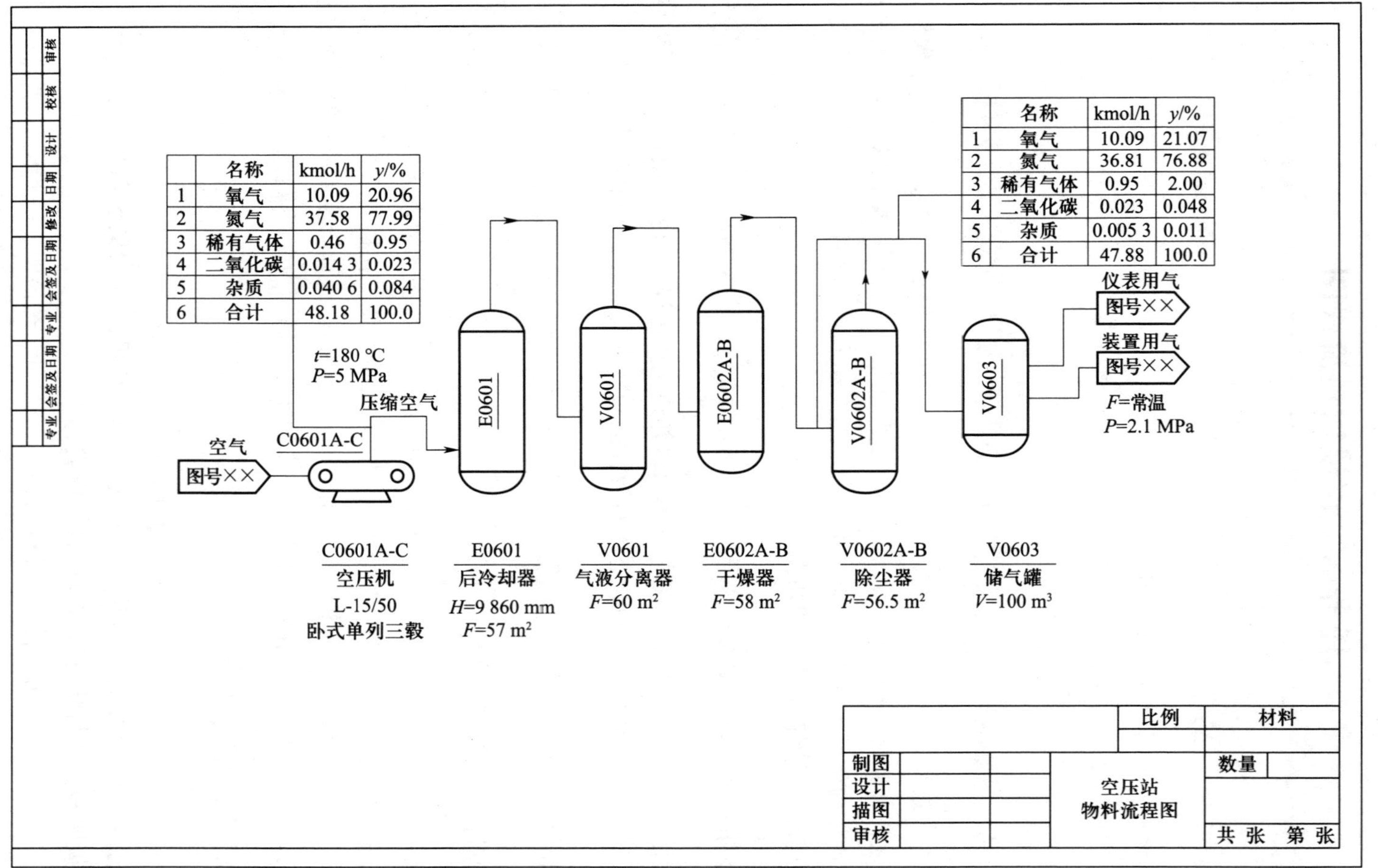

	名称	kmol/h	y/%
1	氧气	10.09	20.96
2	氮气	37.58	77.99
3	稀有气体	0.46	0.95
4	二氧化碳	0.014 3	0.023
5	杂质	0.040 6	0.084
6	合计	48.18	100.0

	名称	kmol/h	y/%
1	氧气	10.09	21.07
2	氮气	36.81	76.88
3	稀有气体	0.95	2.00
4	二氧化碳	0.023	0.048
5	杂质	0.005 3	0.011
6	合计	47.88	100.0

图 10-3 空压站物料流程图

3. 物料组分标注在流程的起始部位以及组分变化后的部位，注明了物料变化前后组分的名称、流量（kmol/h）、含量（%）等参数及每项的总和，用表格的形式给出。

4. 物料流程图中物料的工艺参数（如温度、压力等）在流程线旁注出。

三、物料流程图的表示方法

1. 设备的表示方法

（1）设备的画法。按照流程顺序用细实线画出设备示意图。流程中只画与生产流程有关的主要设备，不画辅助设备及备用设备；对作用相同的并联或串联的同类设备，一般只表示其中的一台（或一组），而不必将全部设备同时画出。保持设备的相对大小，允许过大的设备适当缩小比例，过小的设备适当放大比例。各设备之间的高低位置及设备上重要的管口位置，需要大体符合实际情况；各设备之间应保留适当的距离，以便布置流程线。常用设备的示意画法见表 10－1。

表 10－1　常用设备的示意画法

设备类别	分类号	图例
塔	T	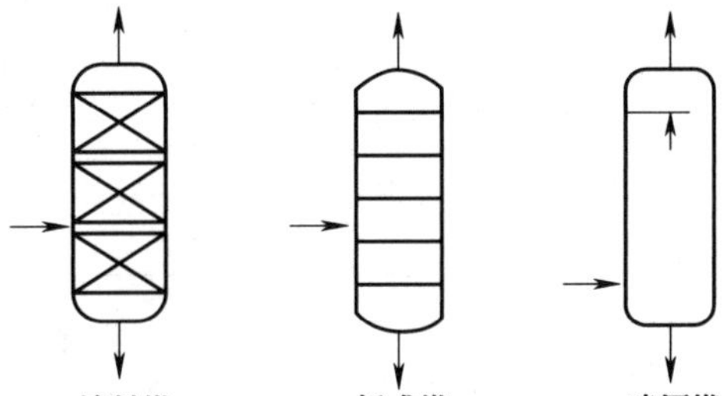 填料塔　板式塔　喷洒塔
反应器	R	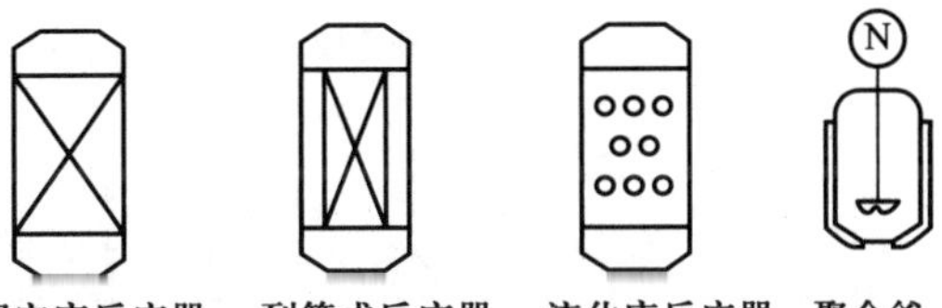 固定床反应器　列管式反应器　流化床反应器　聚合釜
换热器	E	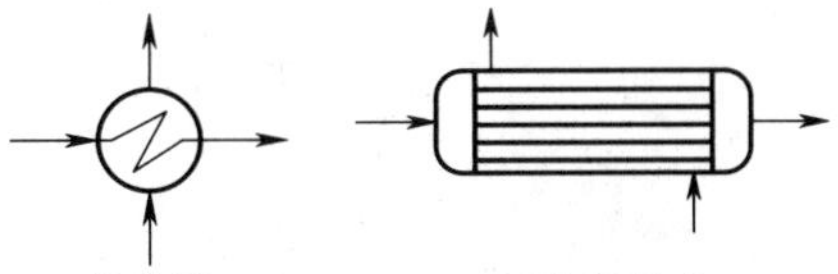 换热器　固定管板式 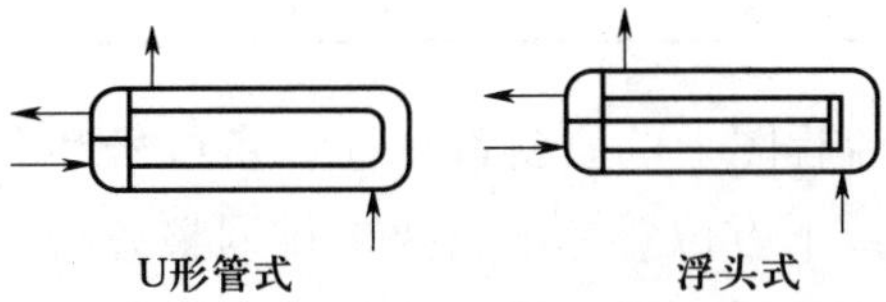　U形管式　浮头式

续表

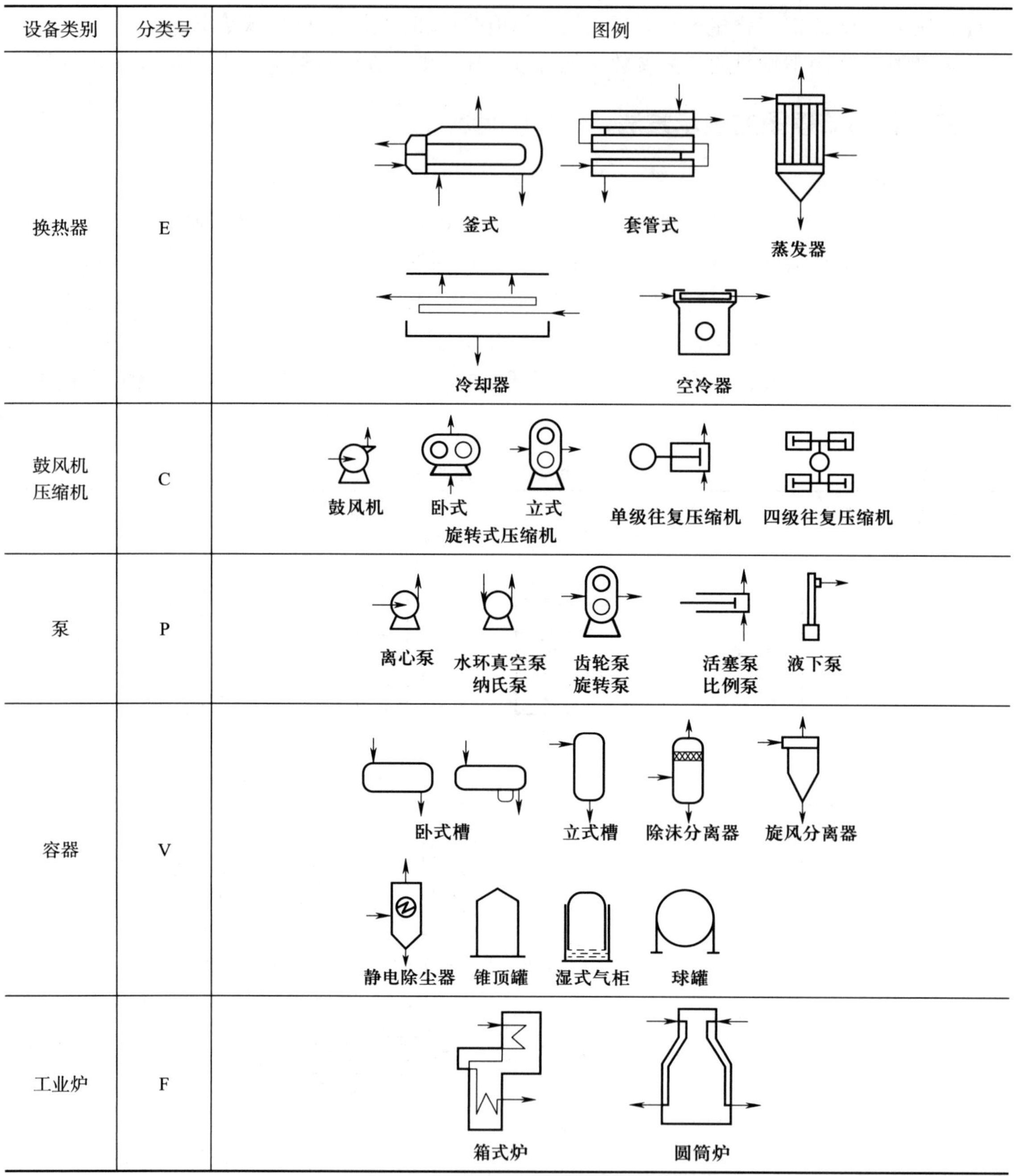

设备类别	分类号	图例
换热器	E	釜式　套管式　蒸发器　冷却器　空冷器
鼓风机 压缩机	C	鼓风机　卧式　立式　旋转式压缩机　单级往复压缩机　四级往复压缩机
泵	P	离心泵　水环真空泵　纳氏泵　齿轮泵　旋转泵　活塞泵　比例泵　液下泵
容器	V	卧式槽　立式槽　除沫分离器　旋风分离器　静电除尘器　锥顶罐　湿式气柜　球罐
工业炉	F	箱式炉　圆筒炉

（2）设备的标注。流程图上的设备都标注设备位号和名称，设备位号一般标注在两个地方，一是在设备的上方或下方位置标注，要求排列整齐，并尽可能正对设备，标注形式如为分式，则在位号的上方（分子）标注设备位号，在位号的下方（分母）标注设备名称；二是在设备内或其近旁进行标注，仅标注设备位号，不标注设备名称。当几个设备或机器为垂直排列时，它们的位号和名称可以由上而下按顺序标注，也可水平标注。

设备位号的编法是，每个设备均应编一个位号，设备位号由设备分类号、车间或工段号、设备序号和相同设备序号组成，常见设备标注格式如图 10-4 所示。对于同一设备，在不同设计阶段必须使用同一位号。

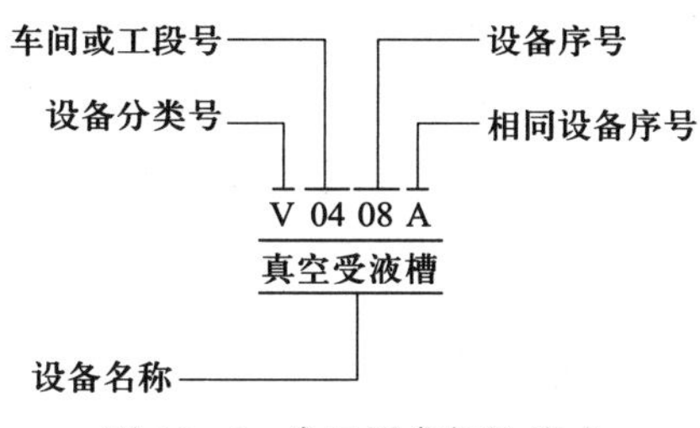

图 10-4　常见设备标注格式

车间或工段号一般用两位数字组成，前一位数字表示装置（或车间）代号。后一位数字表示主项代号，设备顺序号用两位数字 01、02、…、10、…表示，相同设备的尾号用于区别同一位号的相同设备，用英文字母 A、B、C、…表示。

2. 流程线画法

图上一般只画出工艺物料的流程，主要物料管线用粗实线绘制，流向则在流程线上以箭头表示。流程线应画成水平或垂直，转弯时画成直角，一般不用斜线或圆弧，流程线交叉时，应将其中一条断开。一般同一物料线交错，按流程顺序“先不断、后断”；不同物料线交错时，主物料线不断，辅助物料线断，即“主不断、辅断”。

原料、产品（或中间产品）及重要原料等的物料流率均应予以表示，已知组成的多组分混合物应列出混合物总量及其组成。物料经过设备而产生变化时，则需标注物料变化前后各组分的名称、流量（kg/h）、摩尔分数（wt%）和每项的总和等，具体项目可按需要酌量增减。

物料流程的标注方式是，可在流程的起始部分和物料产生变化的设备后，从流程线上用指引线引出，列表表示，具体如图 10-5 所示。指引线及表格线均用细实线绘制。

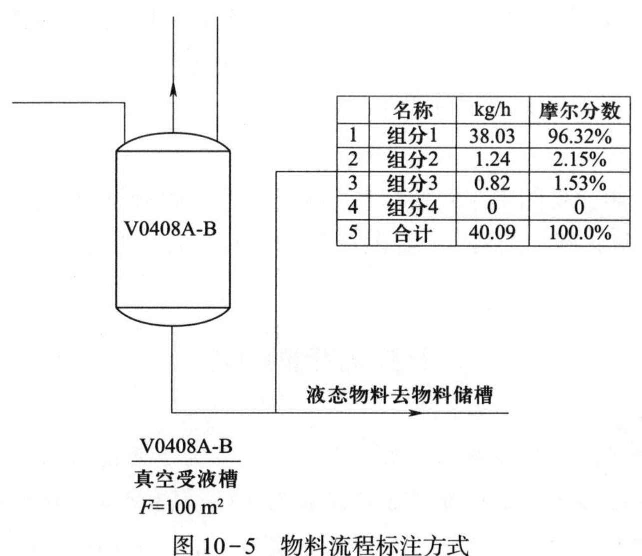

	名称	kg/h	摩尔分数
1	组分1	38.03	96.32%
2	组分2	1.24	2.15%
3	组分3	0.82	1.53%
4	组分4	0	0
5	合计	40.09	100.0%

图 10-5　物料流程标注方式

3. 物料流程图的标注特点

（1）标注装置或工段的名称、位号及特性参数（如面积、直径、容积、型号等）。

（2）标注带流向的流程线，在流程线旁标注物料的状态参数（如压力、温度等）。

（3）对于物料发生变化的设备，要从其流程线上引线，对物料组分列表说明，表示该处物料组分发生了变化（如名称、流量、含量等），每项均应标出合计数。

（4）物料流程图需画出图框和标题栏，图幅大小要符合《技术制图　标题栏》（GB/T 10609.1—2008）的有关要求。

四、识读物料流程图的主要步骤

1. 从标题栏可以了解物料流程图的图名、图号，以及设计、制图、审核等相关信息。

2. 从标注了解生产过程所用设备的位号、名称及主要参数等信息。

3. 从物料流程图中流程线及物料状态参数的标注可看到各物料的流向。

4. 从所列物料表格可以看出物料进出设备前后的组分、温度、压力等变化情况。

5. 物料流程图有时将同类型设备或装置只画出一台，故物料流程图只表示物料通过这类设备或装置的数量，而不能表明设备或装置的数量。

6. 物料流程图上物料流量或其他参数指的都是正常工艺控制指标，不包括开车时的物料量等参数。

五、识读物料流程图示例

以图 10－3 所示的空压站物料流程为例，识读空压站物料流程图得到如下信息。

1. 图样名称为空压站物料流程图，以及图样相关信息（设计、制图、审核等）。

2. 物料流程图中主要设备名称、位号及性能参数。例如，卧式单列三级空压机 C0601A－C 共 3 台；1 台后冷却器 E0601，F=57 m^2；1 台气液分离器 V0601，F=60 m^2；干燥器 E0602A－B 共 2 台，F=58 m^2；除尘器 V0602A－B 共 2 台，F=56.5 m^2；1 台储气罐 V0603，V=100 m^3。

3. 主要物料管线及物料状态参数。例如，空气—空压机—后冷却器—气液分离器干燥器—除尘器储气罐—仪表及装置用气为主要物料管线，空压机出口空气 t=180 ℃、P=5 MPa 等。

4. 压缩空气主要组分见图中左侧物料表，净化空气的组分见图中右侧物料表，均为氧气、氮气、稀有气体、二氧化碳和杂质，只是对应各气体的组成有了变化。

【知识拓展】

物料流程图的绘制

一、比例与图幅

绘制物料流程图时，一般以车间、工段或设备装置为单元进行绘制，设备外形不一定按比例绘制，可仅画出设备的外形轮廓，常采用加长 A2 或 A3 幅面长边的图幅，也可以采用其他图幅。在实际工程制图中，主要物料管线用粗实线（0.8～1.2 mm）绘制，辅助物料管线用

细实线（0.4～0.8 mm）绘制。

二、绘制步骤

1. 按照确定的工艺路线和设备外形，从左至右先画出设备及装置外形图，设备之间留有适当间隙，用以标注设备的名称、位号，以及布置流程线和标注物料性能参数。

2. 主要物料管线用粗实线表示，辅助物料线用细实线表示，物料的流向用箭头表示。

3. 设备状态参数的引线和表格线用细实线表示。

4. 当物料组分复杂、数据多，在物料流程图中列表有困难时，也可在物料流程图的下部，按物料流程图的顺序自左至右列表，用“○”或“◇”表示，并编排顺序号，如①、②、③等。

三、注意事项

绘制物料流程图应注意以下几点。

1. 为了物料流程图的美观，应考虑总体布局合理。

2. 所有流程线均不可穿越设备。

3. 流程线应尽量避免交叉。遇到流程线交叉时，一般遵循的原则是主物料流程线优先，然后是辅助物料流程线。当同类物料流程线交叉时，要统一画法，即全部横让竖（断开横线）或竖让横（断开竖线）。

4. 绘制流程线时，要事先考虑预留标注位置，如标注设备位号、管道号、仪表及取样点等，以免造成返工。

5. 为确保流程图图面整洁，所有流程线先用细实线画出，待图样标注完成后，再对管线加深。

思考与练习

一、填空题

1. 物料流程图是________图，采用________和________相结合的形式来反映物料衡算和热量衡算结果的工艺流程图。它标明了________的来源和去向、________的位号，以及物料在________中的流向。

2. 在绘制物料流程图时，主要物料管线用________绘制，流程线应画成________或________，转弯时画成________，并对物料的流向用________表示。

3. 在绘制物料流程图时，交叉的物料线绘制时要有一方________。一般同一物料线交错时，按流程顺序“________”；不同物料线交错时，主物料线不断，辅助物料线断，即“________”。

4. 物料流程图有时将同类型设备或装置只画出一台，故物料流程图只表示物料通过这类设备或装置的________，而不能表明设备或装置的数量。

5. 通过识读物料流程图可以看出物料进入设备前后的组分、________、________等变化情况。

6. 物料流程图上物料流量或其他参数指的都是________指标，不包括开车时的物料量等参数。

二、简答题

识读物料流程图可以从哪几个方面入手？

任务三　识读带控制点工艺流程图

学习目标

1. 理解带控制点工艺流程图的组成及作用。
2. 能正确描述带控制点工艺流程图中的主要设备及物料流向。
3. 能对带控制点工艺流程图进行正确识读。

任务引入

一套化工企业生产装置中的设备如何表示？管道仪表如何表示？设备施工及安装等过程中依据的工艺流程具体内容是什么？化工工艺操作人员在进入生产岗位之前，应当了解岗位所涉及的原料、产品以及整个生产过程的详细工艺流程。为了达到这一目的，需要识读本岗位带控制点工艺流程图。

任务分析

带控制点工艺流程图是工艺设计的关键文件，是管道、仪表、设备设计和装置布置等专业设计的基础，是设备布置图和管道布置图的设计依据，需要化工工艺操作人员识读带控制点的工艺流程图。

相关知识

一、带控制点工艺流程图的作用

带控制点工艺流程图，也称管道及仪表流程图（PID 图），由工艺流程图加仪表控制点及管道编号等组成，借助统一规定的图形符号和文字代号，将化工生产过程的全部设备、仪表、管道、阀门及主要管件组合起来。

带控制点工艺流程图是绘制设备布置图和管道布置图的依据，是指导施工、操作、运行及检修的指南，也是企业管理、试运行、操作、维修、开停车等所需的完整技术资料的一部分。它有助于工艺装置的开发、工程设计、施工、操作和维修等各部门之间的交流，具体内容包括视图、标注、标题栏、修改栏、图例和说明等。

二、带控制点工艺流程图的内容

带控制点工艺流程图应根据工艺流程图和公用工程流程图的要求，详细地表示装置的全部设备、仪表、管道和其他公用工程设施。

1. 标题栏，包括单位名称、图样名称、图号、设计阶段等。

2. 全部设备的示意图，以及设备类型、数量、名称和位号。

3. 各管道的编号（如物料代号、公称直径、公称压力、材料、隔热、保温等）及物料流向等。

4. 各种仪表测量显示及控制点位置的符号（如测温、测压、测流量、取样点及温度、压力、流量显示、控制等）。

5. 图例的符号及文字说明。

三、带控制点工艺流程图的标注

1. 设备的表示方法

用细实线表示装置全部操作和备用的设备，在设备的邻近位置（上下左右均可）注明编号（下画一粗实线）、名称及主体尺寸或主要特性。编号、名称及编号方法与物料流程图规定相同。但当同一作用的设备由多台组成（或备用）时，可在编号数字后加 A、B、…表示。

对工艺有特殊要求的设备内部构件应予以表示。例如，板式塔应画出有物料进出的塔板位置及自下往上数的塔板总数；容器应画出内部挡板及泡沫网的位置；反应器应画出器内床层数；填料塔应表示填料层、气液分布器、集油箱等的数量及位置。

2. 化工管路的表示方法

带控制点工艺流程图中应画出所有化工管路，即各种物料的流程线，并用箭头表示管内物料的流向。流程线是工艺流程图的主要表达内容，主要物料和主要操作管道的流程线用粗实线表示，上水、回水、蒸汽、抽真空及放空等辅助物料、备用管道、开停工及事故处理管道的流程线用中实线表示。

装置内的吹扫线、污油排放及放空管道只需画出其主要的管道及阀门，并表示其与设备或工艺管道连接的位置。装置内公用工程（如水、蒸汽、燃料、密封油、冲洗油、空气、化学药剂等）可分不同系统按上述要求表示化工管路。各种物料一般在使用地点用短实线示意，并标注物料的名称，但对其所采用的仪表和阀门不得重复表示（一般只表示在公用工程带控制点工艺流程图中）。

各种不同形式的图线在工艺流程图中的应用见表 10-2。

表 10-2　　各种不同形式的图线在工艺流程图中的应用

名称	图例		名称	图例
主要物料管道		粗实线 0.9～1.2 mm	电伴热管道	
其他物料管道		中粗线 0.5～0.7 mm	夹套管	
引线、设备、管件、阀门、仪表等图例		细实线 0.15～0.3 mm	管道隔热层	
仪表管道		电动信号线	翅片管	
		气动信号线	柔性管	
原有管线		管线宽度与其相接的新管线宽度相同	同心异径管	
伴热（冷）管道			喷淋管	

每条管线上应画出箭头指明物料流向，并在来去处用文字说明物料名称及其来源或去向。对每段化工管路必须标注管路代号，一般横向管路标在化工管路的上方，竖向管路则标注在化工管路的左方（字头朝左）。管路代号一般包括物料代号、车间或工段号、管段序号、管路外径、壁厚等内容，还可注明管路压力等级、管道材料、隔热或隔声等的代号，具体如图 10-6 所示。

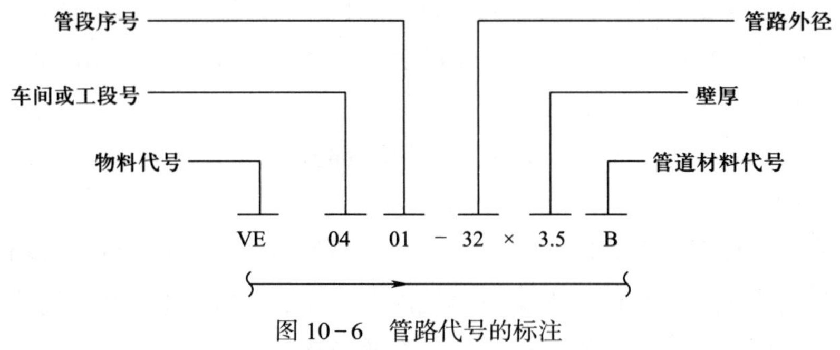

图 10-6　管路代号的标注

物料代号代表了不同的物料名称，以大写的英文字母表示，常见工业物料代号见表 10-3；车间或工段号按工程规定填写，采用两位数字，从 01 开始，至 99 为止；管段序号采用两位数字，从 01 开始，至 99 为止，相同类别的物料在同一主项内以流向先后为序，顺序编号；管道尺寸一般标注公称通径，以 mm 为单位，注数字，不注单位。常见管道公称压力代号见表 10-4。常见管道材质代号见表 10-5。

表 10-3 常用工业物料代号

代号	物料名称	代号	物料名称	代号	物料名称	代号	物料名称
A	空气	F	火炬排放气	LO	润滑油	R	冷冻剂
AM	氨	FG	燃料气	LS	低压蒸汽	RO	原料油
BD	排污	FO	燃料油	MS	中压蒸汽	RW	原水
BF	锅炉给水	FS	熔盐	NG	天然气	SC	蒸汽冷凝水
BR	盐水	GO	填料油	N	氮	SL	泥浆
CS	化学污水	H	氢	O	氧	SO	密封油
CW	循环冷却水上水	HM	载热体	PA	工艺空气	SW	软水
DM	脱盐水	HS	高压蒸汽	PG	工艺气体	TS	伴热蒸汽
DR	排液、排水	HW	循环冷却水回水	PL	工艺液体	VE	真空排放气
DW	饮用水	IA	仪表空气	PW	工艺水	VT	放空气

表 10-4 常见管道公称压力代号

公称压力 /MPa	代号	公称压力 /MPa	代号
1.0	L	16.0	S
1.6	M	20.0	T
2.5	N	22.0	U
4.0	P	25.0	V
6.4	Q	32.0	W
10.0	R	—	—

表 10-5 常见管道材质代号

材质名称	代号	材质名称	代号
铸铁	A	不锈钢	E
碳钢	B	有色金属	F
普通合金钢	C	非金属	G
合金钢	D	衬里及内防腐	H

隔热（绝热）是指借助隔热材料将热（冷）源与环境隔离，分为热隔离（绝热）和冷隔离（隔冷）。保温（冷）是指借助热（冷）介质的热（冷）量传递使物料保持一定的温度，根据热（冷）介质在物料（管）外的存在情况分为伴管、夹套管、电加热等。防火是指对管道、钢支架、钢结构、设备的支腿、裙座等钢材料做防火处理。隔声是指对发出声音的声源采用隔绝或减少声音传出的措施。常见管道隔热、保温、防火、隔声代号见表 10-6。

表 10-6　　常见管道隔热、保温、防火、隔声代号

类别		功能类型代号		备注
		通用代号	专用代号	
隔热	隔热	I	H	采用隔热材料
	隔冷		C	采用隔冷材料
	人身保护（防烫）		P	采用隔热材料
	防冻		W	采用隔热材料
	防表面结霜		D	采用隔热材料
保温	蒸汽伴热管	T	T	伴管和采用隔热材料
	热（冷）水伴管		TW	伴管和采用隔热材料
	热（冷）油伴管		TO	伴管和采用隔热材料
	特殊介质伴热（冷）管		TS	伴管和采用隔热材料
	电伴热（电热带）		TE	电热带和采用隔热材料
	蒸汽夹套	J	J	夹套管和采用隔热材料
	热（冷）水夹套		JW	夹套管和采用隔热材料
	热（冷）油夹套		JO	夹套管和采用隔热材料
	特殊介质夹套		JS	夹套管和采用隔热材料
防火		F	F	采用耐火材料、涂料
隔声		N	N	采用隔声材料

3. 阀门及管件的表示法

化工生产中要大量使用各种阀门，以实现对化工管路内的流体进行开、关及流量控制、止回、安全保护等功能。在流程图中，阀门及管件用细实线按规定的符号在相应处画出。由于功能和结构的不同，阀门的种类很多，常用阀门及管件的图形符号见表 10-7。

表 10-7　　常用阀门及管件的图形符号

名称	图形符号	名称	图形符号
闸阀		截止阀	
球阀		旋塞阀	
隔膜阀		三通截止阀	
三通球阀		三通旋塞阀	
四通截止阀		四通球阀	
四通旋塞阀		角式截止阀	
疏水阀		同心异径管	
圆形盲板正常开		圆形盲板正常关	
8 字盲板正常开		8 字盲板正常关	

4. 仪表控制点的表示方法

化工生产过程中，需对化工管路或设备内不同位置、不同时间流经的物料的压力、温度、流量等参数进行测量、显示，或进行取样分析。在带控制点工艺流程图中，仪表控制点用对应符号表示，并从其安装位置引出。符号包括图形符号和仪表位号，它们组合起来表达仪表功能、被测量和检测方法等。

（1）图形符号。仪表的图形符号为一直径为 10 mm 的细实线圆圈，并用细实线连接设备或化工管路上的测量点，如图 10-7 所示。图形符号上还可表示仪表不同的安装位置，见表 10-8。

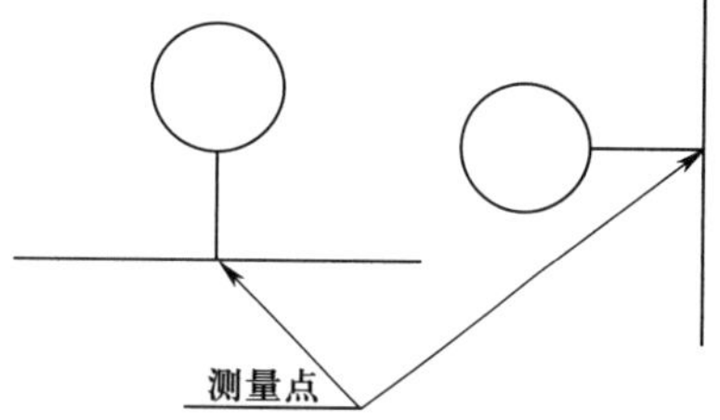

图 10-7　仪表的图形符号

表 10-8　　仪表安装位置的图形符号

安装位置	图形符号	安装位置	图形符号
就地安装仪表		就地安装仪表（嵌在管道中）	
集中仪表盘面安装仪表		集中仪表盘后面安装仪表	
就地仪表盘面安装仪表		就地仪表盘后面安装仪表	

（2）仪表位号。一般在图形符号的圆圈中标注仪表位号，仪表位号由两部分组成。一部分为字母组合代号，字母组合代号的第一个字母表示被测量，后继字母表示仪表的功能，被测量及仪表功能的字母组合示例见表 10-9。

表 10-9　　被测量及仪表功能的字母组合示例

仪表功能	被测量								
	温度	温差	压力或真空	差压	流量	流量比率	分析	密度	黏度
指示	TI	TdI	PI	PdI	FI	FfI	AI	DI	DI
指示、控制	TIC	TdIC	PIC	PdIC	FIC	FfIC	AIC	DIC	DIC
指示、报警	TIA	TdIA	PIA	PdIA	FIA	FfIA	AIA	DIA	DIA
指示、开关	TIS	TdIS	PIS	PdIS	FIS	FfIS	AIS	DIS	DIS
记录	TR	TdR	PR	PdR	FR	FfR	AR	DR	VR
记录、控制	TRC	TdRC	PRC	PdRC	FRC	FfRC	ARC	DRC	VRC
记录、报警	TRA	TdRA	PRA	PdRA	FRA	FfRA	ARA	DRA	VRA

续表

仪表功能	被测量								
	温度	温差	压力或真空	差压	流量	流量比率	分析	密度	黏度
记录、开关	TRS	TdRS	PRS	PdRS	FRS	FfRS	ARS	DRS	VRS
控制	TC	TdC	PC	PdC	FC	FfC	AC	DC	VC
控制、变速	TCT	TdCT	PCT	PdCT	FCT	—	ACT	DCT	VCT

另一部分为工段序号，工段序号由工序号和顺序号组成，一般用3～5个阿拉伯数字表示。仪表位号组成如图 10-8 所示。一般情况下，字母组合填写在仪表图形符号圆圈的上半圆中，工段序号填写在下半圆中，仪表位号标注方法如图 10-9 所示。

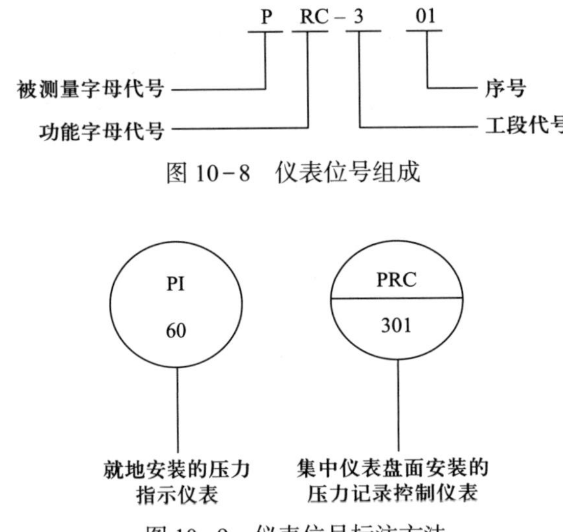

图 10-8　仪表位号组成

图 10-9　仪表位号标注方法

四、带控制点工艺流程图的识读步骤

不管是哪一类流程图，概括起来其内容大体都包括图形、标注、图例、标题栏等四部分，拿到一张图样后，要整体认识一下它的主要内容，明确了图样的四个主要组成部分后就可以逐一了解每部分的具体内容。带控制点工艺流程图的识读步骤具体如下。

1. 通过识读带控制点工艺流程图标题栏，了解图样的名称，以及本张图样在工艺流程中的位置。

2. 识读带控制点工艺流程图的图例或首页图。在某个项目中有些标准里没有规定的符号，首页图上有自己规定的特殊符号，只有通过看首页图才能明白其含义，弄清带控制点工艺流程图中的各种图形符号和文字代号的含义。如果工艺流程比较简单，可以通过图例读懂各种图形符号、代号的含义及管道的标注等。

3. 识读带控制点工艺流程图中装置的数量、名称、位号。

4. 识读带控制点工艺流程图所描述的工艺装置的基本结构和主要功能。

5. 识读主要物料流程线。

6. 识读其他辅助物料流程线。

7. 识读各类阀门、管件的类型、作用及数量。

8. 识读仪表控制点安装位置、功能及代号意义。

9. 识读分析取样点。

10. 识读管道的基本参数（如公称直径、公称压力、材质、编号等）。

五、带控制点工艺流程图的识读示例

识读带控制点工艺流程图是化工工艺操作人员必备的一项基本技能，通过带控制点工艺流程图可以了解工艺装置的结构和功能。带控制点工艺流程图中给出了物料的工艺流程，以及实现这一工艺流程所涉及的设备、管道、阀门和仪表控制点的部位、类型、数量、名称等。识读带控制点工艺流程图的任务就是要把图中所给出的这些信息完全搞清楚。下面以图 10-10 所示空压站带控制点工艺流程图为例，学习识读带控制点工艺流程图。

1. 识读标题栏，了解图样名称

本图样名称为“空压站带控制点工艺流程图”。

2. 识读带控制点工艺流程图图例

目的是了解各种图形符号、代号的意义，如阀门及附件的图形符号，以及特定代号，如压缩空气代号 IA、原水上水代号 RW 等的含义。

3. 了解设备的基本情况

了解设备的名称、数量及位号。本流程图中共有 3 台空压机，位号分别为 C0601A、C0601B、C0601C；1 台后冷却器，位号为 E0601；1 台气液分离器，位号为 R0601；2 台干燥器，位号分别为 E0602A、E0602B；2 台除尘器，位号分别为 R0602A、R0602B；1 台储气罐，位号为 V0601。共 10 台设备（其中 3 台动设备、7 台静设备）。

4. 识读主要物料的工艺路线

主要流程为：空气的压缩（C0601A-C）—冷却（E0601）—分离（R0601）—干燥（E0602A 和 E0602B）—除尘（R0602A 和 R0602B）—储存（V0601）。

5. 识读其他辅助物料的工艺路线

（1）冷却水（RW0601）—冷却器（E0601）—排地沟（DRO601）。

（2）排污（BD0602、BD0603、BD0604、BD0605）为辅助流程线。

6. 识读管道的标注及代号

设备 E0601 的进料管代号为 RW0601-25×3，RW 表示原水（见表 10-3），06 表示工程的工序编号，01 表示工程的管段序号，25 表示管道的公称直径为 25 mm，3 表示管道的壁厚是 3 mm。

7. 识读仪表的标注及代号

由图中仪表字母代号了解仪表作用、功能、安装位置，了解仪表位号的标注方法及安装要求。

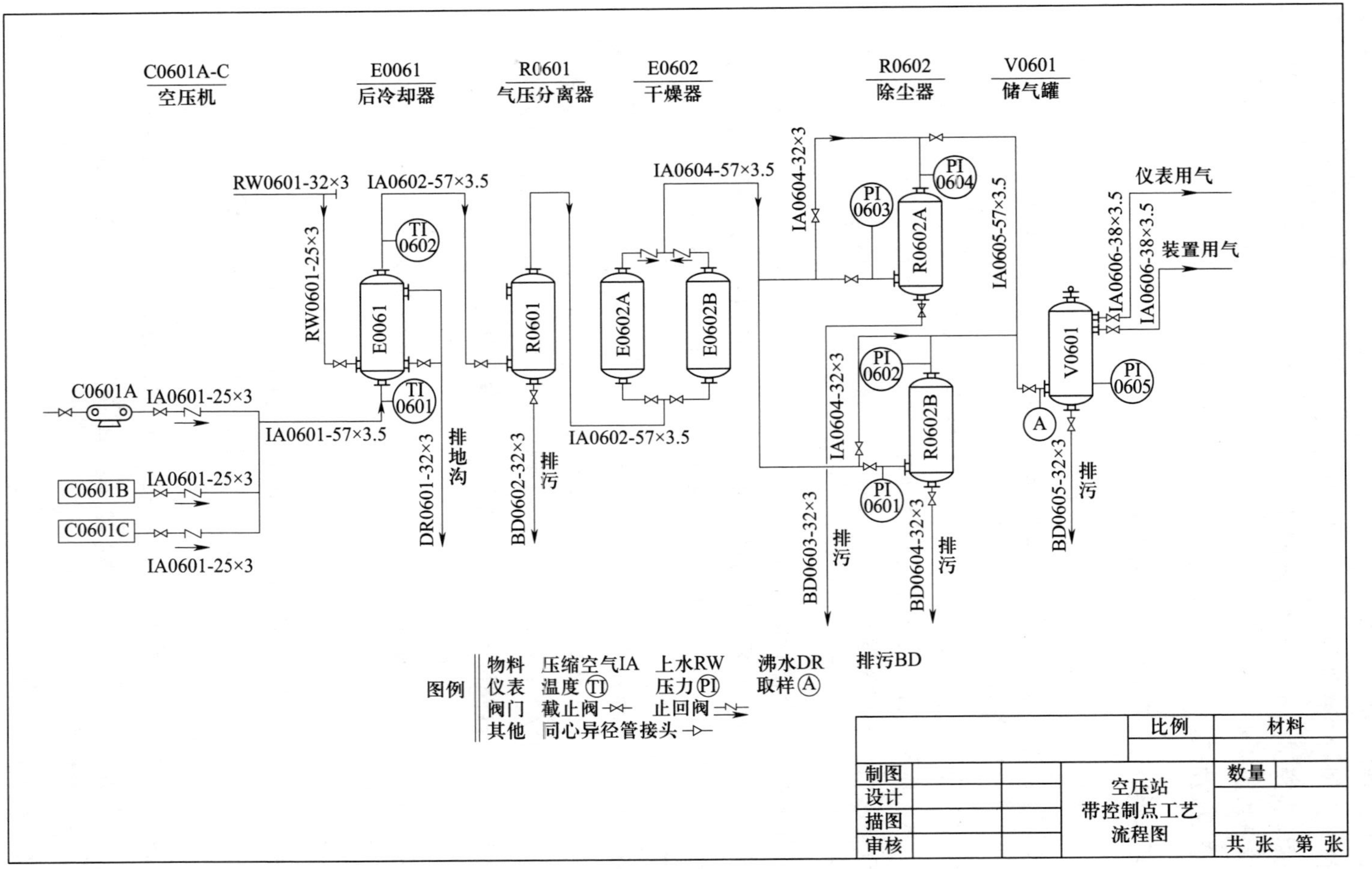

图 10-10 空压站带控制点工艺流程图

【知识拓展】

带控制点工艺流程图的绘制

为保证绘图质量和提高绘图效率，在绘制带控制点工艺流程图前，应先根据选定的图幅和草图的内容进行图面布置，再具体绘制。带控制点工艺流程图一般以工艺装置的主项（工段或工序）为单元绘制，也可以装置为单元绘制。

一、图面布置

1. 布置设备时，应按流程从左到右进行，同时兼顾管道的连接。带控制点工艺流程图的绘制区域一般确定为图纸的中上部（下部预留标注设备名称及位号的位置），或者反之。绘图区域上下宽度要占图幅的4/5左右。

2. 静设备（无动力驱动）一般绘制在图纸水平中线偏上，如塔、反应器、储罐、换热器、加热炉等。动设备（有动力驱动）一般绘制在图纸水平中线偏下，如泵、压缩机、鼓风机、振动机械、离心机、运输设备、称量设备等。

3. 设备不必按实际比例绘制，总图面的设备应合理分布，应尽可能缩短物料流程线的长度，减少物料流程线的转折与交叉，当绘制物料流程线出现相交现象（工艺流程线不相交）时，需要断开其中一条。物料流程线进出设备接口的相对位置应与实际情况相近，并应为相关设备、管道、阀门、仪表的文字、符号、代号标注保留足够的空间，一般物料流程线间距不小于5 mm。

4. 设备位号及名称要标注在流程图的上方或下方，如设备较多或有两排设备，可上下同时标注，应尽可能在同一水平线上，除设备外，其他仪表、流量计、阀门、重要管件和控制系统的信号线，以及相关的符号、代号等，均应集中给出图例。图例的大小应与图中的实际大小相同。图例一般布置在图纸右上角或左下角。

5. 没有安装高度要求的设备在图纸上的位置要符合流程线的流向，以便于管道的连接。对于有安装高度要求的设备，要在图纸的适宜位置表示出这个设备与地面或其他设备的相对位置。

二、带控制点工艺流程图的绘制步骤

1. 根据图幅确定单个设备的大小、位置及相互之间的距离，采用细点画线从左至右按流程确定各设备的中心位置，也可以先绘制草图，要注意图面的协调美观。先用细实线按照流程的先后顺序画出各设备，各设备横向及纵向间应留有一定的间距，以便布置流程线及标注仪表符号。

2. 用细实线按照流程顺序和物料种类，逐一画出主要物料流程线及辅助物料流程线，并注意各物料流程线的间距和流向箭头。

3. 用细实线画出带控制点工艺流程图中的阀门、管件以及与工艺有关的检测仪表、调节控制系统、分析取样点的符号和代号。

4. 用细实线绘制完成带控制点工艺流程图后，按照绘制顺序详细检查，对漏画、错画处进行修改、补齐，按绘图标准将各线条加深加粗。

5. 按照绘制顺序分别对设备、管道、仪表等进行标注。

6. 给出图例与代号、符号说明，填写标题栏，并加注相应的文字说明。至此，带控制点工艺流程图绘制全部完成。

思考与练习

一、填空题

1. PID 图即________图，也称管道仪表流程图，是由工艺流程图加__________________等组成。

2. 带控制点工艺流程图一般以________________为单元绘制，也可以装置为单元绘制。

3. 在识读带控制点工艺流程图时，要识读图中装置的______________。

4. 在识读带控制点工艺流程图时，要识读各类阀门、管件的________。

5. 在识读带控制点工艺流程图时，要识读仪表控制点的________。

6. 在识读带控制点工艺流程图时，要识读管道的_________________________________。

7. 绘制带控制点工艺流程图布置设备时，应按流程从________到________进行，同时兼顾管道的连接。

8. 绘制带控制点工艺流程图时，静设备一般绘制在图纸水平中线________，动设备一般绘制在图纸水平中线________。

9. 绘制带控制点工艺流程图时，设备不必要按________绘制，总图面的设备应合理分布，应尽可能缩短________的长度。

10. 绘制带控制点工艺流程图时，设备位号及名称要标注在流程图的________或________，如设备较多或有两排设备，可________同时标注。

二、简答题

1. 带控制点工艺流程图的主要内容包括哪些？

2. 简述带控制点工艺流程图的识读步骤。

思考与练习答案

项目一　化学工业与化工企业认知

任务一　了解化学工业发展

一、单项选择题

1. C　　2. D　　3. A

二、多项选择题

1. ABC　　2. ABCD　　3. ABC　　4. ACD

任务二　了解化工企业组织结构

一、单项选择题

1. A　　2. C　　3. D　　4. B　　5. C　　6. A

任务三　了解化工企业运行特点

一、单项选择题

1. A　　2. B

任务四　了解化工企业从业人员的职业素养

一、多项选择题

ABCD

项目二　化工安全认知

任务一　了解化工安全生产的重要性

一、单项选择题

1. C　　2. B

二、填空题

安全第一　　管生产必须同时管安全

任务二　辨识化工生产中的危险源

一、单项选择题

1. D　　2. B

二、填空题

化学反应　　大量的气体　　热量

任务三　认识个体防护装备

一、单项选择题

1. A　　2. B

二、填空题

1. 过滤式（净化法）呼吸器　　隔绝式（供气法）呼吸器
2. 绝不允许

任务四　了解常用急救技术

一、单项选择题

C

二、填空题

1. 绷带　　三角巾　　止血带
2. 化学灼伤　　热力灼伤　　复合性灼伤

任务五　认识防火防爆

一、多项选择题

1. ABC　　2. ABCD

二、填空题

1. 可燃性气体　　液体蒸气　　可燃粉尘与空气或氧化性气体
2. 室内消火栓　　室外消火栓

项目三　化工环保认知

任务一　了解化工污染物

一、单项选择题

1. A　　2. B

二、填空题

大气污染　　水污染　　固体废物污染

任务二　了解化工废水

一、单项选择题

B

二、填空题

1. 物理处理法　　化学处理法　　物理化学处理法　　生物化学处理法
2. 氮　　磷
3. 溶解态　　胶体态　　悬浮态

任务三　了解化工废气

一、单项选择题

1. B　　2. A

二、填空题

1. 温室效应
2. 热岛效应

任务四　了解化工废渣

一、单项选择题

1. A　　2. D

二、填空题

无害化　　减量化　　资源化

任务五　认识绿色化工

一、单项选择题

C

二、填空题

原料　　化学反应　　催化剂　　溶剂　　产品

项目四　化工生产过程认知

任务一　熟悉化工生产常用原料

一、单项选择题

1. B　　2. A

二、填空题

1. 加工生产化工基本原料或产品的、在自然界天然存在的资源　　石油　　煤　　天然气　　矿物　　生物质

2. 金属矿　　非金属矿　　化石燃料矿

任务二　熟悉化工生产典型产品

一、单项选择题

1. A　　2. B　　3. A

二、填空题

1. 天然高分子材料　　合成高分子材料

2. 天然有机高分子材料　　合成有机高分子材料

任务三　认识化工生产过程

一、单项选择题

1. A　　2. A　　3. A

二、填空题

1. 原料预处理　　化学反应

2. 使初始原料达到反应所需要的状态和规格

任务四　熟悉化工生产过程常用经济评价指标

一、单项选择题

1. A　　2. B

二、填空题

1. 转化率

2. 选择性

任务五　理解化工生产的主要影响因素

一、单项选择题

1. A　　2. C

二、填空题

1. 加快

2. 催化剂

项目五　化工管路认知

任务一　了解化工管路

一、单项选择题

1. B　　2. A　　3. A　　4. B

二、填空题

1. 化工管子　　化工管件　　化工阀门

2. 50～100

任务二　认识化工管子

一、单项选择题

1. C　　2. D　　3. D

任务三　认识化工管件

一、多项选择题

1. ABCD　　2. ABCD　　3. AB

项目六　化工阀门认知

任务一　了解化工阀门基础知识

一、单项选择题

1. A　　2. B　　3. C

二、填空题

1. 公称直径　　公称压力　　工作温度　　适用介质

2. 类型代号　　传动方式代号　　连接形式代号　　结构形式代号　　阀座密封面或衬里材料代号　　公称压力代号　　阀体材料代号

任务二　熟悉化工阀门类型与作用

一、单项选择题

1. C　　2. B　　3. A

二、判断题

1. × 2. × 3. √

任务三 认识常用化工阀门标志

一、单项选择题

1. C 2. A 3. B

二、填空题

1. 开启或关闭
2. 一致 关闭
3. 零

项目七 化工动设备认知

任务一 了解化工动设备基础知识

一、单项选择题

D

二、填空题

离心类设备 往复类设备

任务二 认识泵

一、单项选择题

1. D 2. A 3. C

二、填空题

1. 叶轮 泵壳 轴封装置
2. 流量 扬程 功率 效率
3. $H-Q$ 曲线 $N-Q$ 曲线 $\eta-Q$ 曲线

任务三 认识压缩机

一、单项选择题

1. B 2. B

二、填空题

1. 离心式 往复式 旋转式 往复式压缩机 离心式压缩机
2. 吸气 压缩 排气 膨胀
3. 转速调节 余隙调节 旁通调节

项目八　化工静设备认知

任务一　了解化工静设备基础知识

一、单项选择题

1. A　　2. B

二、填空题

1. 外压设备　　内压设备

2. 常压设备　　低压设备　　中压设备　　高压设备

任务二　认识化工压力容器

一、单项选择题

1. D　　2. C　　3. D

二、填空题

1. 筒体　　封头　　密封装置　　开孔与接管

2. 搅拌装置

3. 反应压力容器　　换热压力容器　　分离压力容器　　储存压力容器

4. 浓相段　　稀相段　　扩大段

任务三　认识换热器

一、单项选择题

1. B　　2. D　　3. A　　4. A

二、填空题

1. 壳体　　管束　　管板　　折流板　　管程　　壳程

2. 并流　　逆流　　错流　　折流

3. 固定管板式换热器　　浮头式换热器　　U 形管式换热器

任务四　认识塔设备

一、单项选择题

1. B　　2. B　　3. B　　4. A

二、填空题

1. 泡罩塔　　筛板塔　　浮阀塔

2. 板式塔

3. 散装填料　　规整填料

项目九　化工检测仪表认知

任务一　了解化工检测仪表基础知识

一、填空题

1. 检测仪表获得的测量值　　实际被测量真实值
2. 粗大误差

任务二　认识压力检测仪表

一、填空题

1. 均匀而垂直作用于单位面积上的力
2. 弹簧管　　齿轮传动机构　　指针　　刻度盘

任务三　认识流量检测仪表

一、填空题

1. 节流装置　　差压计　　显示仪表
2. 导电流体　　感应电动势

任务四　认识物位检测仪表

一、填空题

1. 液位　　料位　　界位
2. 压力差

任务五　认识温度检测仪表

一、单项选择题

1. A　　2. D

二、填空题

1. 212

项目十　化工工艺流程认知

任务一　识读工艺框图

一、单项选择题

1. B　　2. B　　3. B

二、填空题

1. 操作单元　　车间或者系统

2. 带箭头的直线

任务二　识读物料流程图

一、填空题

1. PFD　　图形　　表格　　化工生产装置物料　　主要设备　　设备和管道

2. 粗实线　　水平　　垂直　　直角　　箭头

3. 断开　　先不断、后断　　主不断、辅断

4. 量

5. 温度　　压力

6. 正常工艺控制

任务三　识读带控制点工艺流程图

一、填空题

1. 带控制点工艺流程　　仪表控制点及管道编号

2. 工艺装置的主项（工段或工序）

3. 数量、名称、位号

4. 类型、作用及数量

5. 安装位置、功能及代号意义

6. 基本参数（如公称直径、公称压力、材质、编号等）

7. 左　　右

8. 偏上　　偏下

9. 实际比例　　物料流程线

10. 上方　　下方　　上下